工业和信息化“十三五”高等职业教育人才培养规划教材

Computer

计算机应用基础实训教程（Windows 7+Office 2010）（第2版）

陆璐 徐翠娟 主编
李怡 杨丽鸿 吴建屏 杨韧竹 副主编
孙百鸣 主审

Computer Application Foundation Training Course

人民邮电出版社
北京

图书在版编目（CIP）数据

计算机应用基础实训教程 ：Windows 7+Office 2010/陆璐，徐翠娟主编. -- 2版. -- 北京 ：人民邮电出版社，2019.2（2023.9重印）
工业和信息化“十三五”高等职业教育人才培养规划教材
ISBN 978-7-115-50396-1

Ⅰ. ①计… Ⅱ. ①陆… ②徐… Ⅲ. ①Windows操作系统－高等职业教育－教材②办公自动化－应用软件－高等职业教育－教材 Ⅳ. ①TP316.7②TP317.1

中国版本图书馆CIP数据核字(2018)第280203号

内 容 提 要

本书以突出“应用”、强调“技能”为目标，按照主教材《计算机应用基础（Windows7+Office2010）（第 2 版）》教材的结构进行编写。全书共分 7 章，分别为计算机基础知识、Windows 7 操作系统、Word 2010 文字处理软件、Excel 2010 电子表格制作软件与数据处理、PowerPoint 2010 演示文稿制作软件、Access 2010 数据库管理系统及计算机网络基础知识。各章内容包括实训项目的操作步骤和各种类型的练习题等，以指导读者学习和理解主教材的内容，培养读者的动手能力和应用能力。

本书既可以用作《计算机应用基础（Windows7+Office2010）（第 2 版）》的实训教材，也可作为各类高职高专院校非计算机专业计算机基础课程的配套教材或自学参考书。

◆ 主　　编　陆　璐　徐翠娟
副 主 编　李　怡　杨丽鸿　吴建屏　杨韧竹
主　　审　孙百鸣
责任编辑　范博涛
责任印制　马振武

◆ 人民邮电出版社出版发行　北京市丰台区成寿寺路 11 号
邮编　100164　电子邮件　315@ptpress.com.cn
网址　http://www.ptpress.com.cn
大厂回族自治县聚鑫印刷有限责任公司印刷

◆ 开本：787×1092　1/16
印张：16　　2019 年 2 月第 2 版
字数：386 千字　　2023 年 9 月河北第10次印刷

定价：42.00 元

读者服务热线：(010)81055256　印装质量热线：(010)81055316
反盗版热线：(010)81055315
广告经营许可证：京东市监广登字 20170147 号

前言 FOREWORD

信息的获取、分析、处理、发布与应用能力已经成为现代社会中各行各业劳动者必备的技能之一。传播计算机应用的知识和技能，为社会培养具有较高信息素质的劳动者是高等职业院校的重要任务。本书根据教育部高等教育司 2015 年 8 月组织的“全国高等学校计算机教育高峰论坛”的精神和当前计算机基础教育教学改革的新理念、新思想、新要求，以培养读者的计算机应用能力为导向，以突出“应用”、强调“技能”为目标。本书结合编者多年的教学经验编写而成，本书是与《计算机应用基础（Windows 7+Office 2010）（第 2 版）》搭配使用，融合实训项目与测试练习为一体的实训教程。

本书内容密切结合课程要求，对于实践性较强的知识部分，增加了拓展训练内容，加深读者对理论知识的理解和掌握。测试练习可供读者进行学习评价，有选择、填空、判断、简答等类型题，均参考了全国计算机等级考试的大纲要求，具有一定的代表性，可作为读者进行总结复习的实用资料。

本书具有以下特点：

- 实训项目符合教学特点，针对性强，突出对读者动手能力、应用能力和技能的培养。
- 操作步骤采用简单易懂的流程描述方式，读者容易掌握和实践操作。
- 配有不同难易程度的测试练习题，供读者进行测试和练习。

本书由陆璐、徐翠娟担任主编，负责全书的总体策划、统稿与定稿工作，李怡、杨丽鸿、吴建屏、杨韧竹任副主编，孙百鸣主审。本书第 1 章、第 2 章由徐翠娟编写，第 3 章、第 6 章由陆璐编写，第 4 章由杨丽鸿、吴建屏编写，第 5 章由李怡编写，第 7 章由杨韧竹编写。

由于编者水平所限，书中内容难免存在不足和疏漏之处，敬请读者批评指正。

编　者

2018 年 11 月

前言 FOREWORD

目录 CONTENTS

1 Chapter

第 1 章 计算机基础知识

实训一 认识及使用计算机

一、实训目的和要求

1. 了解计算机硬件的组成及功能。
2. 掌握计算机启动与关闭的方法。
3. 掌握应用程序开启的方法。

二、实训内容

1. 认识计算机的组成及其外观。
2. 启动计算机，进入 Windows 7 系统。
3. 退出 Windows 7 系统，关闭计算机。

三、实训步骤

1. 认识计算机的组成及其外观

熟悉计算机的外观，在教师的指导下完成显示器、主机、键盘、鼠标的连接，观察显示器、主机的开关、复位键的位置，能够判断、检查连接是否正确。

2. 启动计算机，进入 Windows 7 系统

打开显示器开关，打开主机开关，启动计算机并进入 Windows 7 系统，仔细观察计算机的启动过程和 Windows 7 桌面的组成。

3. 退出 Windows 7 系统，关闭计算机

用鼠标单击“开始”按钮，选择“关机”命令，正常情况下，系统会自动切断主机电源。

在异常情况下，系统不能自动关闭时，可选择强行关机，其方法是：按下主机电源开关不放手，持续 5 秒，即可强行关闭主机。

关闭显示器开关。

实训二 中英文打字练习

一、实训目的和要求

1. 熟悉键盘的基本键位和指法，掌握正确的键盘操作姿势。
2. 掌握一种汉字输入法和软键盘的使用。
3. 熟练应用金山打字通软件练习中英文录入方法。

二、实训内容

1. 掌握键盘布局。
2. 用写字板练习中英文打字。
3. 利用金山打字通练习指法。

三、实训步骤

1. 掌握键盘布局，熟练掌握击键的正确姿势

（1）熟悉键盘的分区结构，熟悉键盘的主键盘区、功能键区、编辑键区和数字键区各键的位置。

（2）练习基准键位。严格按照指法要求练习。

“A”“S”“D”“F”“J”“K”“L”“;”这 8 个键叫作基准键。不击键时，手指要放在基准键上，左手大拇指和右手大拇指都放在空格键上。一个手指击键时，其余手指只要保持在各自的原位上。

（3）保持正确姿势。

坐姿端正，身体正对键盘，双脚正对键盘，双脚自然平放在地上；肩部放松，上臂自然下垂，两手自然弯曲，轻轻放在基准键上，上臂和肘不要远离身体；座位高低要适度，屏幕中心应略低于水平视线；身体与键盘的距离约为 20 厘米，以两手刚好放在基准键上为准；显示器宜放在键盘的正后方，显示器与眼睛之间的距离在 50 厘米左右。

（4）击键要领。

击键时，手指微微向手心方向弯曲；击键的动作要轻而迅速，不能用力敲击键盘；一个手指击键时，其余手指要保持在各自的原位上不要翘起；用拇指击打空格键。击完键后，手指要放回到基准键位上。

2. 英文打字练习

（1）单击“开始”→“所有程序”→“附件”→“写字板”，启动“写字板”应用程序。

（2）将<CapsLock>键锁定在小写状态，输入 26 个英文小写字母。

（3）输入内容有错时，可用退格键或删除键删除；每键入一行后按<Enter>键换行。

（4）将<CapsLock>键锁定在大写状态（<CapsLock>指示灯亮），输入 26 个英文大写字母。

（5）将<CapsLock>键锁定在小写状态，利用<Shift>键输入大、小写组合字母。将<CapsLock>键锁定在大写状态，输入大、小写组合字母。

（6）利用<Shift>键输入上档符号。

在主键盘区，如果一个键上有两个符号，直接按该键输入的是下面的符号，如果要输入上面

的符号，则需将 < Shift > 键与该键配合。例如，直接按主键盘上的 < 0 > 输入的是数字 “0”，按 < Shift > + < 0 > 组合键则输入的是 “)”。练习上档符号的输入。

（7）将 < NumLock > 键锁定在数字输入状态（<NumLock>指示灯亮）输入数字。

（8）按 < Tab > 键输入 1，再一次按 < Tab > 键输入 2，按 < Enter > 键后按 < Tab > 键输入 3，再一次按 < Tab > 键输入 4，练习 < Tab > 键的使用。

（9）按键盘上的 < Printscreen > 键，按 < Ctrl+V > 组合键，查看屏幕效果。

3. 中文打字练习

（1）选择微软拼音或智能 ABC 输入法。

（2）练习全角/半角、中文标点/英文标点、中英文输入法的切换。

（3）利用软键盘进行特殊符号的录入。

（4）在写字板中用中文输入法输入自己的简历。

4. 利用金山打字通练习指法

打开金山打字通软件，练习基本指法、英文录入和中文录入方法。

习题

一、选择题

1. RAM 具有的特点是（　　）。
   A. 一旦断电，存储在其上的信息将全部消失且无法恢复
   B. 海量存储
   C. 存储在其中的数据不能改写
   D. 存储在其中的信息可以永久保存
2. 下列关于计算机的主要特性，叙述错误的有（　　）。
   A. 网络和通信功能强　　B. 存储容量大
   C. 处理速度快，计算精度高　　D. 逻辑判断能力一般
3. CPU 的性能主要表现在程序执行速度的快慢，CPU 的性能与（　　）无关。
   A. CMOS 的容量　　B. CPU 主频
   C. 指令系统　　D. ALU 的数目
4. 计算机的操作系统是（　　）。
   A. 计算机中使用最广的应用软件　　B. 计算机系统软件的核心
   C. 微机的专用软件　　D. 微机的通用软件
5. 软件按功能可以分为：应用软件、系统软件和支撑软件（或工具软件），下面属于应用软件的是（　　）。
   A. 编译程序　　B. 操作系统
   C. 汇编程序　　D. 教务管理系统
6. 计算机内部用来传送、存储、加工处理的数据或指令所采用的形式是（　　）。
   A. 十六进制码　　B. 八进制码
   C. 二进制码　　D. 十进制码
7. 半导体只读存储器（ROM）与半导体随机存取存储器（RAM）的主要区别是（　　）。
   A. ROM 是内存储器，RAM 是外存储器
   B. ROM 断电后，信息会丢失，RAM 则不会

C. RAM 是内存储器，ROM 是外存储器
D. ROM 可以永久保存信息，RAM 在断电后信息会丢失

8. 字长是 CPU 的主要技术性能指标之一，它表示的是（　　）。
A. CPU 的计算结果的有效数字长度
B. CPU 能表示的十进制整数的位数
C. CPU 一次能处理二进制数据的位数
D. CPU 能表示的最大的有效数字位数

9. 专门为某种用途而设计的计算机，称为（　　）计算机。
A. 通用　B. 专用　C. 特殊　D. 模拟

10. 微型计算机内存储器中，不能用指令修改其存储内容的部分是（　　）。
A. ROM　B. SRAM　C. RAM　D. DRAM

11. 下列关于鼠标器的叙述中，错误的是（　　）。
A. 触摸屏具有与鼠标器类似的功能
B. 鼠标器只能使用 PS/2 接口与主机连接
C. 不同鼠标器的工作原理基本相同，区别在于感知位移信息的方法不同
D. 鼠标器输入计算机的是其移动时的位移量和移动方向

12. 磁盘上的磁道是（　　）形的。
A. 矩形　B. 圆　C. 扇区　D. 方

13. 若一台计算机的字长为 4 个字节，则表明该计算机（　　）。
A. 能处理的数值最多由 4 位二进制数组成
B. 能处理的数值最大为 4 位十进制数
C. 在 CPU 中定点运算器和寄存器为 32 位
D. 在 CPU 中运算的结果最大为 2 的 32 次方

14. 能使小键盘区编辑功能和光标控制功能互相转换的按键是（　　）。
A. NumLock　B. PageUp　C. Insert　D. CapsLock

15. 组成一个计算机系统的两大部分是（　　）。
A. 系统软件和应用软件　B. 硬件系统和软件系统
C. 主机和外部设备　D. 主机和输入/输出设备

16. 下列设备组中，完全属于输入设备的一组是（　　）。
A. 打印机，硬盘，条码阅读器　B. CD-ROM 驱动器，键盘，显示器
C. 绘图仪，键盘，鼠标器　D. 键盘，鼠标器，扫描仪

17. 计算机体系结构的设计思想是由（　　）提出的。
A. 图灵　B. 冯• 诺依曼　C. 肖特　D. 比尔• 盖茨

18. 下列字符中，ASCII 码值最小的是（　　）。
A. a　B. A　C. X　D. 6

19. 计算机的发展经历了电子管时代、（　　）、集成电路时代和大规模集成电路时代。
A. 晶体管时代　B. 过程控制时代
C. 网络时代　D. 数据处理时代

20. 第一台计算机是 1946 年美国研制的，该机英文缩写名为（　　）。
A. MARK-Ⅱ　B. EDSAC
C. EDVAC　D. ENIAC

二、填空题

1. 一台电子计算机的硬件系统是由________、________、________、________和________几部分组成的。

2. 在计算机内部，一切信息的存放、处理和传递均采用________的形式。

3. CPU 主要由________和________组成。

4. ASCII 码的中文名称叫________，是一种用________位二进制数表示 1 个字符的字符编码，共________个符号。它在计算机内部存储时占用________位二进制，即________个字节。

5. ________年美国宾夕法尼亚大学成功研制世界上第一台计算机，称为________。

6. 主频指计算机时钟信号的频率，通常以________为单位。

7. 在计算机中既可作为输入设备又可作为输出设备的是________。

8. 目前，计算机语言可分为机器语言、________和高级语言三大类。

9. ________是计算机唯一能够识别并直接执行的语言。

10. 信息只有通过数据形式表示出来才能被计算机理解和接受。信息是指有用的数据，在计算机内部信息都是以________进制数形式存储的。

三、判断题

1. 计算机中安装了 CD-ROM 光驱和播放 DVD 碟片的软件后，计算机就能够播放 DVD 影碟了。（ ）

2. 微型计算机使用的键盘上的<Shift>键称为上档键。（ ）

3. CPU 中的控制器用于对数据进行各种算术运算和逻辑运算。（ ）

4. CD-ROM 光盘只能在 CD-ROM 驱动器中读出数据。（ ）

5. LCD 是液晶显示器。（ ）

6. 计算机必须要有主机、显示器、键盘和打印机这四部分才能进行工作。（ ）

7. 声卡在计算机中用于完成声音的输入与输出，即输入时将声音信号数字化，输出时重建声音信号。（ ）

8. 系统软件是给其他程序提供服务的程序集合，它们不是专为某个具体的应用而设计的。（ ）

9. 未来的计算机将是半导体、超导、光学、仿生等多种技术相结合的产物。（ ）

10. 一台计算机只能有一个处理器。（ ）

四、简答题

1. 请说明内存储器、外存储器的特点与区别。
2. 简述计算机组成。
3. 简述 RAM 和 ROM 的区别。
4. 计算机性能指标有哪些?
5. 操作系统的功能有哪些?

2 Chapter

第2章 Windows 7操作系统

实训一 安装Windows 7操作系统

一、实训目的和要求

1. 了解Windows 7操作系统的几种安装方式。
2. 了解Windows 7操作系统版本的区别。
3. 熟练掌握Windows 7操作系统的安装方法。

二、实训内容

1. Windows 7操作系统的几种安装方式。
2. Windows 7操作系统版本的区别。
3. Windows 7操作系统的安装方法。

三、安装操作系统相关知识

1. Windows 7操作系统的安装方法

① 用光盘安装：使用原厂光盘或自制光盘安装。

② 用U盘安装：从U盘引导安装。

③ 用虚拟光驱安装（ISO文件）。

使用Daemon、魔方虚拟光驱等虚拟光驱软件加载系统ISO镜像安装。硬盘安装，直接将映像文件解压到硬盘根目录，然后安装nt6硬盘安装器。

④ 用Ghost安装。

Ghost是用于系统、数据备份与恢复的工具。Ghost还可以直接用于系统的克隆安装，这也使它成为近年来应用最为广泛的系统恢复和安装工具。速度快、全自动、无需人工干涉，Ghost安装盘一般集成了驱动程序。

2. Windows 7操作系统版本的区别

（1）原版系统

原版系统是微软发布的未经过第三方修改过的纯净版系统。Windows 7系统分为32位/64

位家庭普通版、32 位/64 位家庭高级版、32 位/64 位企业版、32 位/64 位旗舰版等，其特点如下。

- 有大部分的驱动程序和少部分的应用程序。
- 确保了系统的纯净与稳定性。

（2）纯净版系统

纯净版系统是原版系统经过第三方删减得到的系统，更为纯净。其特点是：只有很少驱动程序和基本没有应用程序。

（3）Ghost 版系统

Ghost 系统一般是由个人或者工作室，将原版系统进行优化，加上一些常用软件集成，然后封装起来的系统，因为是利用 Ghost 程序打包的，所以叫 Ghost 系统。该系统安装起来比较方便，比较常用的有：雨林木风、风林火山等。Ghost 映像文件格式是：.gho。其特点如下。

- 有全部驱动程序和很多的应用程序。
- 不稳定，驱动可能不兼容。

四、实训步骤

修改开机顺序

开机顺序的修改是通过 BIOS（Basic Input Output System，基本输入输出系统）设置程序对 CMOS（Complementary Metal Oxide Semiconductor）参数进行设置的，BIOS 其实是一组固化到计算机内主板上一个 ROM 芯片上的程序，它保存着计算机最重要的基本输入/输出的程序、系统设置信息、开机后自检程序和系统自启动程序。其主要功能是为计算机提供最底层的、最直接的硬件设置和控制。

常见的 CMOS 设置程序有 3 种：AWARD、AMI 和 Phoenix（已合并于 AWARD）。

（1）对 AWARD 界面的设置

① 开机时按下 <Delete> 键进入 BIOS 设置菜单（有些是按 <F1> 键），进入后如图 2-1 所示。为笔记本电脑安装操作系统时，也可以选按 <F9> 键或者 <F12> 键直接选择 U 盘启动。

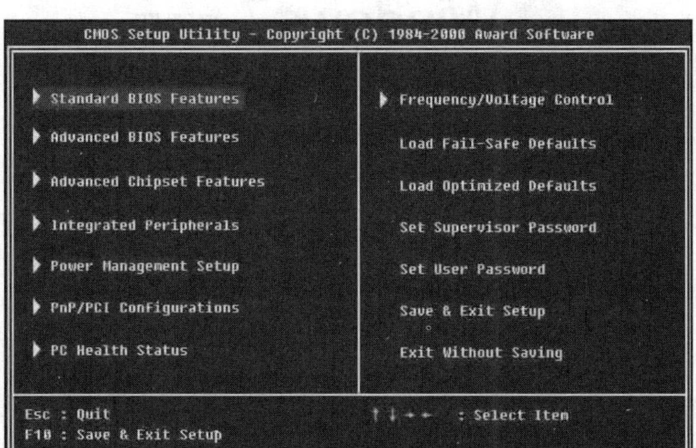

图2-1　BIOS设置

② 选择 Advanced BIOS Features，将光标移到“Boot Sequence”然后按 <Enter> 键，如图 2-2 所示。

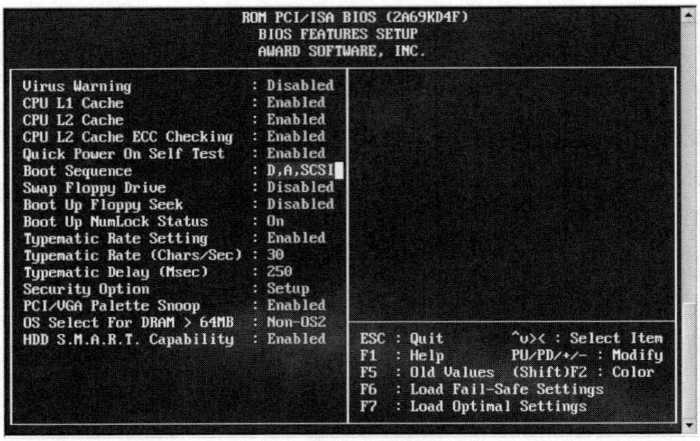

图2-2　设置启动项

③ 选择“ONLY CD-ROM”或者“U 盘的名称”。按<Enter>键，再按<Esc>键回到主界面，按<F10>键退出。

（2）正式安装 Windows 7 操作系统

① 开机，将 Windows 7 原装光盘或自制光盘放入光驱中，进入 BIOS 将 U 盘（CD/DVD）的启动顺序设为第一位。

提示选择语言，如图 2-3 所示，默认就是中文（简体），不需要改了，单击“下一步”按钮继续。

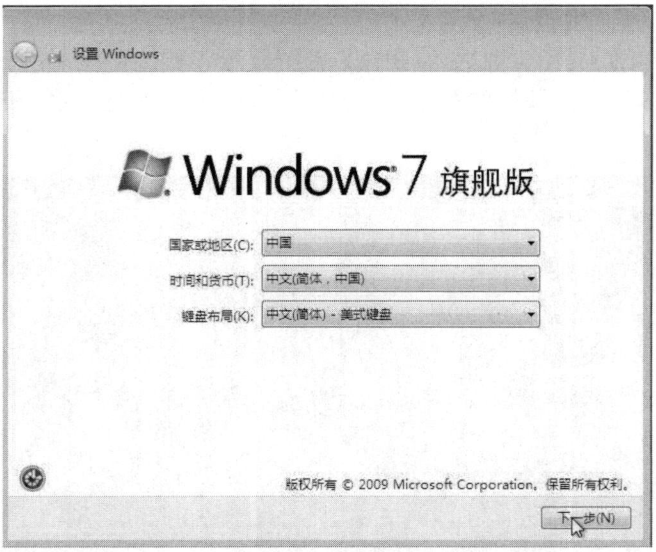

图2-3　选择语言

② 阅读许可条款，如图 2-4 所示，勾选“我接受许可条款”，然后单击“下一步”按钮。

③ 选择安装方式，如图 2-5 所示，单击“自定义（高级）”即可。

④ 如果选择了“自定义（高级）”，则会出现如图 2-6 所示界面。

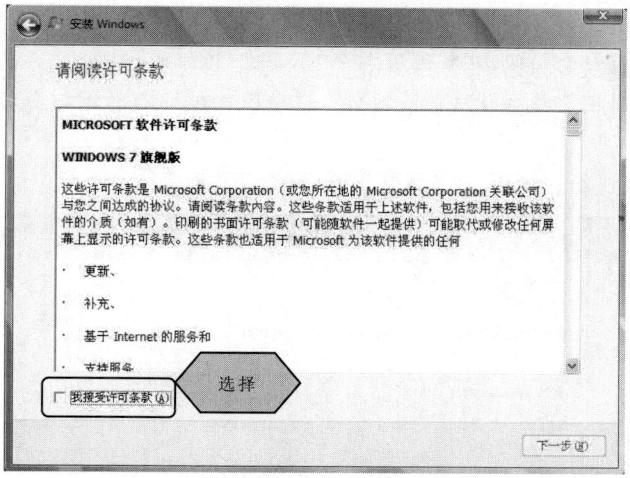

图2-4　阅读许可条例

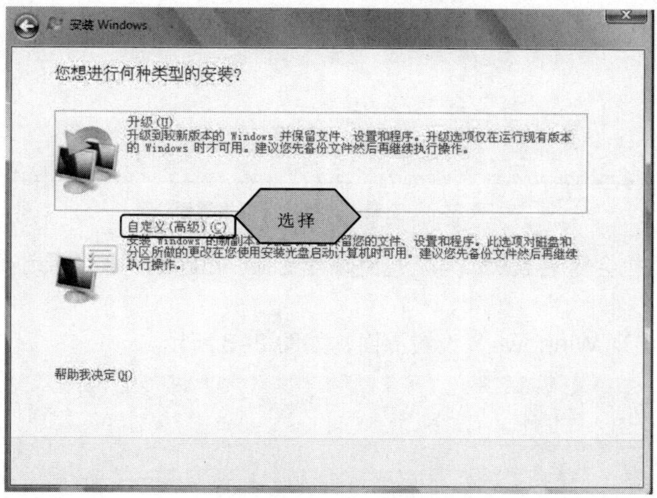

图2-5　安装类型

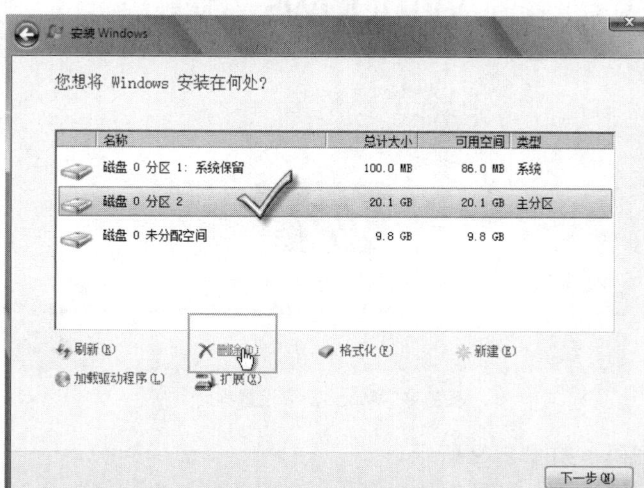

图2-6　安装驱动器选择

在这个界面下，可以对各分区执行“新建”“格式化”“删除”等操作。完成分区工作后，单击一个分区（通常是磁盘 0 分区 2），再单击“下一步”按钮继续安装。

一旦对所选分区进行了格式化或删除操作，该分区中的所有数据将会丢失。数据无价，请做好备份。

⑤ 安装程序继续进行，如图 2-7 所示，接下来请耐心等待。

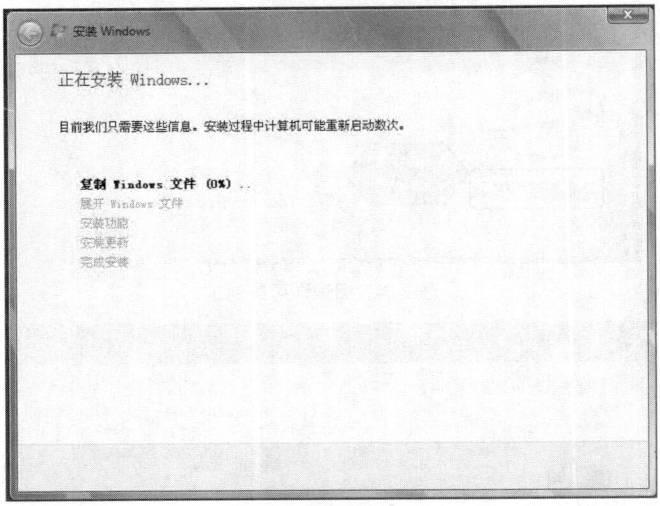

图2-7　安装Windows 7程序界面

安装过程中计算机会重启数次。为了避免硬盘受损，在此期间请不要让你的计算机受到物理震动。

⑥ 等待，直至出现 Windows 7 设置界面，如图 2-8 所示。

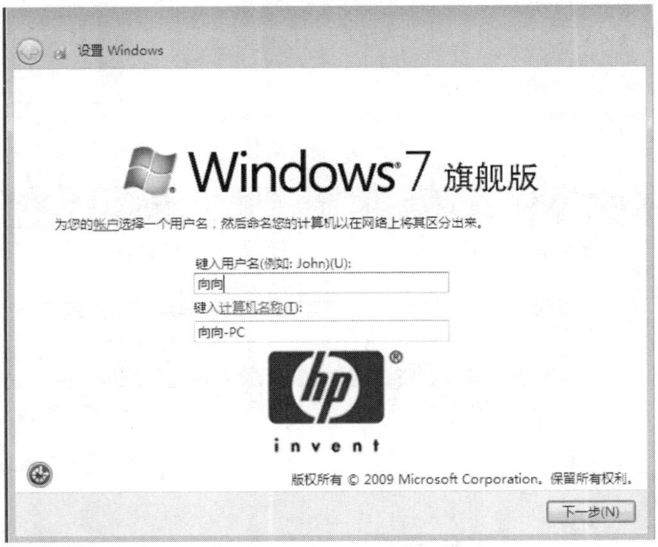

图2-8　Windows 7设置界面

⑦ 为账户设置密码，如图 2-9 所示。

⑧ 查看时间和日期设置，如图 2-10 所示。

⑨ 获取安装更新设置，如图 2-11 所示。

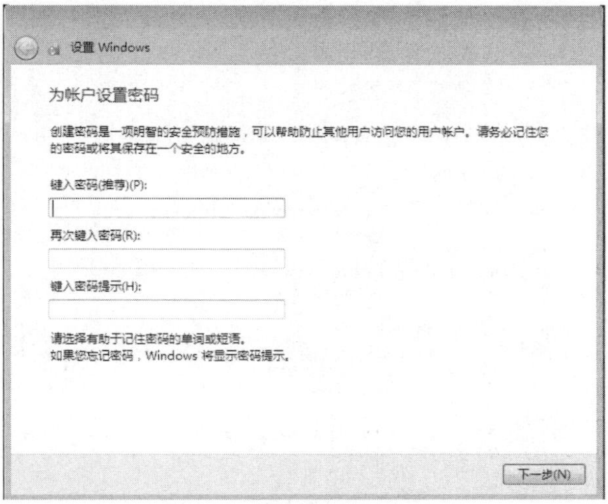

图2-9　设置账户密码

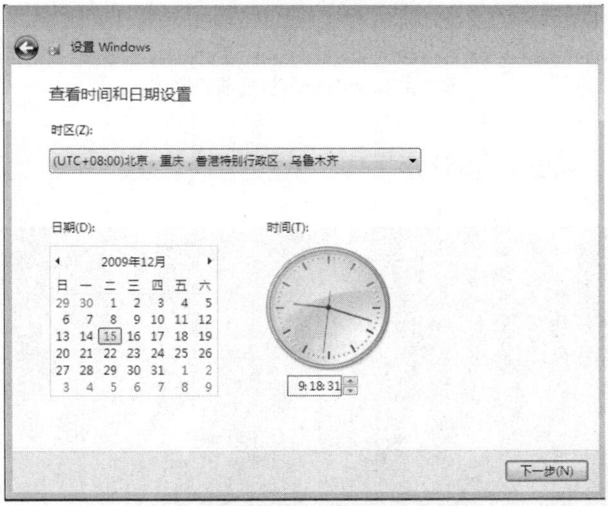

图2-10　查看时间和日期设置

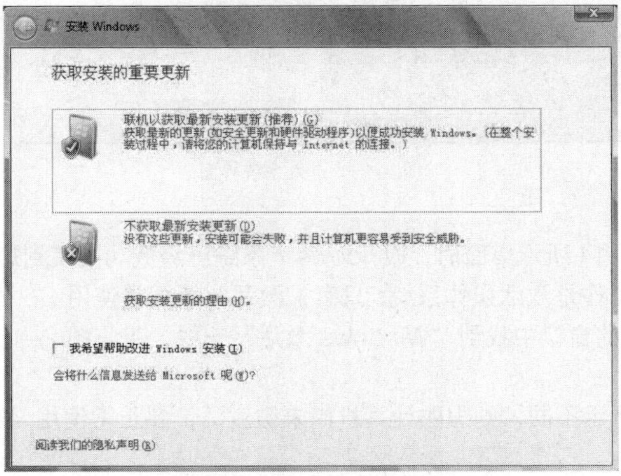

图2-11　获取安装更新设置

⑩ 选择计算机当前的位置，如图 2-12 所示。

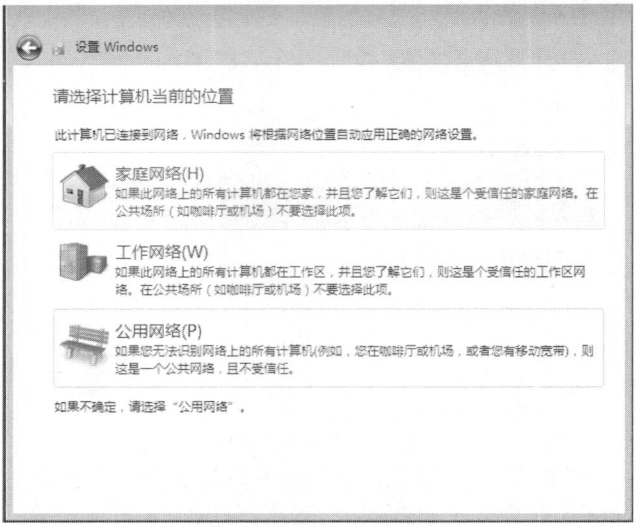

图2-12　选择计算机当前的位置

⑪ 进入系统界面，如图 2-13 所示。

图2-13　进入系统界面

⑫ 当出现如图 2-14 所示桌面时，Windows 7 系统已经成功安装到您的计算机上。

安装系统的后续工作是激活操作系统，只有被激活才能正常使用。右键单击“计算机”图标，选择“属性”，在打开的窗口中找到“Windows 激活”一栏，若与图 2-15 所示相同，则表示系统已被激活。

如果与图 2-15 所示不同，则您的计算机尚未被激活，要正常使用 Windows 7 操作系统，必须激活计算机。

图2-14 Windows 7桌面

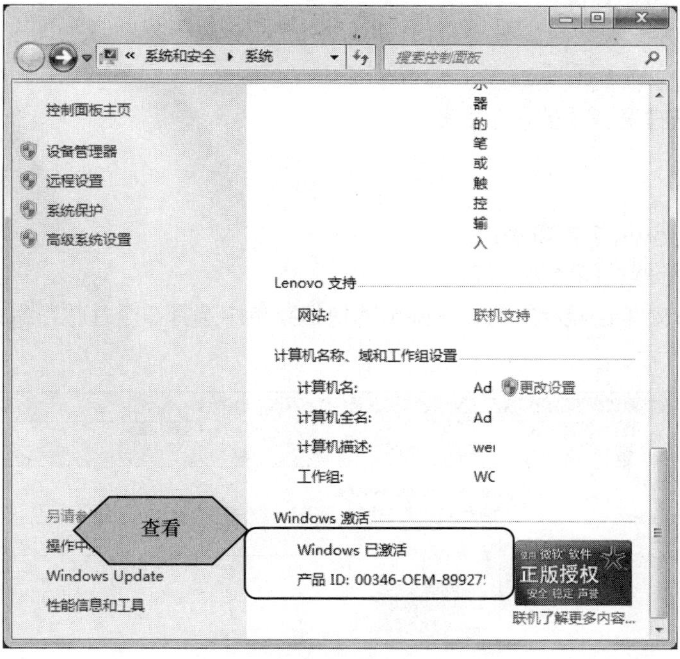

图2-15 激活栏

Windows 7 一共有 6 个版本，分别是：Windows 7 Starter（初级版）、Windows 7 Home Basic（家庭基础版）、Windows 7 Home Premium（家庭高级版）、Windows 7 Professional（专业版）、Windows 7 Ultimate（旗舰版）、Windows Server 2008 R2（服务器版）。

选择所需要的安装版本，可登录微软官方网站 http://www.microsoft.com/zh/cn/default.aspx 购买正版激活码，并按照提示激活。

大部分品牌机出厂时已经预装了正版操作系统，其激活码标签就贴在计算机的背面，输入激活码即可完成激活，这大概是国内个人计算机支持正版的唯一途径了。

实训二 Windows 7 系统基本操作

一、实训目的和要求

1. 熟练掌握 Windows 7 个性化设置的操作方法。
2. 熟练掌握桌面图标、任务栏、窗口的操作方法。
3. 熟练掌握查找并运行应用程序的操作方法。

二、实训内容

1. 设置 Windows 7 系统窗口属性。
2. 设置 Windows 7 系统的图标排列、删除及显示方式。
3. 设置 Windows 7 系统的桌面背景。
4. 设置任务栏的属性。
5. 添加或删除桌面小工具。
6. 查找并运行应用程序。
7. 设置定时关机。
8. 设置个性化“开始”菜单。
9. 设置资源管理器样式的显示方式。

三、实训步骤

1. 设置 Windows 7 系统窗口

（1）设置窗口标题栏颜色为深红色

① 在桌面空白处单击鼠标右键，在弹出的快捷菜单中选择“个性化”命令，打开“个性化”窗口，如图 2-16 所示。

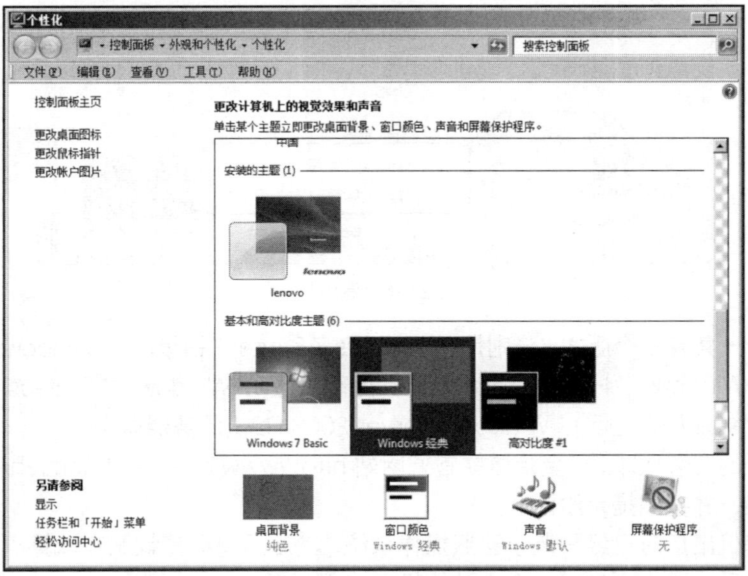

图2-16 “个性化”窗口

② 单击下方的“窗口颜色”按钮，打开“窗口颜色和外观”窗口，如图 2-17 所示。

③ 在“项目”下拉列表中选择“活动窗口标题栏”命令，在“颜色 1”“颜色 2”的下拉列表中分别选择“深红色”选项，即可预览窗口颜色效果，如图 2-18 所示，单击“确定”按钮。

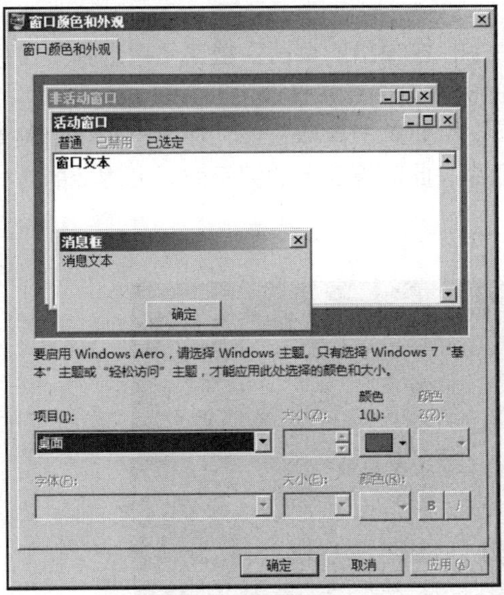

图2-17　窗口颜色和外观

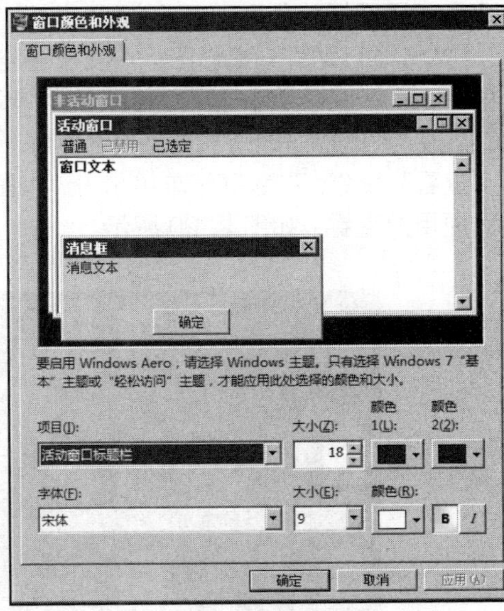

图2-18　“窗口颜色和外观”窗口

④ 返回到“个性化”窗口，单击“关闭”按钮即可。

（2）窗口的排列与切换

① 排列窗口。打开“计算机”“我的文档”“控制面板”等多个窗口，右键单击任务栏空白处，在弹出的快捷菜单中可按照工作需求进行选择，本例选择“并排显示窗口”命令。结果如图 2-19 所示。

图2-19　并排显示窗口效果

② 切换活动窗口。用鼠标依次单击任务栏上的图标或按 < Alt+Tab > 组合键或使用 < 开始+Tab > 组合键完成切换。

2. 设置图标属性

（1）桌面图标的排列、显示方式

① 按修改日期排列桌面图标。在桌面空白处右击，在弹出的桌面快捷菜单中选择“排序方式”命令，在级联菜单中选择“修改日期”命令，此时桌面图标按修改的日期递减排列。

② 以“大图标”的方式查看桌面图标。在桌面空白处单击鼠标右键，在弹出的快捷菜单中选择“查看”命令，在级联菜单中单击“大图标”命令，此时桌面上的图标即以大图标的方式显示，方便用户查看，如图 2-20 所示。

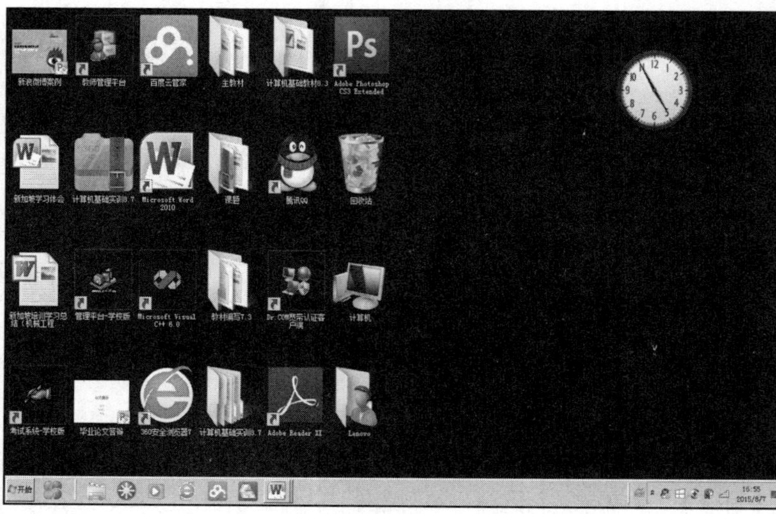

图2-20 大图标查看方式

（2）删除桌面上的“回收站”图标

① 在桌面空白处单击鼠标右键，在弹出的快捷菜单中选择“个性化”命令，打开“个性化”窗口。

② 单击窗口左侧的“更改桌面图标”链接，打开“桌面图标设置”对话框，在“桌面图标”栏下取消选中“回收站”复选框，如图 2-21 所示。单击“确定”按钮。

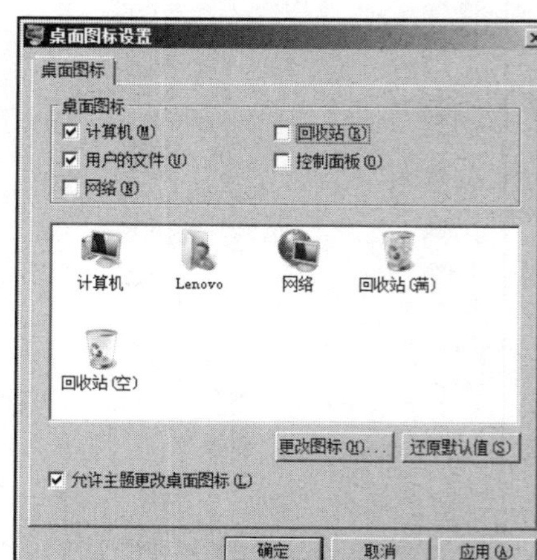

图2-21 “桌面图标设置”对话框

③ 返回到“个性化”窗口，对其关闭后即可看见桌面上的“回收站”图标已经删除。

3. 设置桌面背景

① 在桌面空白处单击鼠标右键，在弹出的快捷菜单中选择“个性化”命令，打开“个性化”窗口。

② 在窗口下方单击“桌面背景”按钮，将会打开“桌面背景”窗口，如图 2-22 所示。

③ 单击“浏览”按钮，打开“浏览文件夹”对话框，在预先存好图片的位置选择要作为背景的图片，如图 2-23 所示，单击“确定”按钮。

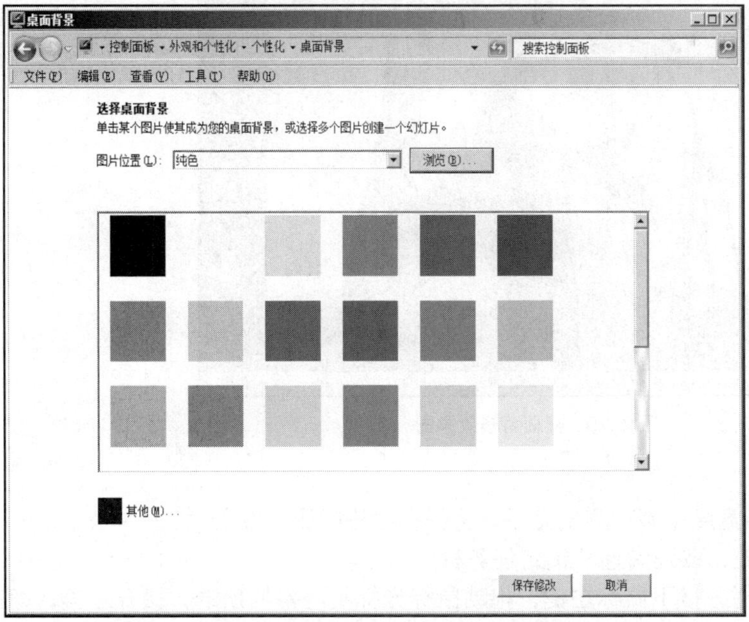

图2-22　“桌面背景”窗口

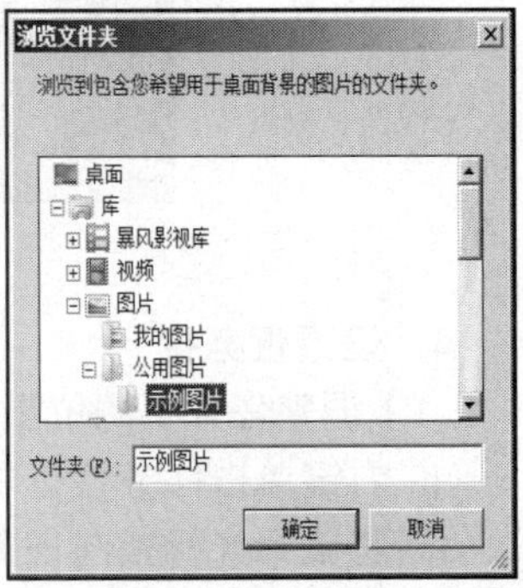

图2-23　“浏览文件夹”对话框

④ 返回“桌面背景”窗口，可以勾选作为背景的图片，在“图片位置”下拉列表中选择图片在屏幕中的显示位置，本例选择“居中”命令，如图 2-24 所示。单击“保存修改”按钮完成设置。

图2-24　设置桌面背景

⑤ 返回到“个性化设置”窗口，单击“关闭”按钮，完成设置，效果如图 2-25 所示。

图2-25　桌面背景效果图

4. 设置任务栏

（1）调整任务栏的位置和宽度（请在测试完后，将任务栏移回原位置）

① 右键单击任务栏空白处，取消勾选“锁定任务栏”命令。

② 将鼠标光标指向任务栏，按下鼠标左键，拖动鼠标光标到屏幕的顶端，松开左键，即完成任务栏的位置调整。用同样的方法将其调整到屏幕的左侧、右侧，观察任务栏的变化。

③ 将光标放到任务栏的边界处，当光标变成双向箭头时按住左键拖动鼠标，即可调整任务栏的宽度。

（2）隐藏任务栏

① 右键单击任务栏空白处，在弹出的快捷菜单中选择“属性”命令，打开“任务栏属性”对话框，在“任务栏”选项卡中选中“自动隐藏任务栏”复选框。如图 2-26 所示。

② 单击“确定”按钮，此时桌面将不再显示任务栏，只有当鼠标光标指向桌面底端时，任务栏才会显示。

5. 在桌面上添加时钟小工具

① 在桌面空白处单击鼠标右键，在弹出的快捷菜单中选择“小工具”命令，打开“小工具库”窗口，如图 2-27 所示。

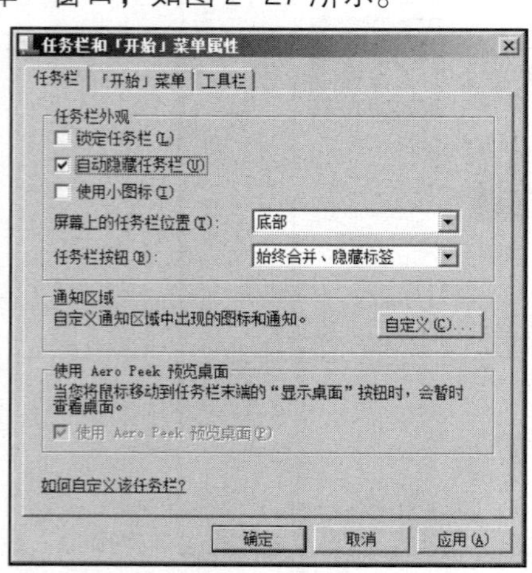

图2-26　隐藏任务栏

图2-27　“小工具库”窗口

② 双击需要的“时钟”工具，或者拖动此工具到桌面上，即可实现添加效果，如图 2-28 所示。

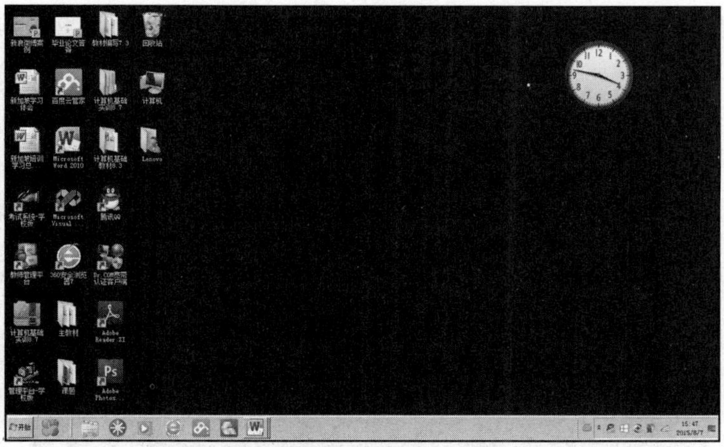

图2-28 桌面添加“时钟”工具

6. 查找并运行 iexplore.exe 应用程序

本例介绍两种查找应用程序的方法，内容如下。

① 已知程序存放地址。打开“Windows 资源管理器”窗口，在地址栏中输入“C:\Program Files\Internet Explorer”，进入该文件夹，找到 iexplore 程序并双击运行。

② 未知程序存放地址。单击“开始”按钮，在“开始”菜单“搜索程序和文件”文本框内输入“iexplore.exe”程序名，在搜索结果中单击该应用程序即可运行，如图 2-29 所示。

7. 为 Windows 7 系统设置定时关机

对计算机进行自动关机设置后，系统会在指定的时间执行关机任务。这样，用户在下班或离开家时就无需为忘记关机而烦恼了。

（1）指定时间点关机

在指定时间点关机是指将计算机设定在某个时间点，如 24：00。当系统时间到达 24：00 时，计算机就会自动关机。

① 选择“开始”菜单中的“运行”命令，在打开的对话框中输入“cmd”命令，如图 2-30 所示。

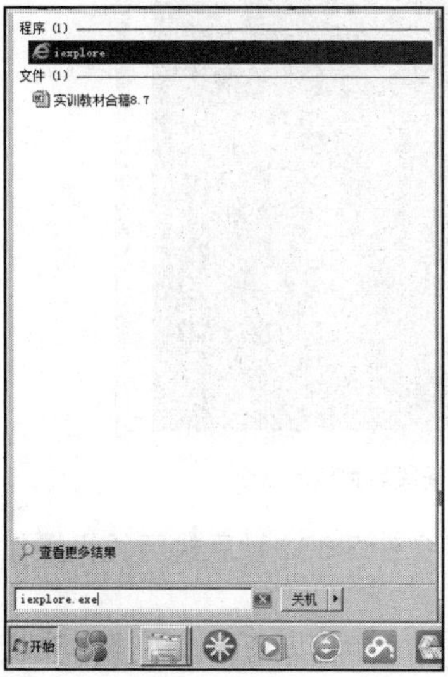

图2-29 查找程序

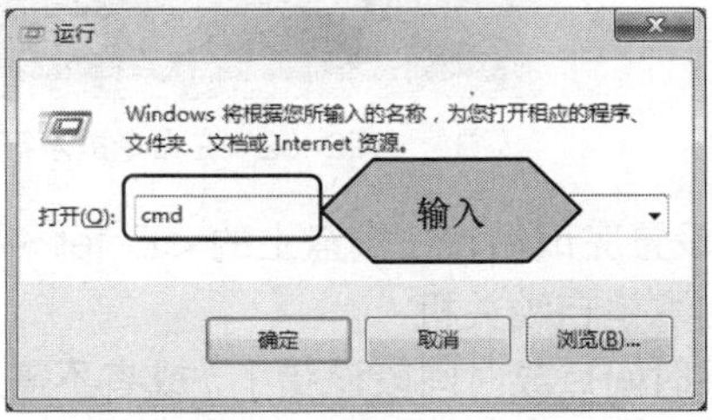

图2-30 “运行”对话框

② 在命令提示符窗口中输入“at24：00 Shutdown-s”命令，如图 2-31 所示。

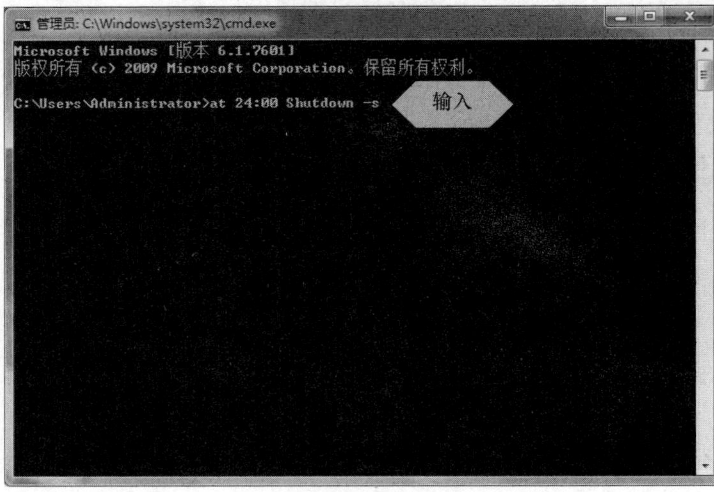

图2-31　在命令提示符窗口输入指定时间点关机的命令

③ 设置完成后，按键盘上的<Enter>键，计算机就会在 24：00 点执行关机操作。

注意，使计算机进入睡眠或休眠状态之前要保存打开的文件。在关闭计算机前，请保存文件，然后关闭所有打开的程序。

（2）指定时间段后关机

指定时间段后关机是指将计算机设定在距离现在之后的一段固定时间段之后自动关机，如设定时间段为 3 600 秒，当系统时间经过 3 600 秒后，计算机就会自动关机。

① 在命令提示符窗口中输入“shutdown-s-t 3600”，如图 2-32 所示。

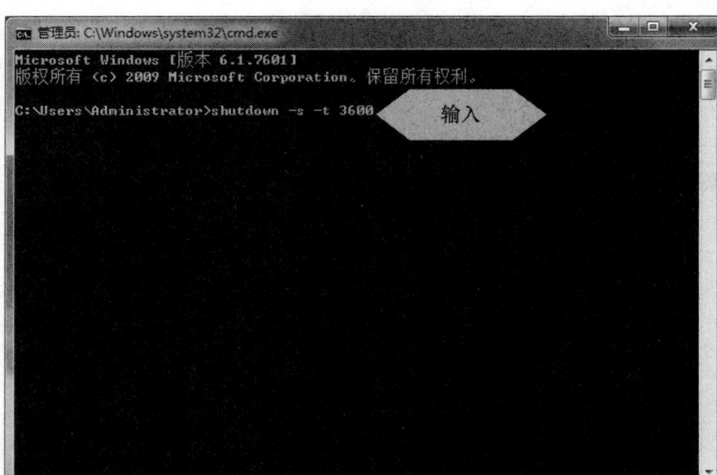

图2-32　在命令提示符窗口输入指定时间段后关机的命令

② 设置完成后，按键盘上的<Enter>键，计算机就会在 3 600 秒后执行关机操作。

（3）取消自动关机

如果时间点或时间段设错了，或者不需要自动关机，那么也可以通过以下操作来取消已设置的自动关机指令。

① 在命令提示符窗口中输入“shutdown-a”，如图 2-33 所示。

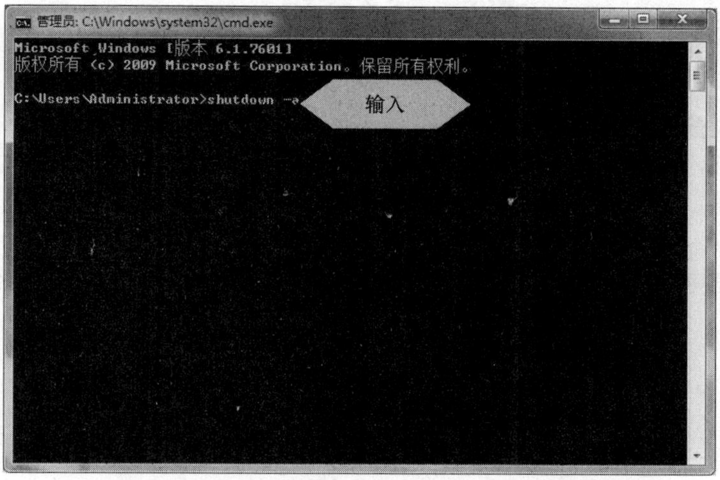

图2-33　在命令提示符窗口输入取消自动关机的命令

② 完成设置后，按键盘上的 < Enter > 键，计算机就会取消之前设置的自动关机指令。

计算机睡眠的优点在于：只需要几秒钟便可使计算机恢复到用户离开时的状态，并且耗电量非常少。而且，用户无需像关闭计算机时那样重新启动程序或重新打开文件。很多小软件或者下载工具都能完成自动关机，并且设置更加简单，用户可以在安全的网站上下载这些软件。

8. 设置个性化“开始”菜单

使用计算机一段时间后会发现，在“开始”菜单中会显示最近打开过的程序或文件，这些程序或文件不仅影响开始菜单的美观程度，同时也影响着用户的操作速度。Windows 7 会自动保存用户打开的程序、文件、文件夹和网站的历史记录，并将其显示在“开始”菜单和任务栏上的跳转列表中。

① 单击“开始”按钮，在弹出的快捷菜单中选择“属性”命令，如图 2-34 所示。

② 在弹出的“任务栏和「开始」菜单属性”对话框的“「开始」菜单”选项卡中，取消选中“存储并显示最近在「开始」菜单中打开的程序”和“存储并显示最近在「开始」菜单和任务栏中打开的项目”复选框，单击“确定”按钮，如图 2-35 所示。

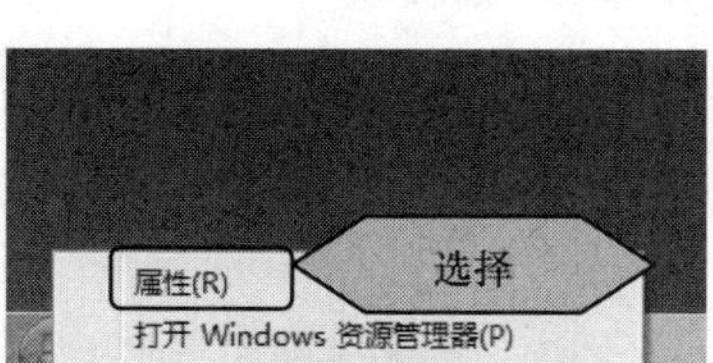

图2-34　“开始”菜单的快捷菜单

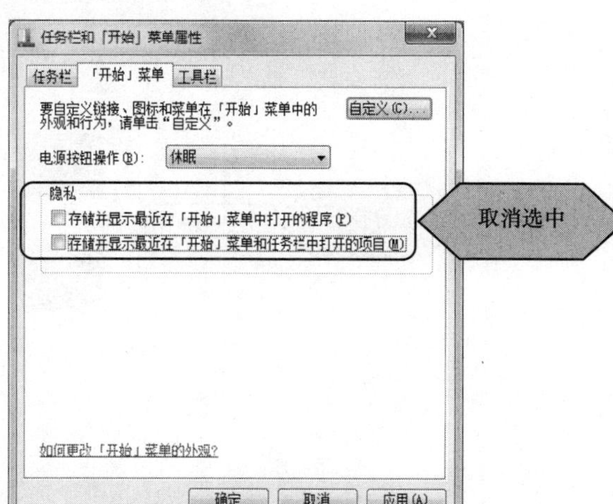

图2-35　“任务栏和「开始」菜单属性”对话框

如果已经存储了最近打开过的程序或者项目，也可以自行在“开始”菜单和“任务栏”中删除这些程序或者项目，删除后，相应的程序并不会被卸载。

清除“开始”菜单和“跳转列表”中的项目不会从计算机中删除这些项目，任何已锁定的项目仍然锁定。

9. 设置资源管理器样式的显示方式

Windows 7 系统为用户提供了多种资源管理器的视图模式，用户可以根据自己的使用习惯更改视图模式。但是，在默认情况下，设置只对当前的文件夹有效，如果打开了另外一个文件夹，则需要重新设置，比较繁琐。

① 打开需要更改视图的文件夹，单击“更改您的视图”按钮，调整到目标视图模式，如图 2-36 所示。

图2-36 更改视图

② 选定视图模式之后，单击“组织”按钮，在弹出的下拉菜单中选择“文件夹和搜索选项”命令，如图 2-37 所示。

图2-37 “组织”下拉菜单

③ 在弹出的 “文件夹选项” 对话框中，切换到“查看”选项卡，单击“应用到文件夹”按钮，如图 2-38 所示。

④ 在弹出的“文件夹视图”对话框中，单击“是”按钮，如图 2-39 所示。

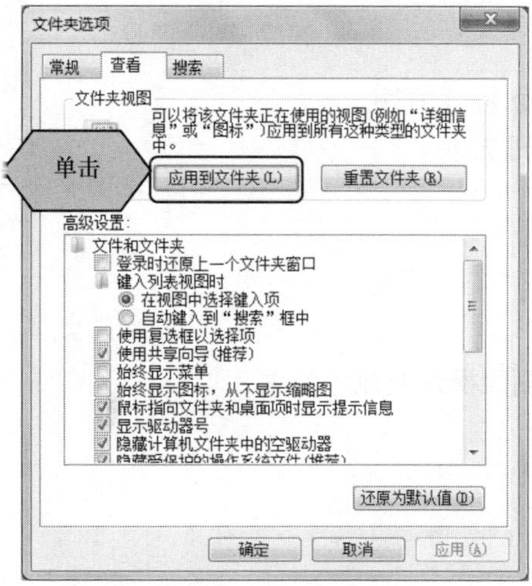

图2-38　“查看”选项卡

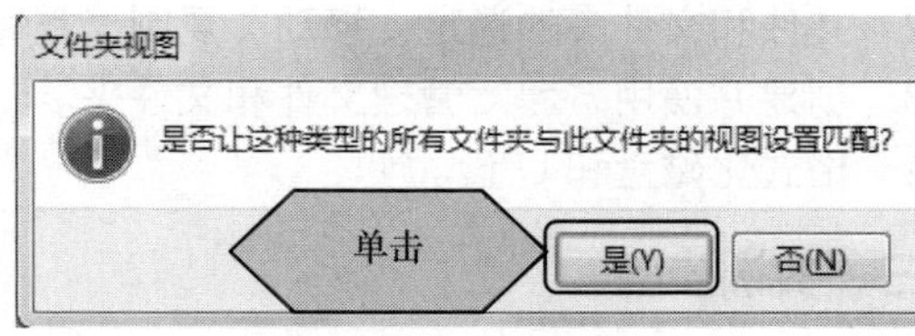

图2-39　确认提示框

⑤ 设置完成后可以发现，打开其他文件夹时也是采用选定的视图模式进行显示的，如图 2-40 所示。

如需还原设置，只需在“文件夹选项”对话框中的“查看”选项卡中单击“重置文件夹”按钮即可，如图 2-41 所示。

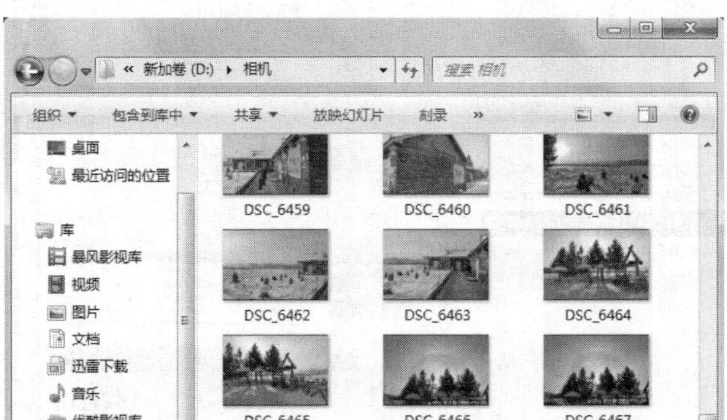

图2-40　设置后的效果

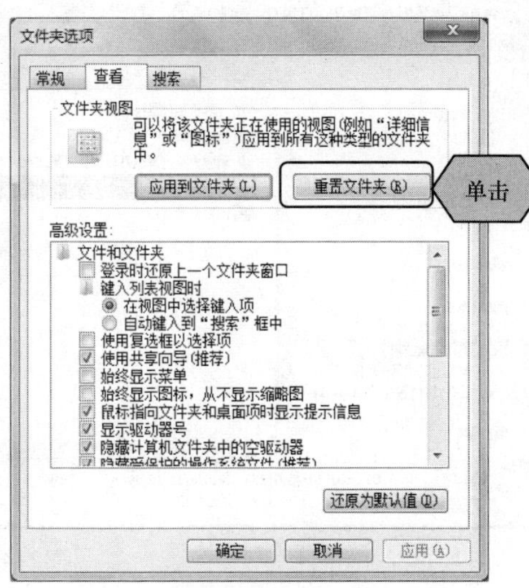

图2-41　重置文件夹

四、拓展训练

1. 在桌面添加所需要的小工具。
2. 下载一组图片，设置成桌面定时自动更换背景。

实训三 文件和文件夹操作

一、实训目的和要求

1. 熟练掌握 Windows 7 系统中文件和文件夹的基本操作方法。
2. 熟练掌握 Windows 7 系统中文件和文件夹的管理方法。
3. 熟练掌握磁盘格式化的方法。

二、实训内容

1. 使用预览窗格浏览文件内容。
2. 文件和文件夹的选定、移动、复制、重命名、删除操作及属性设置。
3. 创建并使用“库”管理文件和文件夹。
4. 格式化磁盘和 U 盘。

三、实训步骤

1. 使用预览窗格浏览文件内容

① 打开“D 盘”，在根目录下选中需要预览的文件，如图片文件、Word 文档等。

② 单击“显示预览窗格”按钮，在窗口右侧的窗格中就会显示出该文件的内容，如图 2-42 所示。

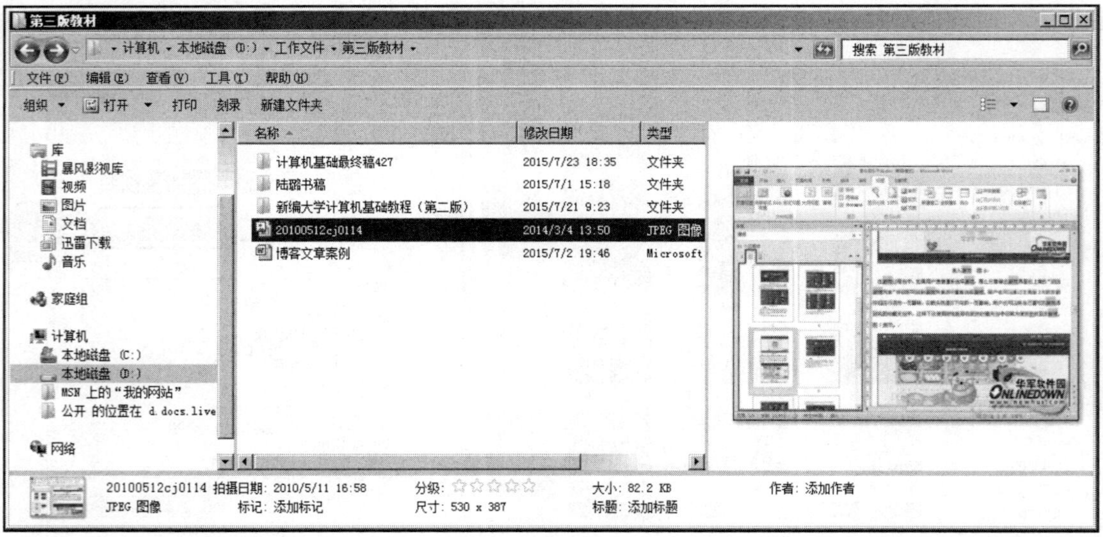

图2-42 预览文件内容窗口

2. 选定文件或文件夹

（1）选取多个连续的文件或文件夹

单击要选择的第一个文件或文件夹，按住＜Shift＞键的同时单击要选择的最后一个文件或文件夹，则将所选第一个和最后一个文件为对角线矩形区域内的全部文件或文件夹选定，如图 2-43 所示。

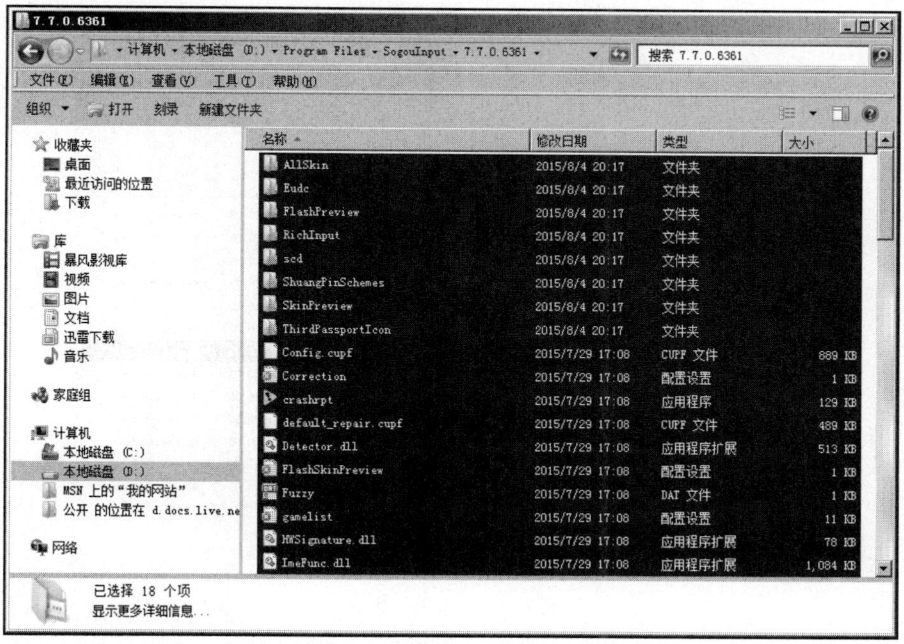

图2-43 选择连续文件和文件夹

（2）选取不连续文件或文件夹

单击要选择的第一个文件或文件夹，按住 < Ctrl > 键，依次单击要选定的其他文件或文件夹，如图 2-44 所示。

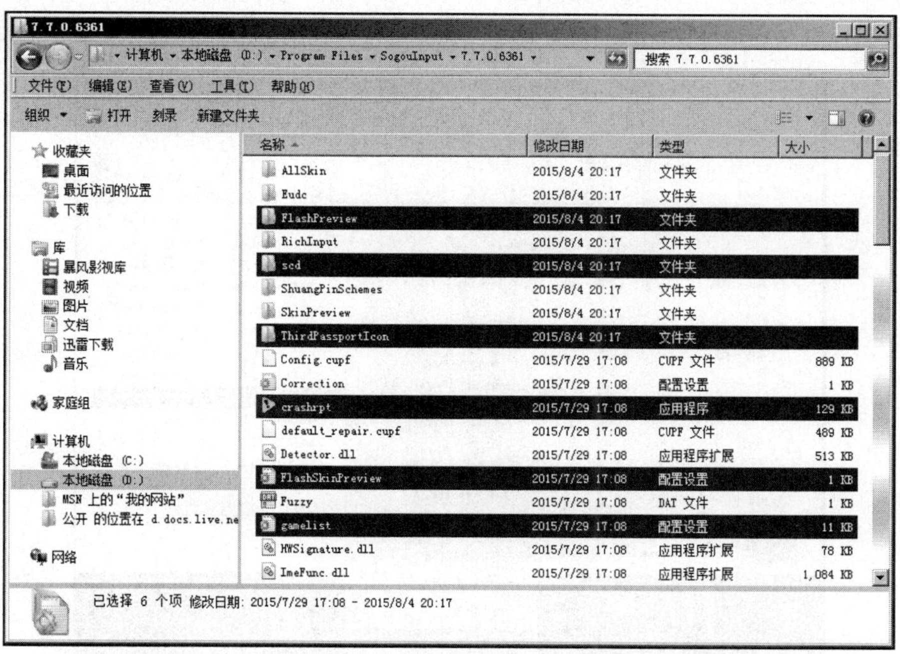

图2-44 选取不连续文件

3. 复制文件或文件夹

① 选定要复制的文件或文件夹，单击“组织”按钮，在弹出的下拉菜单中选择“复制”命

令，如图 2–45 所示。

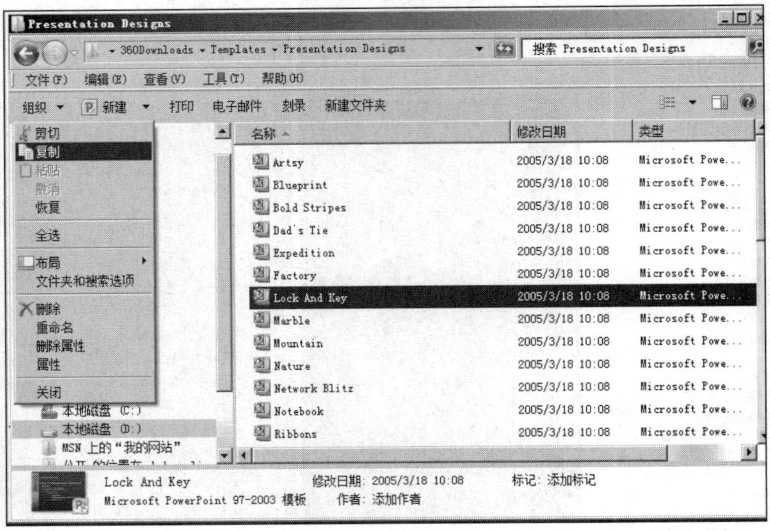

图2–45 “复制”命令

② 打开目标文件夹，单击“组织”按钮，在弹出的下拉菜单中选择“粘贴”命令，即可完成文件和文件夹的复制操作。

4. 移动文件或文件夹

① 选定要移动的文件或文件夹。单击“组织”按钮，在弹出的下拉菜单中选择“剪切”命令，或者用鼠标右键单击需要移动的文件或文件夹，在弹出的快捷菜单中选择“剪切”命令，如图 2–46 所示，也可以按 <Ctrl+X> 组合键进行剪切。

图2–46 “剪切”操作界面

② 打开目标文件夹，单击“组织”按钮，在弹出的下拉菜单中选择“粘贴”命令，或者右键单击需要复制的文件或文件夹，在弹出的快捷菜单中选择“粘贴”命令；也可以按 < Ctrl+V > 组合键进行粘贴。

5. 美化文件夹图标

① 右键单击需更改图标的文件夹，如“D 盘”的“MyDownload”文件夹，在弹出的快捷菜单中选择“属性”命令，打开“属性”对话框，如图 2-47 所示。

② 选择“自定义”选项卡，单击“更改图标”按钮，如图 2-48 所示。打开“为文件夹 MyDownload 更改图标”对话框，在列表框中选择一种图标，如图 2-49 所示。

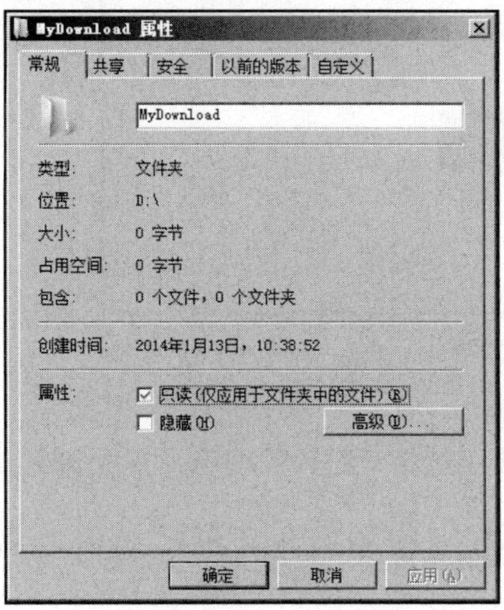

图2-47　“属性”对话框

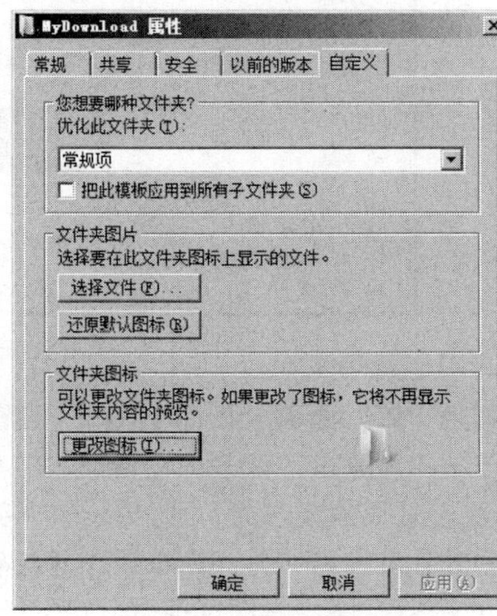

图2-48　“自定义”选项卡

③ 依次单击“确定”按钮，即可设置成功。

6. 创建“库”

① 打开“计算机”窗口，在左侧的导航区可以看到一个名为“库”的图标。

② 右键单击该图标，在弹出的快捷菜单中选择“新建”→“库”命令，如图 2-50 所示。

图2-49　更改图标

图2-50　“新建库”命令

③ 系统会自动创建一个库，并默认命名为“我的库”，如图 2-51 所示。

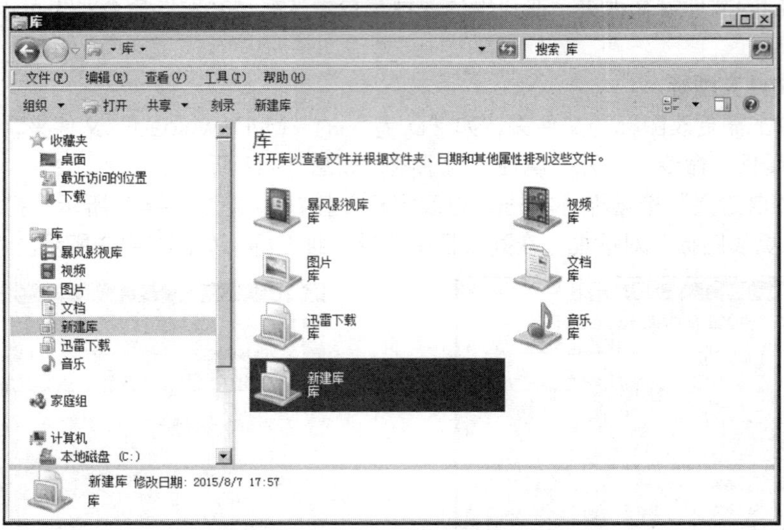

图2-51 新建的库窗口

7. 利用“库”查看 Windows 7 系统自带的图片

① 打开“计算机”窗口，在导航栏“库”文件夹下选择“图片”图标，在右侧窗口的“图片库”中双击其下的文件夹，显示系统自带图片。

② 单击窗口右侧“排列方式”下拉按钮，可以将文件按照“月”“天”“分级”或“标记”等多种方式进行排序，本例选择“分级”选项，如图 2-52 所示。

图2-52 选择排列方式

③ 更改排列方式后的效果如图 2-53 所示。

8. 格式化磁盘与 U 盘

（1）格式化 D 盘

打开“我的电脑”，右键单击 D 盘盘符，在弹出的快捷菜单中选择“格式化”命令，将会打开“格式化 本地磁盘（D：）”对话框，勾选“快速格式化”复选框，如图 2-54 所示。单击“开始”按钮，弹出提示框，如已确认该盘的内容无用或已备份，则单击“确定”按钮，完成 D 盘的格式化操作，反之则单击“取消”按钮，取消格式化操作，如图 2-55 所示。

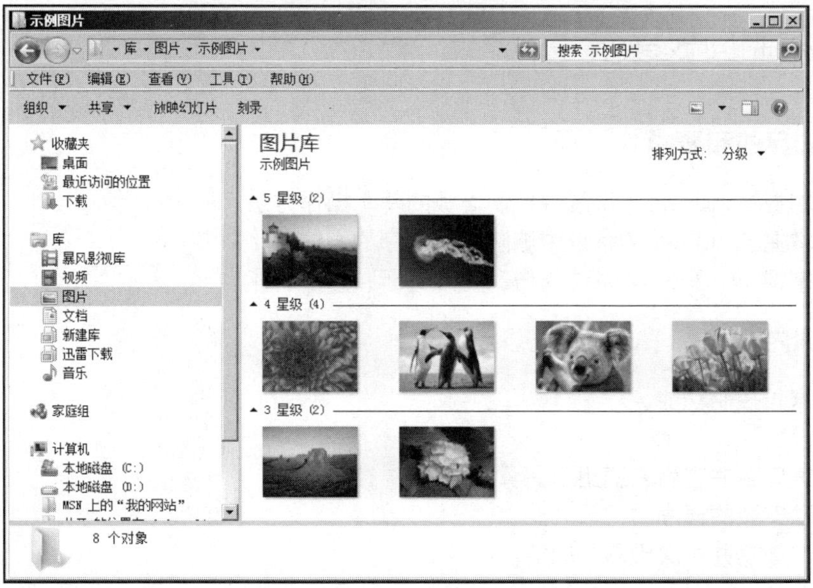

图2-53　分级排列的图片

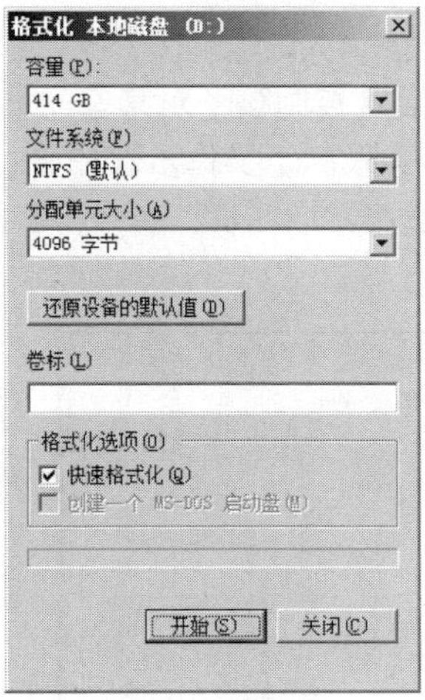

图2-54　快速格式化

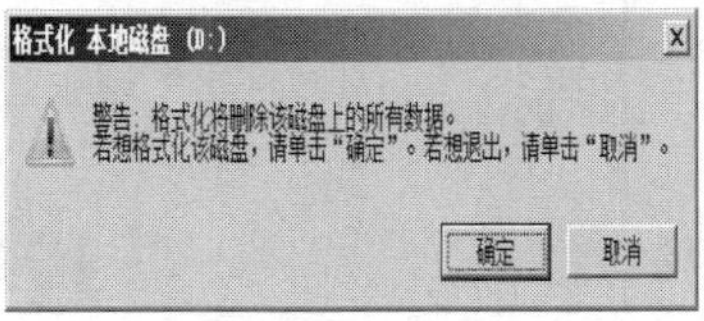

图2-55　提示框

（2）格式化 U 盘

① 将需要格式化的 U 盘与计算机连接，打开“计算机”窗口，右键单击 U 盘图标，在弹出的快捷菜单中选择“格式化”命令，打开其对话框。

② 设置 U 盘容量、格式化类型及其他选项，单击“开始”按钮。

③ 格式化完毕，单击“关闭”按钮。

四、拓展训练

1. 在 E 盘创建文件夹“练习”。将“图片库”里的图片分别以单个、成批方式复制或移动到

"练习"文件夹；要求分别使用命令方式、快捷键、鼠标拖曳完成。

2. 更改美化"练习"文件夹图标。
3. 创建"练习"库，将"练习"文件夹移动到该库中，以不同方式浏览。

实训四 控制面板操作

一、实训目的和要求

1. 熟练掌握 Windows 7 系统中控制面板的基本操作方法。
2. 熟练掌握 Windows 7 系统中删除应用程序的方法。
3. 熟练掌握 Windows 7 系统的自动疑难诊断和修复功能。

二、实训内容

1. 使用家长控制功能。
2. 网络设置。
3. 创建家庭组并查看家庭组密码。
4. 卸载已安装的程序。
5. 使用"查找并解决问题"功能。

三、实训步骤

1. 启用家长控制功能

在 Windows 7 系统中，提供了家长控制功能，包括设定控制孩子对某些网站的访问权限、登录到计算机的时长、可以玩的游戏以及可以运行的程序等限制。操作步骤如下。

① 打开"控制面板"，单击"查看方式"下拉按钮，选择"小图标"命令，单击"家长控制"选项，打开"家长控制"窗口，如图 2-56 所示。

图2-56 "家长控制"窗口

② 单击要控制的标准用户账户（不包括管理员账户），在打开的“用户控制”窗口中，可以设置各种家长控制项，如图 2–57 所示。在“家长控制”栏下选中“启用，应用当前设置”单选按钮，并在“时间限制”区域单击“关闭”链接，打开设置使用计算机的时间界面，如图 2–58 所示。

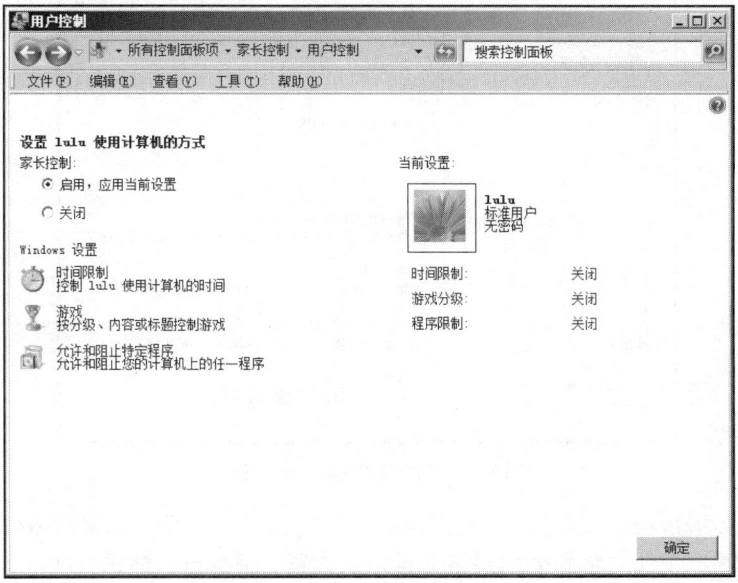

图2–57　设置控制选项

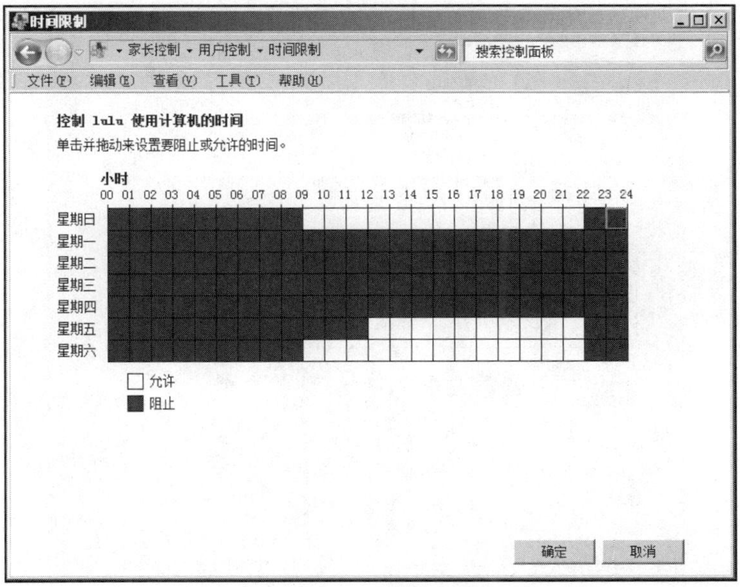

图2–58　设置使用计算机时间

③ 将阻止使用计算机的时间点画上标记，设置完成后单击“确定”按钮，返回到“用户控制”窗口，单击“确定”按钮，即可启用家长控制功能。

2．切换网络环境

① 打开“控制面板”窗口，在“类别”查看方式下，单击“网络和 Internet”下的“查看网络状态和任务”选项，打开“网络和共享中心”窗口，如图 2–59 所示。

图2-59 “网络和共享中心”窗口

② 在“查看活动网络”区域，单击“家庭网络”图标，打开“设置网络位置”窗口，窗口中列出了家庭网络、工作网络和公用网络 3 种网络设置，根据自己需求选择。本例选择“工作网络”选项，如图 2-60 所示。

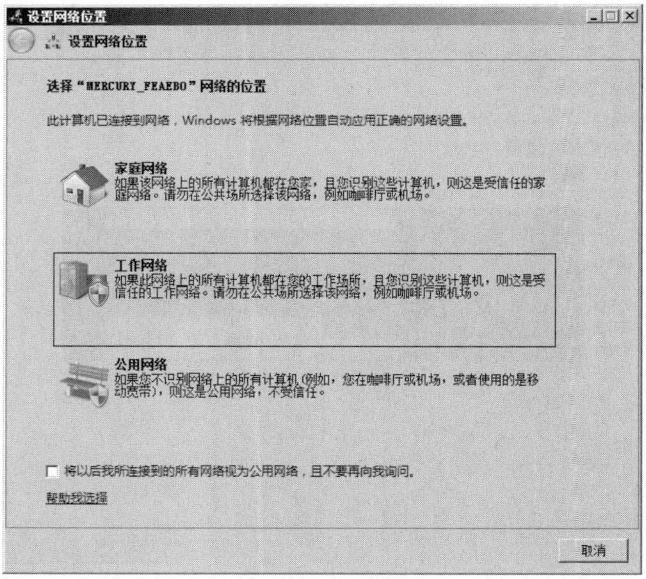

图2-60 选择网络类型

③ 在打开的“设置网络位置”窗口中确认信息，并单击“关闭”按钮。

3. 创建家庭组

Windows 7 操作系统中提供家庭组功能可以轻松实现 Windows 7 计算机互联，在多台计算机之间共享文档、照片和音乐等各种资源，还能直接进行局域网联机，也可以对打印机进行更方便的共享。

（1）创建家庭组

在 Windows 7 系统中打开“控制面板”→“网络和 Internet”，单击“家庭组”选项，打开“家庭组”设置界面，如图 2-61 所示。

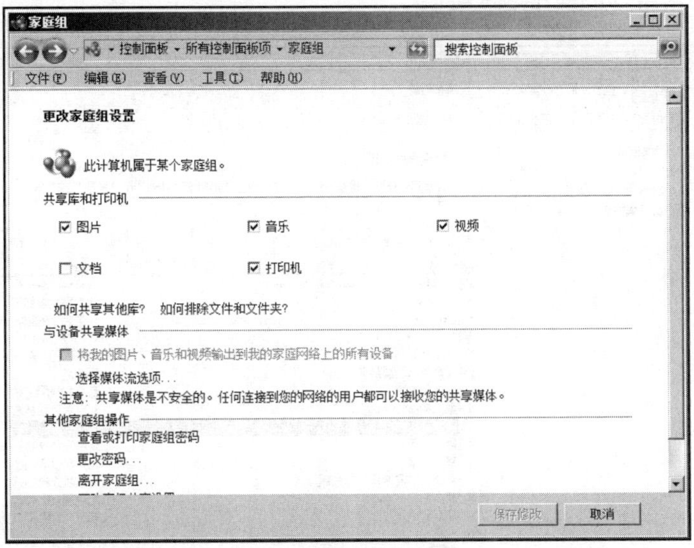

图2-61 “家庭组”窗口

如果当前使用的网络中没有其他人已经建立的家庭组存在的话，则会看到 Windows 7 提示你创建家庭组进行文件共享。此时单击“创建家庭组”命令，就可以创建一个全新局域网。

在该窗口可设置需要共享的图片、音乐、打印机和视频等选项。设置完成后单击“保存修改”按钮。

（2）查看家庭组密码

打开“控制面板”窗口，在“小图标”的查看方式下，单击“家庭组”选项。在打开的窗口中，单击“查看或打印家庭组密码”选项。在打开的窗口中可查看到家庭组的密码，如图 2-62 所示。

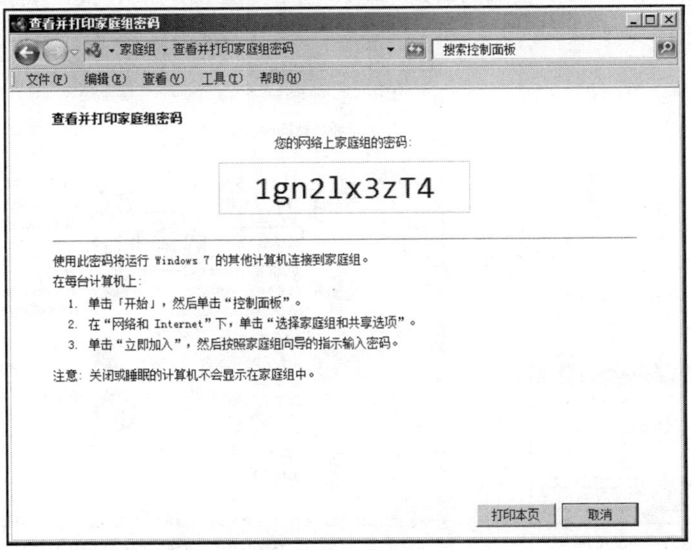

图2-62 查看家庭组密码窗口

4. 删除程序

① 单击“开始”菜单项，选择“控制面板”命令，在“小图标”的“查看方式”下，选择“程序和功能”选项，打开“卸载或更改程序”窗口。在列表中右键单击需要卸载的程序，如图2-63所示。单击“卸载/更改”按钮。

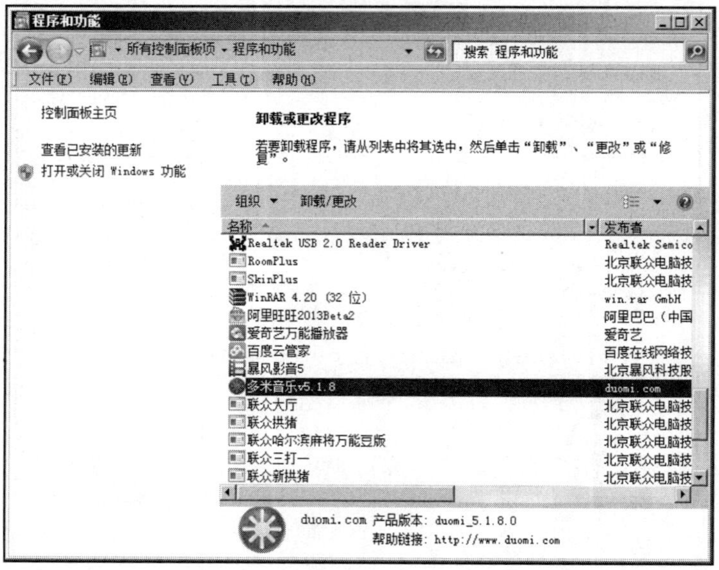

图2-63 “程序和功能”窗口

② 弹出是否确认卸载对话框，如果确定要卸载，单击“是”按钮，反之单击“否”按钮，如图2-64所示。

5. 使用“查找并解决问题”功能

Windows 7系统新增了“自动疑难诊断和修复”功能，这一功能可以自动分析、修复使用计算机时遇到的问题。

① 单击“开始”菜单，选择“控制面板”命令，单击“查找并解决问题”链接，如图2-65所示。

图2-64 “确认”对话框

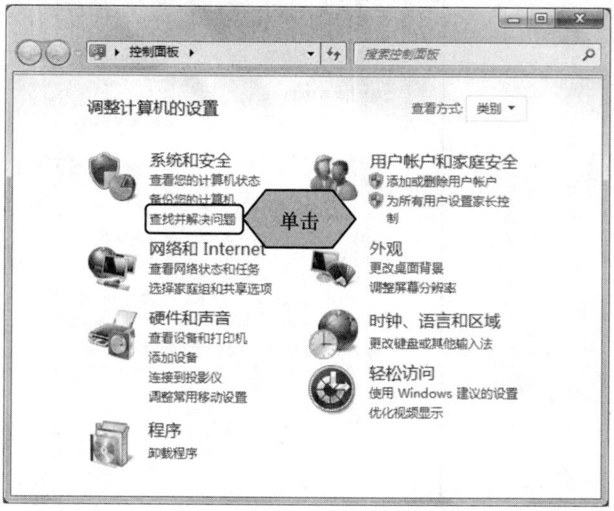

图2-65 “查找并解决问题”链接

② 在弹出的“疑难解答”窗口中，单击“网络和 Internet”链接，如图 2–66 所示。

图2–66 “网络和Internet”链接

控制面板中的“疑难解答”包含多个疑难解答程序，这些程序可以自动解决计算机存在的某些常见问题，例如网络、硬件和设备，以及程序兼容性存在的问题。

③ 在弹出的“网络和 Internet”窗口中选择“Internet 连接”选项，如图 2–67 所示。

图2–67 “Internet连接”选项

④ 在弹出的“Internet 连接”对话框中单击“下一步”按钮，如图 2–68 所示。

⑤ 在弹出的“Internet 连接”对话框中显示“正在启动网络诊断”，如图 2–69 所示。

⑥ 检测完毕选择“连接到 Internet 的疑难解答”选项即可，如图 2–70 所示。

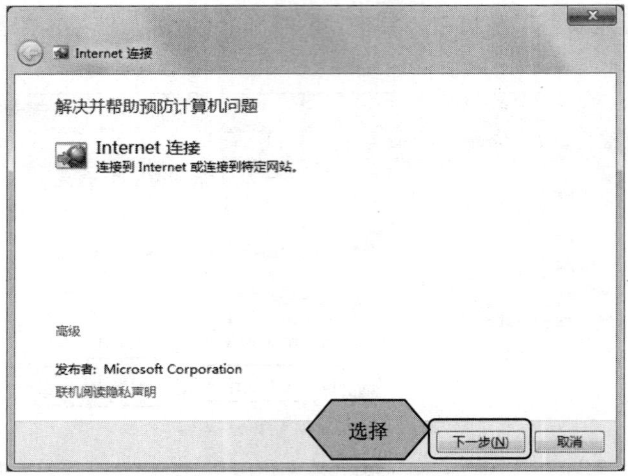

图2-68 “Internet连接”对话框

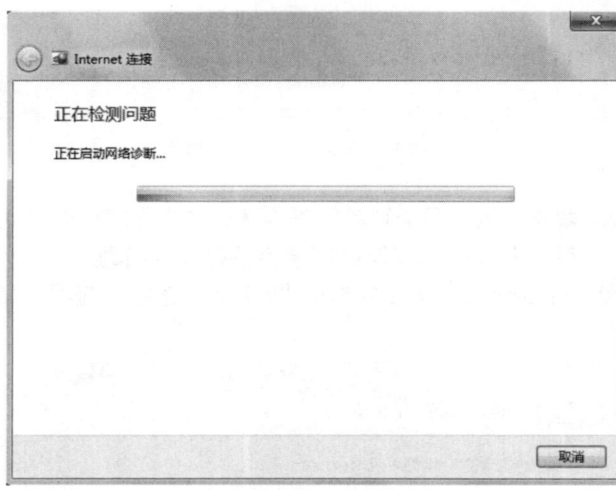

图2-69 正在启动网络诊断

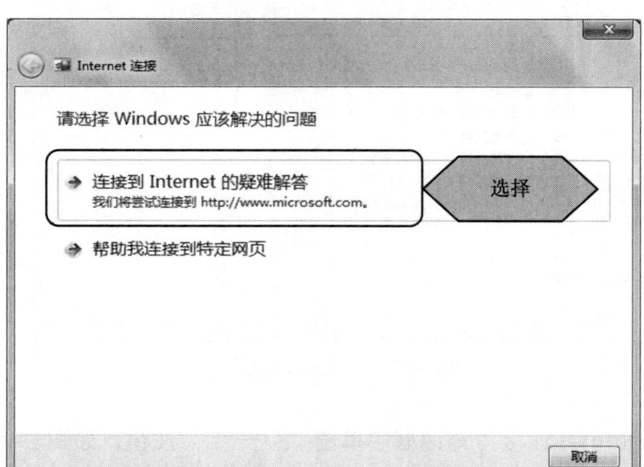

图2-70 连接到Internet的疑难解答

虽然疑难解答程序不能解决每个问题，但它们还是非常有用的，遇到故障时可以首先尝试使用该功能，一般情况下可以为用户节约时间和精力。

四、拓展训练

1. 5 个同学为一组，创建“家庭组”，其他同学加入该组，共享下载的图片。
2. 使用控制面板卸载 QQ 程序。

实训五　Windows 7 系统的安全维护

一、实训目的和要求

1. 熟练掌握 Windows 7 系统中防火墙的使用方法。
2. 熟练掌握 Windows Defender 的操作方法。

二、实训内容

1. 设置 Windows 7 系统防火墙。
2. 查看防病毒软件。
3. 使用 Windows Defender 扫描计算机并打开防护功能。

三、实训步骤

1. 使用 Windows 7 系统防火墙

① 打开“控制面板”窗口，在“小图标”查看方式下，选择“Windows 防火墙”选项，打开“Windows 防火墙”窗口。

② 单击窗口左侧“打开或关闭 Windows 防火墙”选项，如图 2-71 所示。在打开的“自定义设置”窗口中“家庭或工作（专用）网络位置设置”下选中“启用 Windows 防火墙”单选按钮，如图 2-72 所示。单击“确定”按钮，启用防火墙功能。

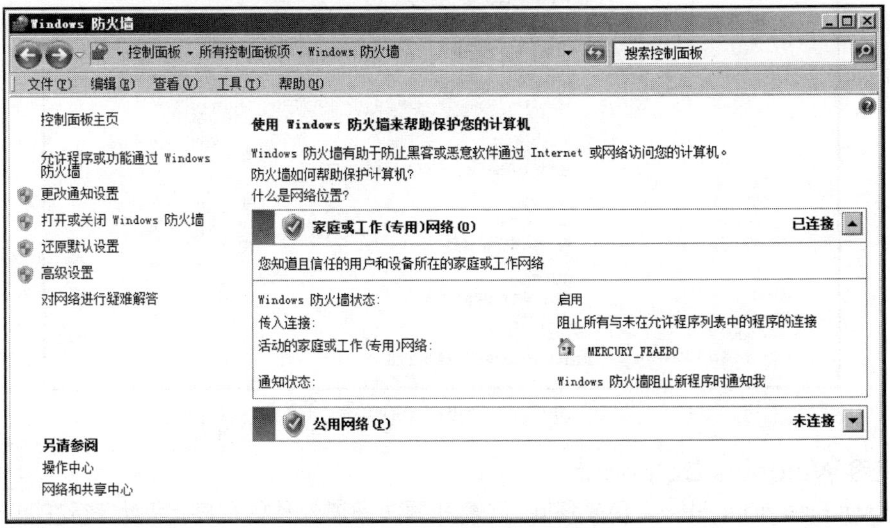

图2-71　“Windows防火墙”窗口

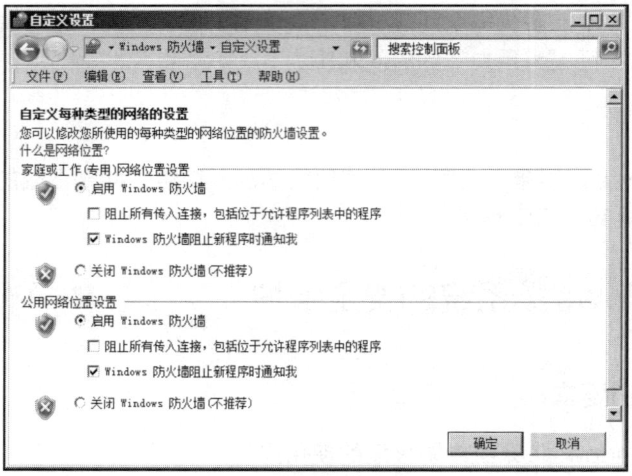

图2-72 “防火墙设置”窗口

2. 查看防病毒软件

① 打开“控制面板”窗口，在“小图标”查看方式下，选择“操作中心”选项，打开“操作中心”窗口。

② 单击“安全”下拉按钮，在列表项中查看病毒防护功能是否启用，如图 2-73 所示，若系统中没有安装防病毒软件，则选择一种防病毒软件下载并安装。

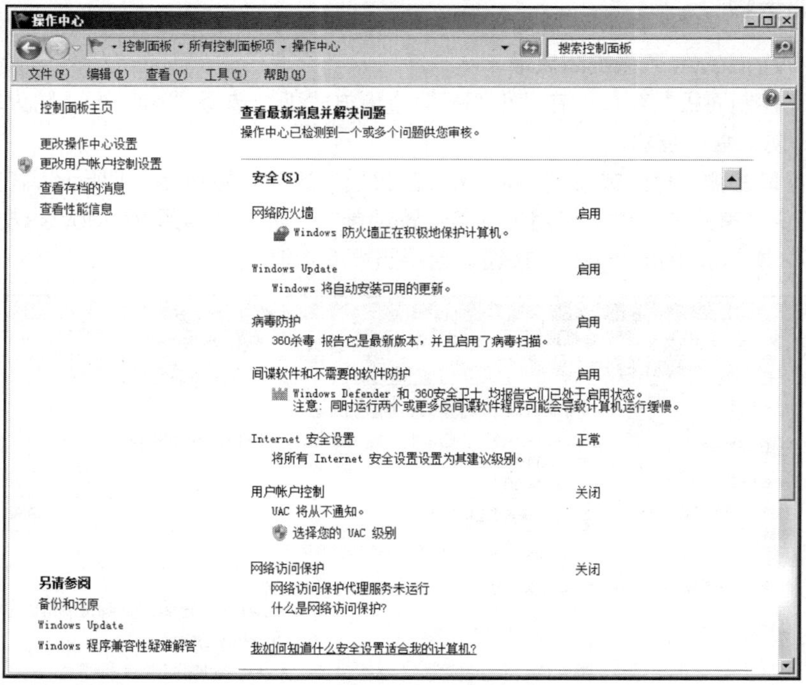

图2-73 “操作中心”窗口

3. 使用 Windows Defender

Windows Defender 是一个用来移除、隔离和预防间谍软件的程序，可以运行在 Windows XP 和 Windows Server 2003 操作系统上，并已内置在 Windows Vista、Windows 7 和 Windows 8

操作系统中。它不仅可以扫描系统，还可以对系统进行实时监控，移除已安装的 ActiveX 插件，清除大多数微软公司的程序和其他常用程序的历史记录。

（1）启用 Windows Defender 实时防护

① 打开“控制面板”窗口，在“小图标”查看方式下选择“Windows Defender”选项，打开“Windows Defender”窗口。

② 单击“工具和设置”菜单，打开“工具和设置”窗口，如图 2-74 所示。单击“选项”链接，在打开的“选项”窗口中，单击选中左侧的“实时保护”选项，在右侧窗格中选中“使用实时保护”和其下的子项，如图 2-75 所示。

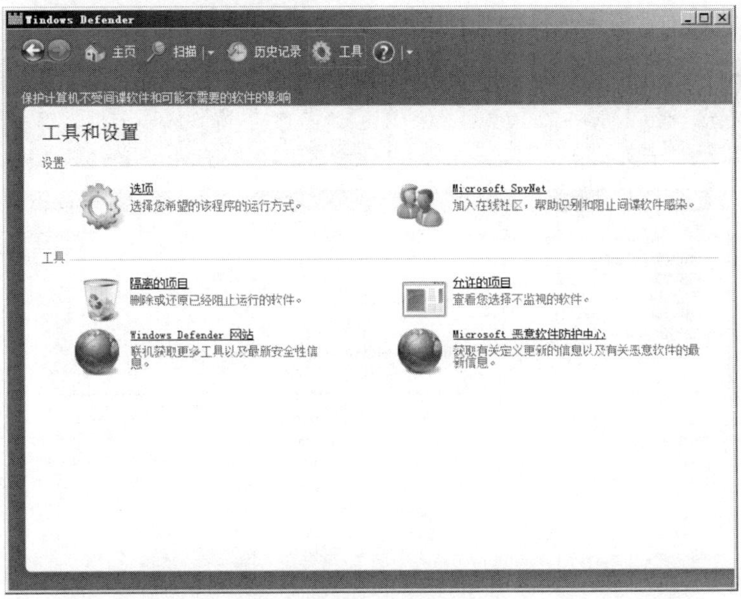

图2-74　“工具和设置”窗口

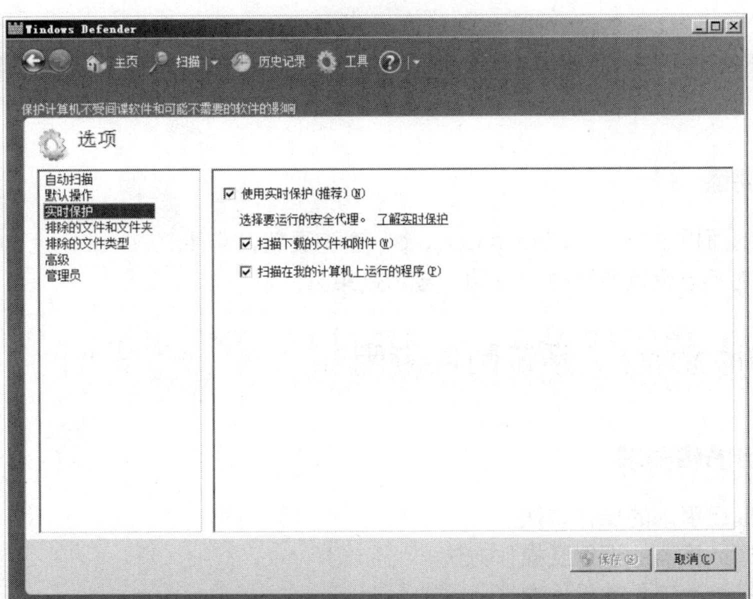

图2-75　“选项”窗口

③ 单击“保存”按钮，此时系统将阻止间谍软件和其他不需要的软件在计算机上运行，如果有程序试图在计算机上自行安装或运行，系统会发出通知。

（2）使用 Windows Defender 扫描计算机

打开“Windows Defender”窗口，单击“扫描计算机”菜单的下拉按钮，在弹出的菜单中选择一种扫描方式，功能如下。

- 快速扫描：检查计算机上最有可能感染间谍软件的硬盘。
- 完整扫描：检查硬盘上所有文件和当前运行的所有程序，但可能会导致计算机运行缓慢，直至扫描完成。

建议每日快速扫描，如果是第一次扫描，则选择“完全扫描”命令，如图 2-76 所示。

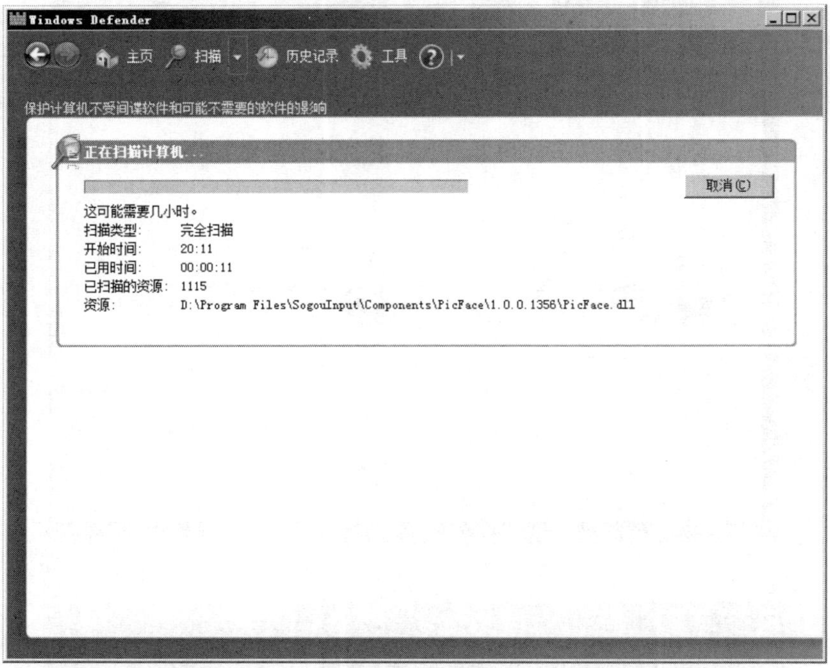

图2-76 完全扫描

四、拓展训练

1. 打开控制面板中的“Windows Update”查询更新，启用“Windows Update 防火墙”。
2. 使用控制面板设置系统时间日期、显示效果。

实训六 Windows 7 系统附件应用

一、实训目的和要求

1. 熟练掌握记事本的操作方法。
2. 熟练掌握计算器的设置及操作方法。
3. 熟练掌握画图工具的操作方法。
4. 熟练掌握便笺的操作方法。

二、实训内容

1. 使用记事本创建并修改文本文件。
2. 使用并设置计算器。
3. 使用画图工具。
4. 使用便笺。

三、实训步骤

1. 使用记事本

① 单击“开始”→“所有程序”→“附件”→“记事本”命令，打开“记事本”窗口并输入内容。

② 选中内容，单击“格式”→“字体”命令，打开“字体”对话框，在对话框中设置字体为宋体、字形为常规、大小为小四号，如图 2-77 所示，单击“确定”按钮完成设置。

③ 单击“编辑”按钮，在弹出的下拉菜单中选择“复制”命令，在新行粘贴文字，如图 2-78 所示。

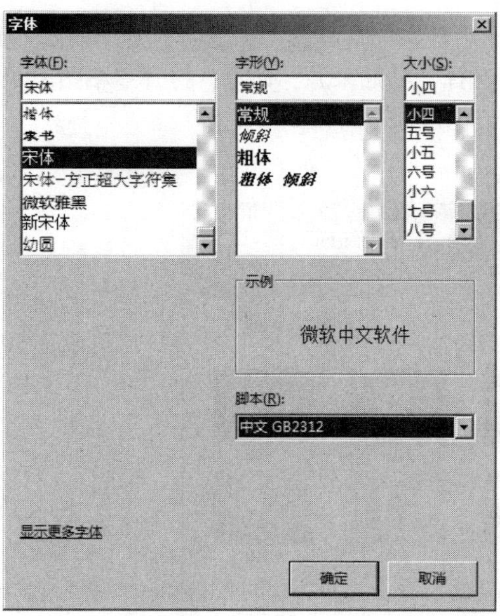

图2-77 “字体”对话框

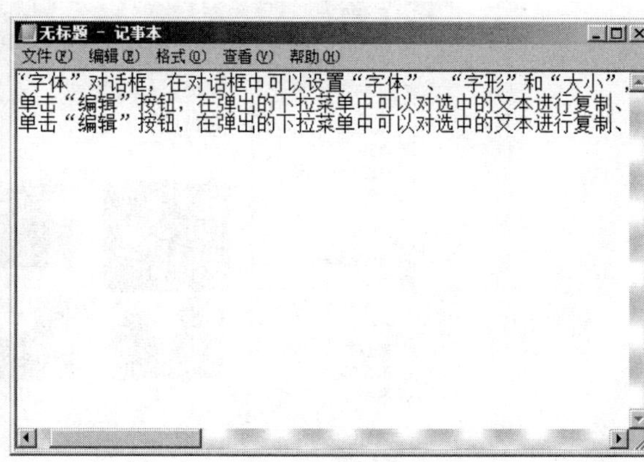

图2-78 编辑文字

④ 单击“文件”→“保存”命令，打开“另存为”对话框，将记事本命名为“1”并保存在桌面，单击“确定”按钮。

2. 使用计算器

① 单击“开始”→“所有程序”→“附件”→“计算器”命令，打开“计算器”程序。输入“85*63”算式，单击“=”按钮，即可计算出结果。如图 2-79 所示。

② 单击“查看”→“科学型”命令，打开科学型计算器程序，可进行更为复杂的运算，如计算“tan30”的数值，先输入“30”，然后单击“tan”按钮，即可计算出相应的数值，如图 2-80 所示。

图2-79　计算器界面

图2-80　tan30的计算结果

3. 使用画图工具

Windows 7 系统中的画图工具较之以前的版本有很大的变化，所有功能按钮都分类集中在相应的功能组中，使用户操作起更加简便、流畅。

① 导入图片。单击“开始”→“所有程序”→“附件”→“画图”命令，打开“画图”窗口。单击“剪贴板”功能组中的“粘贴”下拉按钮，选择“粘贴来源”命令，打开“粘贴来源”对话框，如图 2-81 所示。选择库中的菊花图片，单击“打开”按钮。

图2-81　选择图片

② 截取图片。单击“图像”功能组中的“选择”下拉按钮，选择“自由图形选择”命令，当鼠标变成四向箭头时，在图片上画出想要保留的部分，我们画一个桃心形状，松开鼠标左键。此时，方框内为“自由图形选择”所占的方形区域，如图 2-82 所示。单击“图像”功能组中的“裁剪”按钮，此时显示出截取的部分图片，如图 2-83 所示。

图2-82　自由图形选择

图2-83　提取的部分图片

③ 单击“工具”组中的“文本”按钮，按住鼠标左键在提取的图片上向下拖动，松开鼠标左键，图片上即出现一个文本框，输入“送你一颗心”并在打开的“文本工具文本”选项卡“字体”组中设置为方正姚体、18 号字、加粗格式，在“颜色”组中设置文字颜色为白色，如图 2-84 所示。

图2-84　设置字体

④ 单击“画图”按钮，在导航栏中选择“保存”命令，打开“保存为”对话框，为文件命名为“礼物”，保存类型为“JPEG”格式，保存位置为“图片库”，如图 2-85 所示。单击“保存”按钮。

图2-85　保存图片

4. 使用便笺

便笺是 Windows 7 系统新添加的一个小工具。顾名思义，它是作为我们平时用来记事和提醒留言的。相当于我们日常生活中使用的“小贴士”，只不过不是纸质的，而是显示在计算机屏幕上。

（1）创建便笺

单击“开始”按钮，打开“开始”菜单，选择“所有程序”命令，选择“附件”列表下的“便笺”命令，如图 2-86 所示。此时桌面右上角会出现一个黄色的“便笺”，用户只需将光标定位在便笺中，直接输入文本即可，输入方法和写字板相同，如图 2-87 所示。

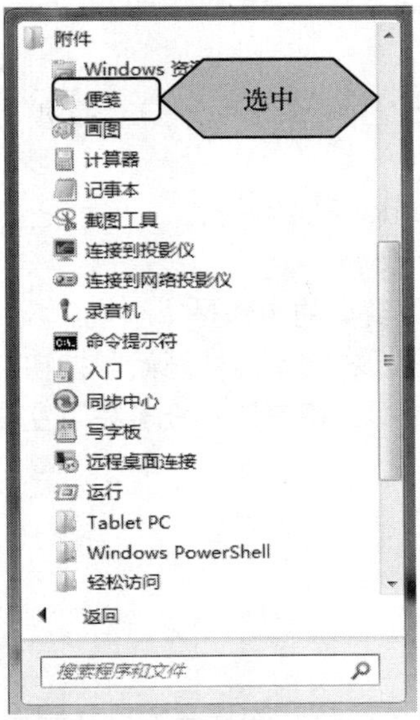

图2-86　设置字体附件中的便笺程序

图2-87　在便笺中输入中文

（2）设置便笺

用鼠标按住便笺的标题栏拖动，可以移动便笺。标题栏上还有两个按钮：单击 + 按钮，可以在该便笺的左边新建一个空白便笺；单击 × 按钮，会开打询问对话框，确定是否删除便笺，如图 2-88 所示。右键单击便笺文本区，会弹出快捷菜单，提供了剪切、复制、删除、粘贴、全选文本的命令，还有许多便笺颜色供用户选择替换，如图 2-89 所示。

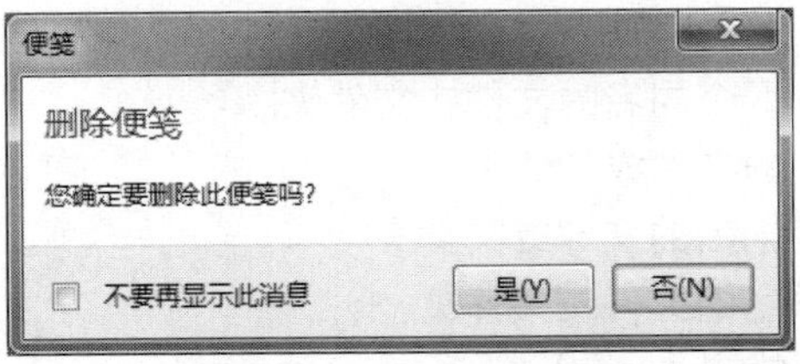

图2-88　“删除便笺”对话框

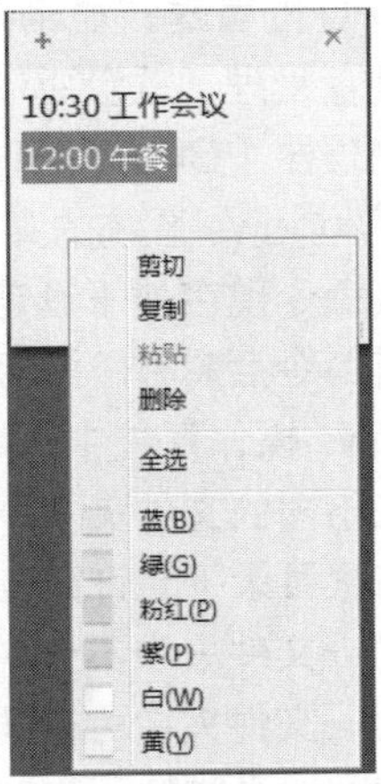

图2-89　便笺快捷菜单

四、拓展训练

1. 使用附件中的“截图工具”截取桌面 Windows 旗帜，并保存为“微软之旗”.BMP。

2. 使用附件中的“画图”打开“微软之旗”.BMP，添加文字“我要超越”，绘制图形。

习题

一、选择题

1. 下列不属于 Windows“附件”的是（　　）。
   A. 记事本　　B. 计算器　　C. 画图　　D. 启动
2. 下列属于操作系统的是（　　）。
   A. Visual FoxPro　　B. Internet Explorer
   C. Office 2010　　D. Windows
3. Windows 系统中，不能进行打开“资源管理器”窗口的操作是（　　）。
   A. 使用组合键 Win+E　　B. 用鼠标右键单击“开始”按钮
   C. 用鼠标右键单击“计算机”图标　　D. 用鼠标左键单击“任务栏”空白处
4. 下面是关于 Windows 文件名的叙述，错误的是（　　）。
   A. 文件名中允许使用多个圆点分隔符
   B. 文件名中允许使用汉字
   C. 文件名中允许使用竖线“|”
   D. 文件名中允许使用空格
5. Windows 系统中可按 Alt+（　　）的组合键在多个已打开的程序窗口之间进行切换。
   A. Insert　　B. Tab　　C. 空格键　　D. Enter
6. Windows 中，回收站的作用是（　　）。
   A. 恢复已破坏的文件　　B. 保存文件的碎片
   C. 存放被删除的文件　　D. 保存剪切的文本
7. 一个计算机操作系统通常应具有（　　）。
   A. 计算机启动、打印、显示、文件存取和关机等五大功能
   B. CPU 的管理、显示器管理、键盘管理、打印机和鼠标器管理等五大功能
   C. 硬盘管理、软盘驱动器管理、CPU 的管理、显示器管理和键盘管理等五大功能
   D. 处理器（CPU）管理、存储管理、文件管理、输入/出管理和作业管理五大功能
8. 关于 Windows 系统的菜单命令，若某个命令后跟有“…”，则表示（　　）。
   A. 该命令现在处于设定状态　　B. 该命令后将有一个对话框出现
   C. 该命令后将有下一级联的菜单出现　　D. 该命令处于运行中
9. Windows 操作系统中，（　　）。
   A. 在不同的文件夹中不允许建立两个同名的文件或文件夹
   B. 在根目录下允许建立多个同名的文件或文件夹
   C. 同一文件夹中不允许建立两个同名的文件或文件夹
   D. 同一文件夹中可以建立两个同名的文件或文件夹
10. Windows 系统的回收站中，可以恢复（　　）。
    A. 从光盘中删除的文件或文件夹
    B. 剪切掉的文档
    C. 从硬盘中删除的文件或文件夹
    D. 从软盘中删除的文件或文件夹

11. Windows系统中，选中回收站中的某文件后，不可以实现的操作有（　　）。
A. 删除　　B. 还原
C. 打开该文件　　D. 查看属性

12. 下列关于Windows系统窗口的叙述中，错误的是（　　）。
A. 窗口是应用程序运行后的工作区
B. 窗口的位置可以移动，但大小不能改变
C. 同时打开的多个窗口可以重叠排列
D. 窗口的位置和大小都改变

13. Windows系统环境下，将对象剪切到剪贴板上的组合键是（　　）。
A. Ctrl+V　　B. Ctrl+X　　C. Ctrl+C　　D. Ctrl+A

14. Windows系统中，打开“计算机”图标，要改变文件或文件夹的显示方式，应选（　　）。
A. “编辑”菜单　　B. “新建”菜单
C. “格式”菜单　　D. “工具”菜单

15. Windows系统中，要将当前窗口的内容存入剪贴板，应同时按下（　　）键。
A. Print+Screen　　B. Alt+PrintScreen
C. Ctrl+PrintScreen　　D. Ctrl+Alt+PrintScreen

16. Windows操作系统中，不同文档之间互相复制信息需要借助于（　　）。
A. 写字板　　B. 剪贴板　　C. 记事本　　D. 磁盘缓冲器

17. “开始”菜单中的“文档”选项中列出了最近使用过的文档清单，数目最多可达（　　）。
A. 15　　B. 4　　C. 12　　D. 10

18. Windows系统中打开“任务管理器”的快捷键是（　　）。
A. Ctrl+Alt+Del　　B. Ctrl+Alt+Enter
C. Ctrl+Alt+Home　　D. Ctrl+Alt+End

19. Windows系统中，鼠标双击“控制面板”中的“显示”图标，出现的对话框中（　　）。
A. 可以对背景、外观、屏幕保护程序等进行观察，但不能进行设置
B. 可以对背景、外观屏幕保护程序等进行设置
C. 可以将一个单色显示器设置为一个彩色显示器
D. 可以设置显示器屏幕的大小

20. Windows系统操作中，若鼠标指针变成了“I”形状，则表示（　　）。
A. 鼠标光标所在位置可以从键盘输入文本
B. 可以改变窗口位置
C. 可以改变窗口大小
D. 当前系统正在访问磁盘

二、填空题

1. 双击Windows 7系统桌面上的快捷图标，可以________。

2. 在Windows 7系统中，为了重新安排系统的“开始”菜单，应在________对话框中进行。

3. 在Windows 7系统中，先将鼠标指针指向某一对象，然后单击右键，通常会打开________。

4. 在Windows 7系统中，每一个菜单中都含有若干命令项，其中有些命令项后面有“…”，执行该命令后，将弹出一个________。

5. 在 Windows 7 系统中，文件夹是用来组织磁盘文件的一种________数据结构。
6. 在 Windows 7 系统的某个对话框中，按________键与单击“确定”按钮的作用相同。
7. Windows 7 系统是基于________界面的操作系统。
8. 在 Windows 7 系统中，若要删除选定的文件，可直接按________键。
9. 任务栏的最左端是“________”按钮。
10. “复制”操作是将选定的内容复制到系统的________上。

三、判断题

1. Windows 系统中文件扩展名的长度最多可达 255 个。（　）
2. 在 Windows 系统中，可以用 PrintScreen 键/Alt+PrintScreen 键来复制屏幕内容。（　）
3. Windows 7 系统的“资源管理器”窗口可分为两部分。（　）
4. 在 Windows 系统中，只能对软盘格式化，不可以对硬盘格式化。（　）
5. Windows 操作系统中的图形用户界面（GUI）使用窗口显示正在运行的应用程序的状态。（　）
6. 在硬盘和软盘上都可以建立文件和子目录。（　）
7. 在 Windows 系统资源管理器的左侧窗口中，许多文件夹前面均有一个“+”或“-”号，它们分别是展开符号和折叠符号。（　）
8. 在 Windows 系统环境下，放到“回收站”中文件可以恢复到原来的位置。（　）
9. 在 Windows 系统中，可以根据文件的类型和文件的名称来查找一个或一些文件。（　）
10. Windows 系统中的文件具有系统、隐藏、只读等属性，每个文件不可以同时具有多个属性。（　）

四、简答题

1. 简述窗口界面的基本组成元素。
2. 在 Windows 7 系统中，如何进行任务切换?
3. 什么是快捷键、快捷菜单、快捷方式?
4. 如何选定文件或文件夹?
5. 控制面板的作用是什么?

3 Chapter 第3章 Word 2010 文字处理软件

实训一 诗词赏析

一、实训目的和要求

1. 熟练掌握使用 Word 2010 建立、编辑、保存和打开文档的方法。
2. 熟练掌握 Word 2010 中字符和段落格式化方法。
3. 熟练掌握页面背景和边框设置方法。
4. 熟练掌握页面设置方法。
5. 熟练掌握保护文档方法。

二、实训内容

1. 建立 Word 文档，导入素材 3-1 文档，以“诗词赏析”为文件名保存文档。

2. 页面设计。纸张：B5；边距：左右边距为 2cm，上下页边距为 2.5cm，字符间距加宽 0.5 磅。

3. 设置格式。

① 将标题字体和作者字体设置格式为“隶书、加粗倾斜、18 号、紫色、居中”，文字效果为“发光和柔滑边缘”中的预设“紫色，8pt 发光，强调文字颜色 4”。

② 将正文字体格式设置为“宋体、四号”，首行缩进“2 个字符”，段前段后间距设为“12 磅”，行距为“1.5 倍行距”。

③ 将【译文】和【创作背景】内容的文字格式设置为“楷体、小四号字、单倍行距”。

4. 设置文档背景为“渐变、双色（水绿色，强调文字颜色 5，淡色 40%；橙色，强调文字颜色 6，淡色 80%）、斜上”效果。

5. 设置页面边框为“乐符”艺术边框，格式为“宽度 15 磅，橄榄色、强调文字颜色 3、淡色 40%”。

6. 在文档底部插入当天日期并右对齐。

7. 为文档加密。

三、实训步骤

1. 启动 Microsoft Word 2010

在“开始”菜单中选择“所有程序”命令，在弹出的菜单中单击“Microsoft Office”图标，并在级联菜单中选择“Microsoft Word 2010”命令。

2. 输入内容

选择一种输入法，按照图 3-1 输入相应内容。

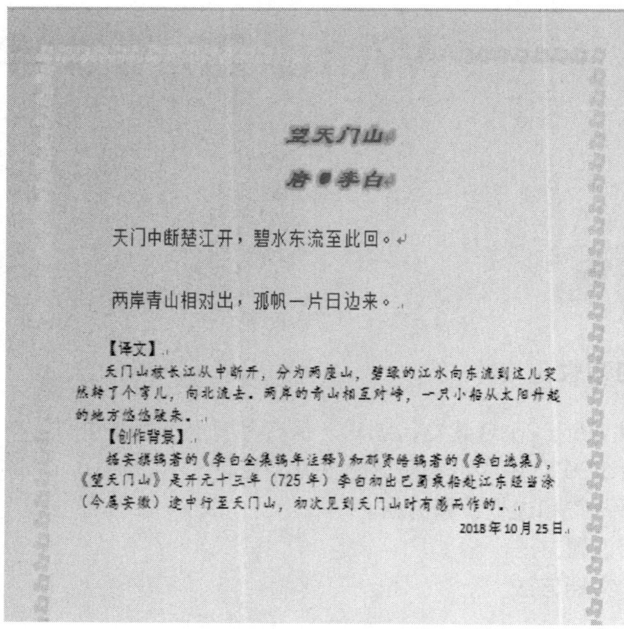
望天门山

唐•李白

天门中断楚江开，碧水东流至此回。

两岸青山相对出，孤帆一片日边来。

【译文】

天门山被长江从中断开，分为两座山，碧绿的江水向东流到这儿突然转了个弯儿，向北流去。两岸的青山相互对峙，一只小船从太阳升起的地方悠悠驶来。

【创作背景】

据安旗编著的《李白全集编年注释》和郁贤皓编著的《李白选集》，《望天门山》是开元十三年（725 年）李白初出巴蜀乘船赴江东经当涂（今属安徽）途中行至天门山，初次见到天门山时有感而作的。

2018 年 10 月 25 日

图3-1　诗词赏析效果图

3. 保存文档

单击“文件”选项卡，在导航栏中选择“另保存”命令，打开“另存为”对话框，选择“保存位置”为“D：\计算机基础”，“文件名”为“诗词赏析”，单击“保存”按钮。单击“文件”选项卡，在导航栏中选择“退出”命令，关闭 Microsoft Word 2010。

4. 打开文档

右键单击“计算机”图标，选择“打开”命令，在左侧窗口中单击 D 盘的折叠按钮，选中“计算机文化基础”文件夹，在右侧窗口中双击“诗词赏析”文件，如图 3-2 所示。完成打开操作。

5. 页面设置

① 设置页边距。单击“页面布局”选项卡“页面设置”组中的“纸张大小”按钮，在下拉列表中选择“B5”命令，单击“页边距”按钮，在下拉列表中选择“自定义边距”命令，打开“页面设置”对话框，按照题目要求输入页边距数值。

② 设置字符间距。单击“开始”选项卡“字体”组中的对话框启动器，打开“字体”对话框，选择“高级”选项卡，在“间距”的下拉列表中选择“加宽”命令，在“磅值”编辑框中输入“0.5 磅”，如图 3-3 所示。

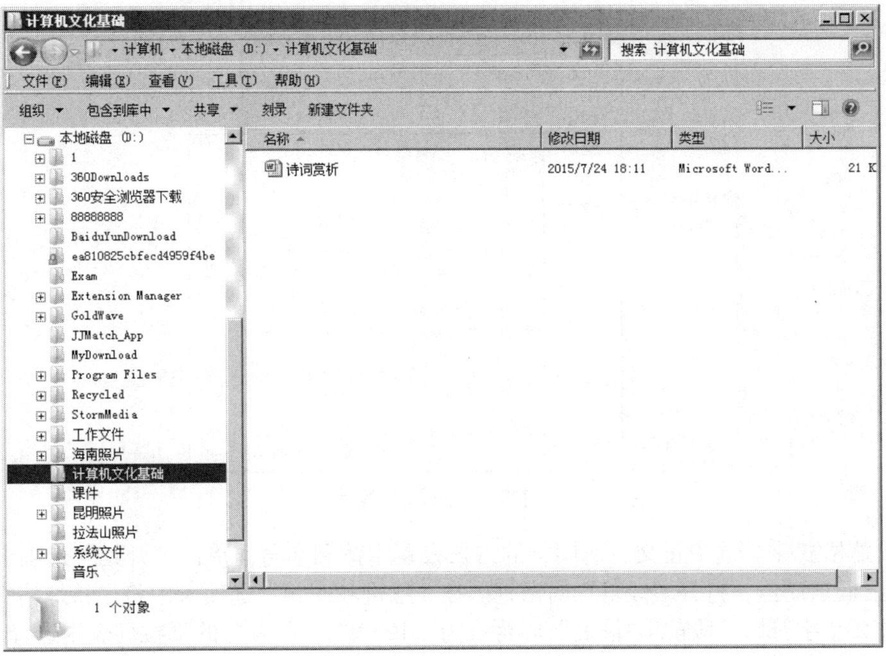

图3-2　在资源管理器中打开文档

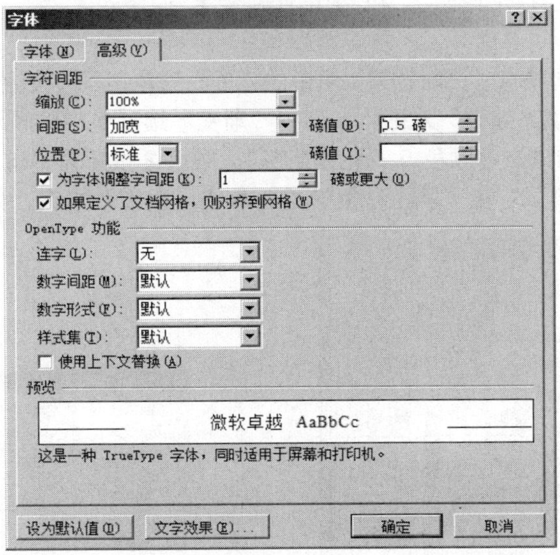

图3-3　设置字符间距

6．字符、段落格式化

① 设置文本效果。选中标题和作者，单击“开始”选项卡，在“字体”组的工具栏中将字体设置为“隶书”，字型设置为“加粗倾斜”，字号设置为“18 号”，字体颜色设置为“紫色”，对齐方式设置为“居中”。单击“字体”组中的对话框启动器，打开“字体”对话框，单击“文字效果”按钮，打开“设置文本效果格式”对话框，单击“发光和柔滑边缘”中的“预设”命令，在下拉列表中选择“紫色，8pt 发光，强调文字颜色 4”，如图 3-4 所示。单击“关闭”按钮返回到“字体”对话框，单击“确定”按钮。

图3-4　设置文字效果

② 段落格式化。选中正文，用同样的方法设置字体和字号，单击“开始”选项卡“段落”组中的对话框启动器，打开“段落”对话框。在“缩进和间距”选项卡中将“特殊格式”设置为“首行缩进 2 个字符”，“段前”“段后”间距设为“12 磅”，“行距”的下拉列表中选择“1.5 倍行距”，单击“确定”按钮，如图 3–5 所示。

③ 参照上述方法设置“【译文】”和“【创作背景】”的格式。

7. 设置文档背景

单击“页面布局”选项卡“页面背景”组中的“页面颜色”下拉按钮，在下拉列表中选择“填充效果”命令，打开“填充效果”对话框，选中“渐变”选项卡中的“双色”复选框，将“颜色 1”设置为“水绿色，强调文字颜色 5，淡色 40%”；颜色 2 设置为“橙色，强调文字颜色 6，淡色 80%”；选中“底纹样式”中“斜上”复选框，单击“确定”按钮，如图 3–6 所示。

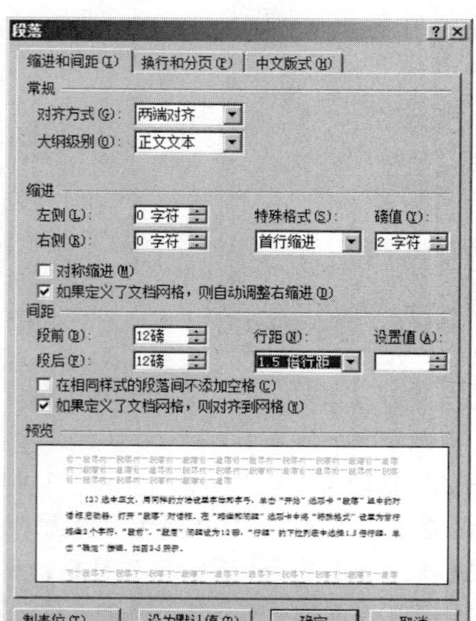

图3-5　段落格式化

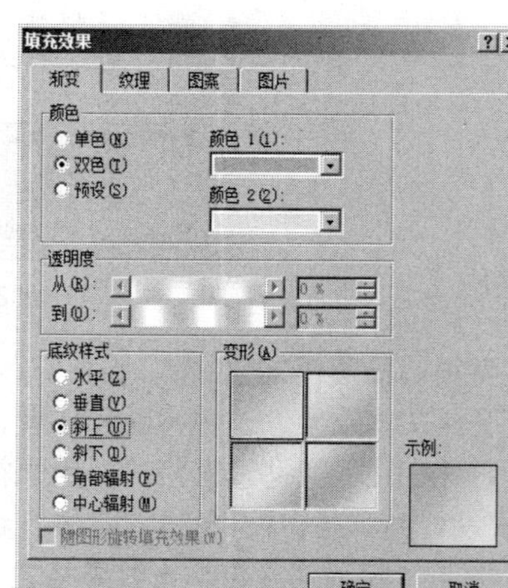

图3-6　设置页面背景

8. 设置页面边框

将光标放置到当前活动页，单击“页面布局”选项卡里“页面背景”组中的“页面边框”按钮，打开“边框和底纹”对话框，选择“页面边框”选项卡，单击“颜色”下拉列表选择“橄榄色、强调文字颜色 3、淡色 40%”；单击“宽度”下拉列表选择“15 磅”；单击“艺术型”下拉列表选择“乐符”艺术边框；单击“应用于”下拉列表选择“整篇文档”，如图 3–7 所示。

9. 插入日期

将光标放置到文档底端，单击“插入”选项卡“文本”组中的“日期和时间”按钮，打开“日期和时间”对话框，在“可用格式”列表中选择一种日期格式，单击“确定”按钮，如图 3–8 所示。最后应用右对齐格式。

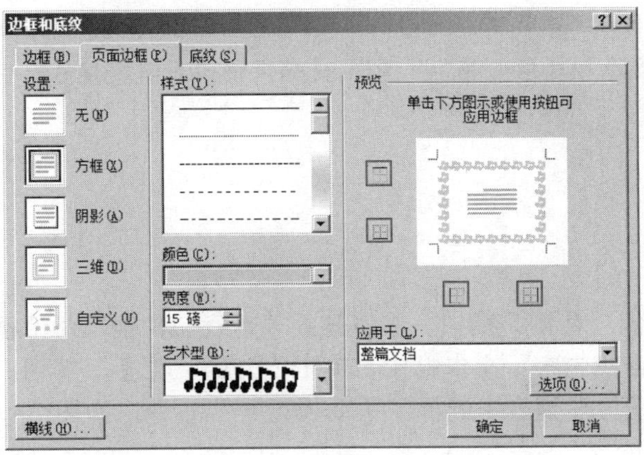

图3–7　设置页面边框

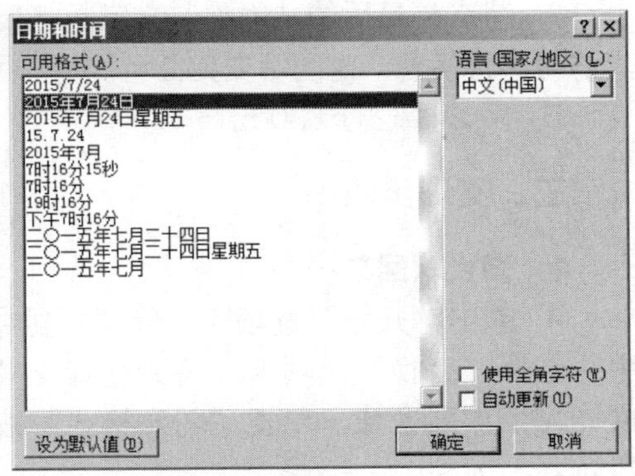

图3–8　插入日期

10. 加密文档

单击“文件”选项卡，在导航栏中选择“另存为”命令，打开“另存为”对话框。单击该对话框左下角的“工具”按钮，在下拉列表项中选择“常规选项”命令，打开“常规选项”对话框。在“此文档的文件加密选项”下设置“打开文件时的密码”，在“此文档的文件共享选项”下设置“修改文件时的密码”。单击“确定”按钮。

四、拓展训练

题目：写给妈妈的一封信。

要求：使用 Word 2010 中的封面及页面背景设置功能，设计制作一封信，书写对母亲含辛茹苦抚养你成长的感恩心情，书写你最想对母亲说的话。

实训二　制作篮球赛邀请函

一、实训目的与要求

1. 熟练掌握字符、段落格式化方法。
2. 熟练掌握文本框的操作。

3. 熟练掌握页眉页脚的操作。

4. 熟练掌握超链接的操作。

二、实训内容

1. 将文档中所有手动换行符（软回车）替换为段落标记（硬回车）。

2. 删除文档中所有全角空格。

3. 将第一页标题设置为“宋体、三号字、居中、加粗、段后 1 行显示”；正文设置为“宋体、四号字、首行缩进 2 个字符、两端对齐、32 磅行距”；落款设置为“宋体、四号字、右对齐”。

4. 在第二页插入“瓷砖型提要栏”文本框，将第二页中的文字放入文本框中，并设置相应格式，使其美观。

5. 设置奇数页页眉为“等你来”，偶数页页眉为“大家一起 Fight”，并去掉页眉横线。设置偶数页页脚为“哈尔滨职业技术学院篮球社团宣”。

6. 将文档最后的“附件”文字超链接到素材中的“赛制介绍”文档，修改超链接格式，使其访问前为紫色，访问后变为红色。

7. 用 A4 纸打印 30 份。

三、实训步骤

1. 替换软回车

① 单击“开始”选项卡“编辑”组中的“替换”按钮，在打开的“查找和替换”对话框中，选择“替换”选项卡。将光标置于“查找内容”文本框中，单击下方的“更多”按钮，展开命令扩展区域，单击“特殊格式”按钮，在列表中选择“手动换行符”命令，如图 3-9 所示。

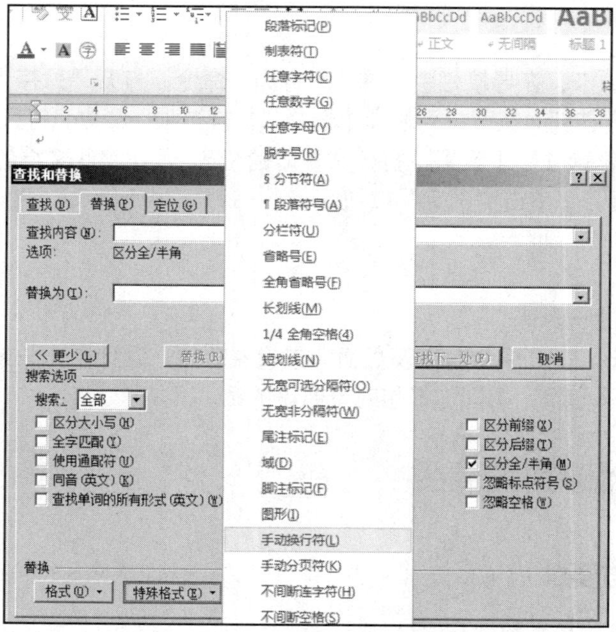

图3-9 查找内容

② 继续将光标置于“替换为”文本框中，单击“特殊格式”列表中的“段落标记”命令，完成后单击“全部替换”按钮，如图 3-10 所示。

2. 删除全角空格

① 单击“开始”选项卡“编辑”组中的“替换”按钮，在打开的“查找和替换”对话框中，选择“替换”选项卡。将光标置于“查找内容”文本框中。将输入法切换到英文全角状态，如图 3-11 所示。

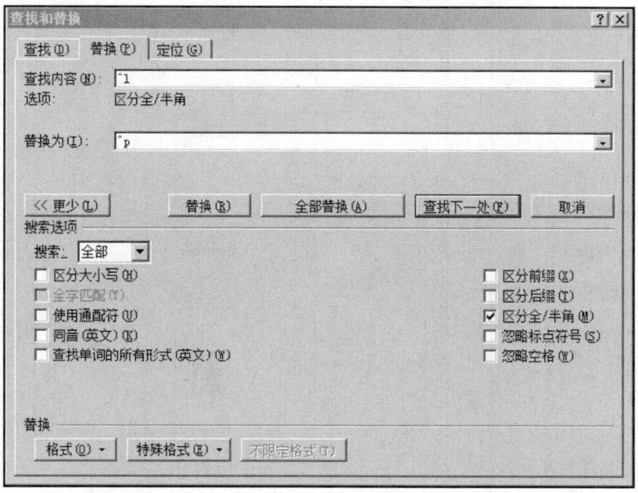

图3-10 设置替换内容

图3-11 英文全角状态

② 在“查找内容”文本框中单击空格键，如图 3-12 所示。单击“全部替换”按钮，完成删除全角空格操作，如图 3-13 所示。

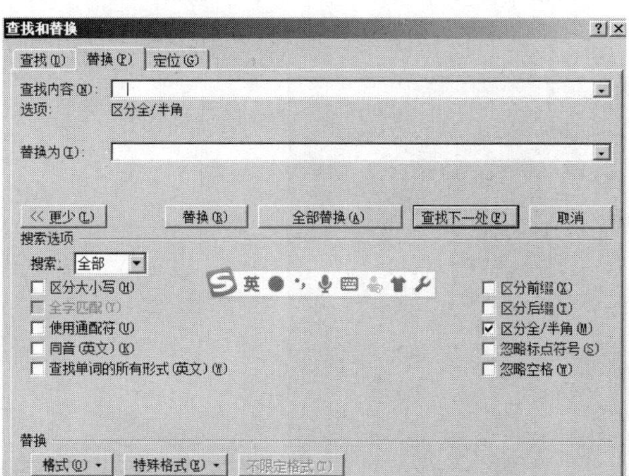

图3-12 输入全角空格

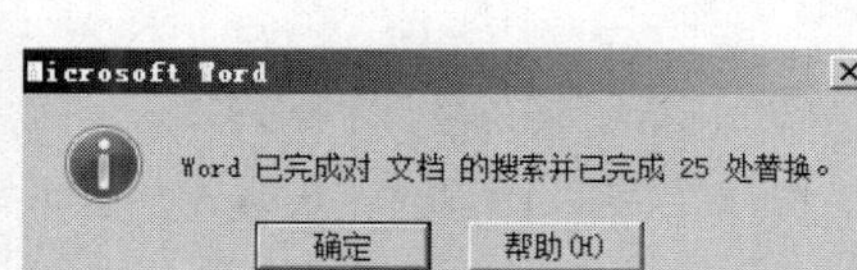

图3-13 完成替换

3. 格式化文档

按照题目要求设置标题和正文字体、段落和落款格式，这里不再赘述。完成效果如图 3-14 所示。

4. 插入文本框

将光标定位到第二页，单击“插入”选项卡“文本”组中的“文本框”命令，在打开的下拉列表中选择“瓷砖型提要栏”文本框命令，如图 3-15 所示。设置格式后效果如图 3-16 所示。

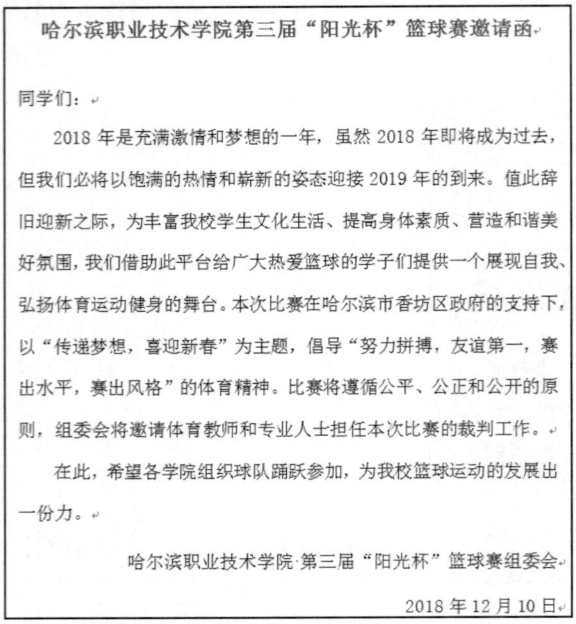

哈尔滨职业技术学院第三届“阳光杯”篮球赛邀请函

同学们：

2018 年是充满激情和梦想的一年，虽然 2018 年即将成为过去，但我们必将以饱满的热情和崭新的姿态迎接 2019 年的到来。值此辞旧迎新之际，为丰富我校学生文化生活、提高身体素质、营造和谐美好氛围，我们借助此平台给广大热爱篮球的学子们提供一个展现自我、弘扬体育运动健身的舞台。本次比赛在哈尔滨市香坊区政府的支持下，以“传递梦想，喜迎新春”为主题，倡导“努力拼搏，友谊第一，赛出水平，赛出风格”的体育精神。比赛将遵循公平、公正和公开的原则，组委会将邀请体育教师和专业人士担任本次比赛的裁判工作。

在此，希望各学院组织球队踊跃参加，为我校篮球运动的发展出一份力。

哈尔滨职业技术学院 第三届“阳光杯”篮球赛组委会

2018 年 12 月 10 日

图3-14 设置格式

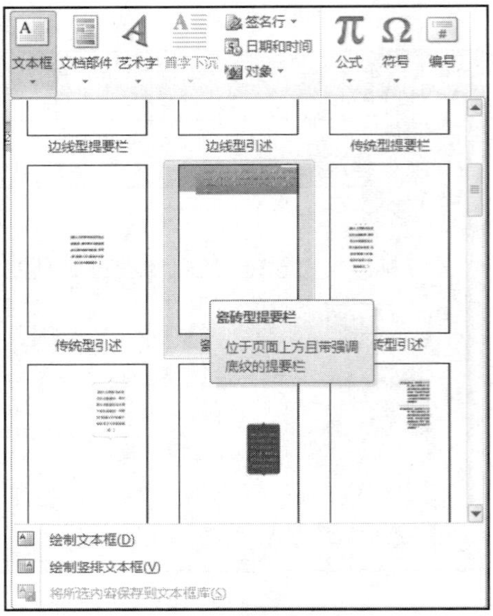

图3-15 插入文本框

5. 设置页眉页脚

① 双击文档页眉处，在功能区“页眉和页脚工具”的“设计”选项卡“选项”组中勾选“奇偶页不同”复选框，如图 3-17 所示。

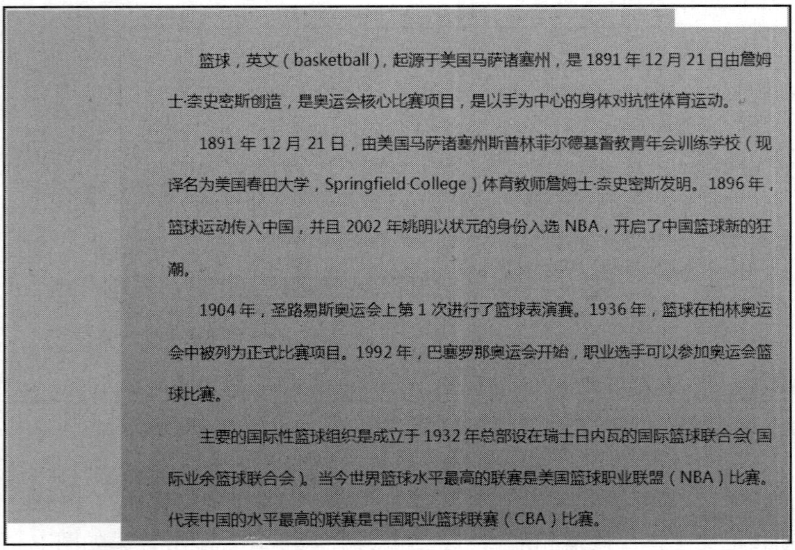

篮球，英文（basketball），起源于美国马萨诸塞州，是 1891 年 12 月 21 日由詹姆士·奈史密斯创造，是奥运会核心比赛项目，是以手为中心的身体对抗性体育运动。

1891 年 12 月 21 日，由美国马萨诸塞州斯普林菲尔德基督教青年会训练学校（现译名为美国春田大学，Springfield College）体育教师詹姆士·奈史密斯发明。1896 年，篮球运动传入中国，并且 2002 年姚明以状元的身份入选 NBA，开启了中国篮球新的狂潮。

1904 年，圣路易斯奥运会上第 1 次进行了篮球表演赛。1936 年，篮球在柏林奥运会中被列为正式比赛项目。1992 年，巴塞罗那奥运会开始，职业选手可以参加奥运会篮球比赛。

主要的国际性篮球组织是成立于 1932 年总部设在瑞士日内瓦的国际篮球联合会（国际业余篮球联合会），当今世界篮球水平最高的联赛是美国篮球职业联盟（NBA）比赛。代表中国的水平最高的联赛是中国职业篮球联赛（CBA）比赛。

图3-16 文本框效果图

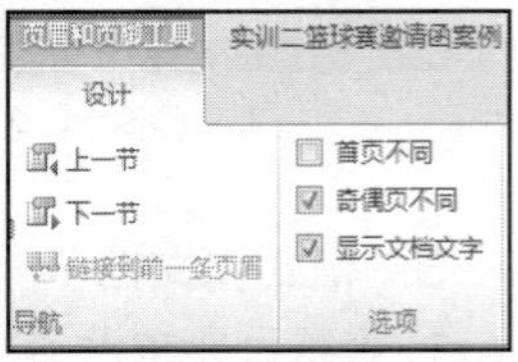

图3-17 设置页眉

② 在奇数页输入页眉“等你来”，在偶数页输入页眉“大家一起 Fight”。在偶数页页脚处输入“哈尔滨职业技术学院篮球社团宣”后，居中显示，如图 3-18 所示。

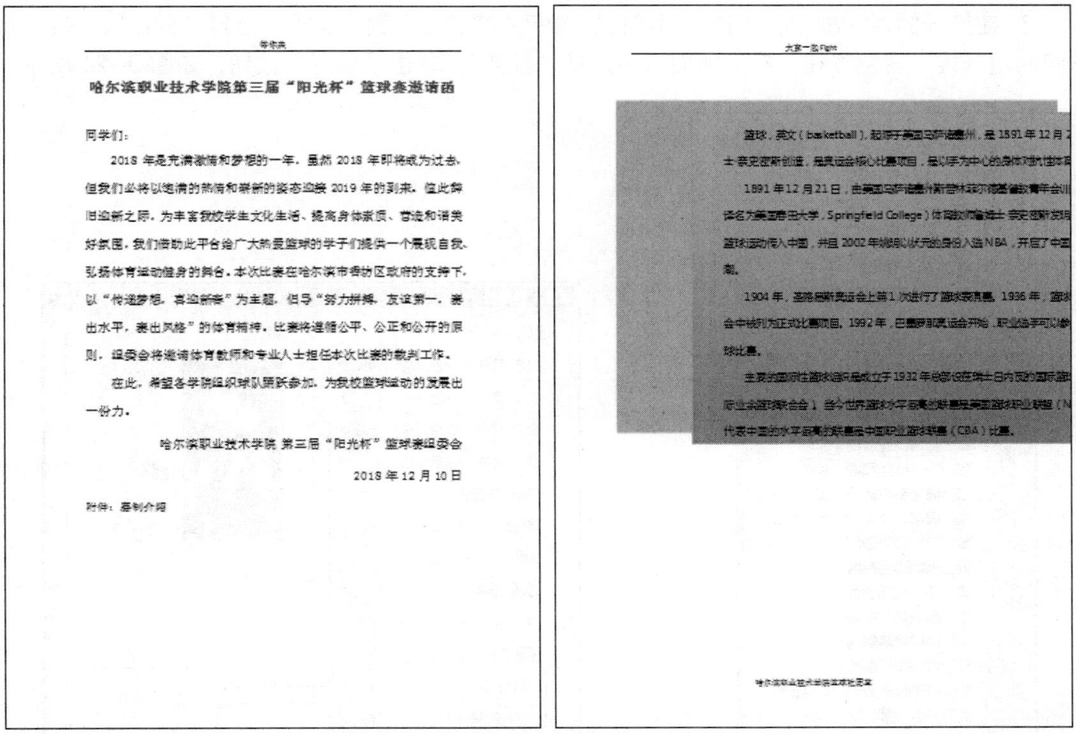

图3-18 效果图

③ 双击进入页眉编辑区，选中页眉内容后单击“开始”选项卡“段落”组中的“下划线”按钮，在下拉列表中选择“边框和底纹”命令，在打开的对话框中，在“预览”区域，单击下划线按钮，使文档无边框显示，设置应用于“段落”，单击“确定”按钮，如图 3-19 所示。完成后，回到文本编辑状态。

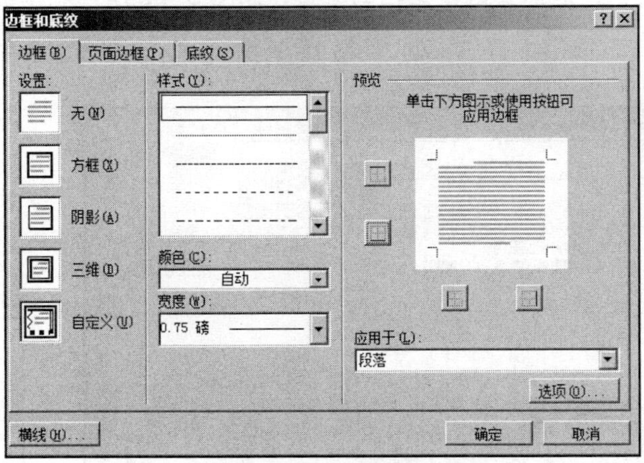

图3-19 关闭底部下划线按钮

6. 插入超链接

① 单击“页面布局”选项卡“主题”组中的“颜色”命令，在下拉列表中选择“新建主题颜色”命令，如图 3-20 所示。

② 在打开的对话框中，单击“超链接”右侧的按钮，在颜色面板中选择“紫色”，单击“已访问的超链接”右侧按钮，在颜色面板中选择“红色”，单击“保存”按钮，如图 3-21 所示。

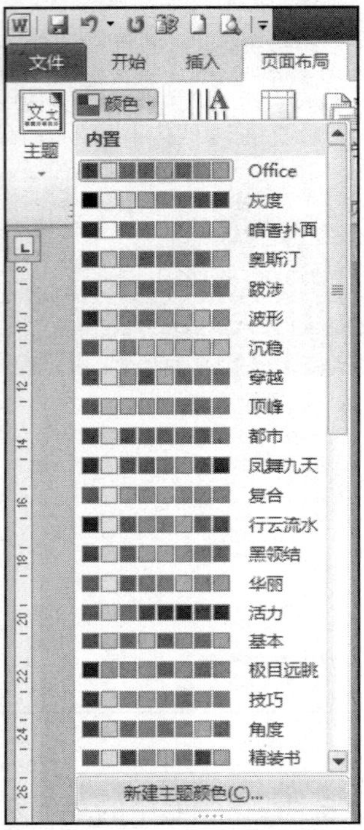

图3-20 新建主题颜色

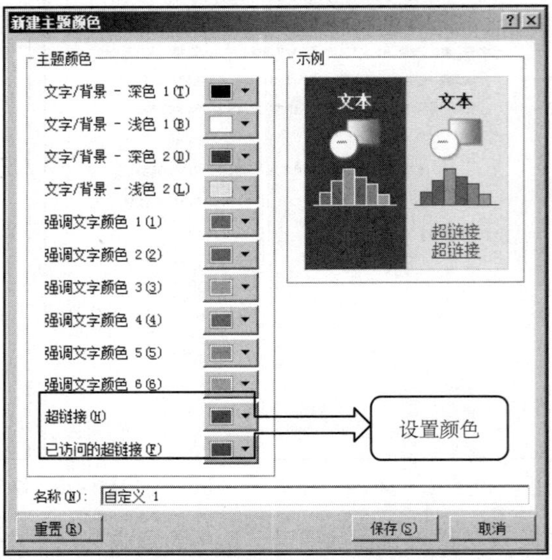

图3-21 设置主题颜色

③ 选中“附件”两字，单击“插入”选项卡“链接”组中的“超链接”按钮，在打开的“插入超链接”对话框中，选择要链接文档的位置，如图 3-22 所示。单击“确定”按钮，效果如图 3-23 所示。

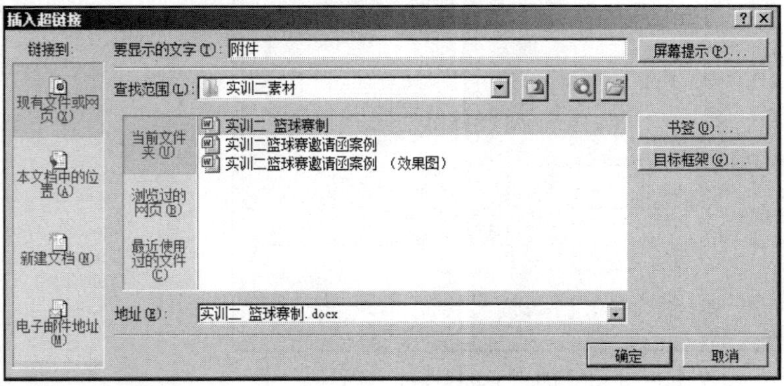

图3-22 插入超链接

图3-23 效果图

7. 打印

单击“文件”选项卡，在导航栏中单击“打印”按钮，在“打印”窗口的“份数”编辑栏中输入“30”；选择“打印整个文档”“手动双面打印”及“纵向”命令；设置打印纸张为“A4”型号，单击“打印”按钮。

四、拓展训练

排版“篮球赛制”文档，设置超链接格式。

实训三 毕业论文排版

一、实训目的与要求

1. 熟练掌握 Word 2010 的高级排版。
2. 熟练掌握样式的应用。
3. 熟练掌握奇偶页、页码及分隔符的基本操作。
4. 熟练掌握目录的基本操作。
5. 熟练掌握文档的修订方法。

二、实训内容

1. 设置毕业论文封面。插入图 3-24 所示的论文封面，并录入相应内容。

2. 页面设置：A4 标准纸；页边距：上 3 cm，下 2 cm，左 3 cm，右 2 cm。

3. 正文应用样式。

① 标题。

• 一级标题设置为黑体小二号、加粗、居中、段前段后各 1 行、2.5 倍行距，一级标题要另起一页。

• 二级标题设置为黑体小三号、左对齐、段前段后各 13 磅、1.5 倍行距，正文与标题要空一行。

• 三级标题设置为黑体小三号、左对齐、段前 0.5 行、段后 13 磅、22 磅行距。

② 正文设置为宋体、小四号、固定行距 22 磅、首行缩进 2 个字符。

③ 图、表标注格式。

• 图标注由图号及图名组成，置于图的正下方，设置为宋体、五号、加粗、居中显示。全文自动编号图标注。例如，图 2-1 污染物变化曲线。

• 表标注由表号及表名组成，置于表的正上方，设置为宋体、五号、加粗、居中显示。全文自动编号表标注。例如，表 2-1 污染物浓度测定值。

4. 设置奇数页页眉为各章的一级标题、偶数页页眉为高校后勤管理系统；页码从目录页开始，目录与正文页码分别独立编排，目录页码使用大写罗马数字（Ⅰ，Ⅱ，……），正文页码使用阿拉伯数字，且各章节间连续编码，所有页码居中显示。

5. 生成三级目录。目录标题设置为“宋体、2 号字、加粗、居中显示、段前段后 0.5 行、单倍行距”；目录内容设置为“宋体、小四号、两端对齐方式、固定行距 20 磅”，如图 3-25 所示。

6. 对报告中语法拼写错误的内容进行修订，并对标题加批注，批注内容为“已阅”。

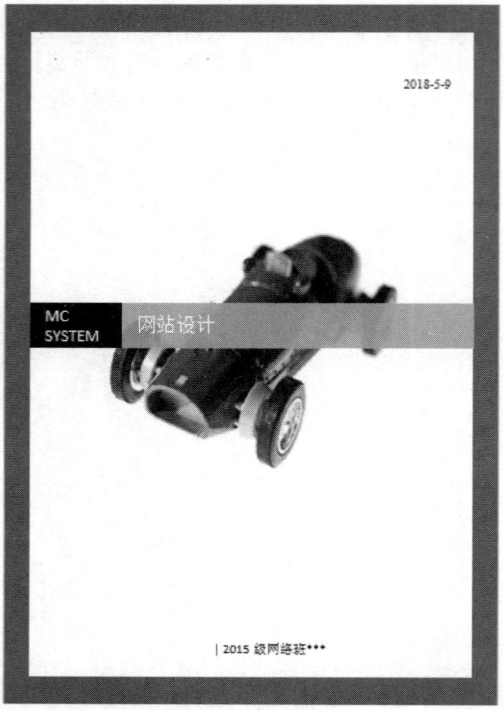

图3-24　封面效果图

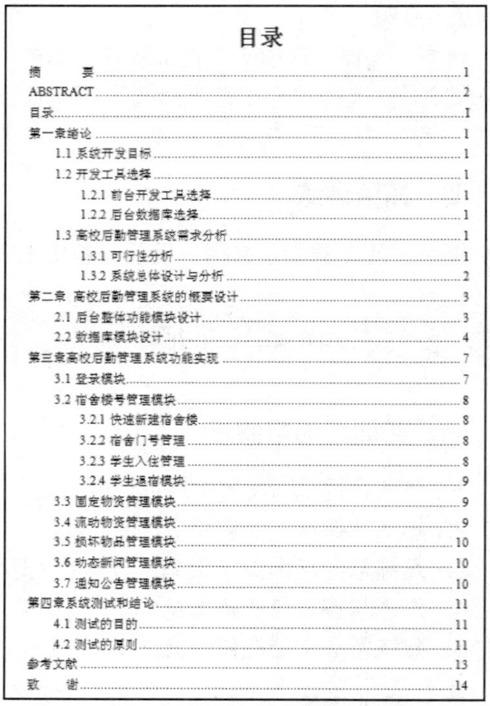
目录

摘　　要……1
ABSTRACT……2
目录……I
第一章绪论……1
1.1 系统开发目标……1
1.2 开发工具选择……1
1.2.1 前台开发工具选择……1
1.2.2 后台数据库选择……1
1.3 高校后勤管理系统需求分析……1
1.3.1 可行性分析……1
1.3.2 系统总体设计与分析……2
第二章 高校后勤管理系统的概要设计……3
2.1 后台整体功能模块设计……3
2.2 数据库模块设计……4
第三章高校后勤管理系统功能实现……7
3.1 登录模块……7
3.2 宿舍楼号管理模块……8
3.2.1 快速新建宿舍楼……8
3.2.2 宿舍门号管理……8
3.2.3 学生入住管理……8
3.2.4 学生退宿模块……9
3.3 固定物资管理模块……9
3.4 流动物资管理模块……9
3.5 损坏物品管理模块……10
3.6 动态新闻管理模块……10
3.7 通知公告管理模块……10
第四章系统测试和结论……11
4.1 测试的目的……11
4.2 测试的原则……11
参考文献……13
致　　谢……14

图3-25　目录效果图

三、实训步骤

Word 是以节为单位来设置页面格式的。在默认情况下，Word 文档都只有一节。该节中各页的文字、图形的大小、颜色可能都不同，但页面大小、页边距、纸张方向、页码格式等内容是相同的。若文档前后页的纸张大小、纸张方向、页边距、页面边框、在页面的垂直对齐方式、页码样式、页眉等内容不同，就需要分节。

在毕业论文的整篇文档中，包含封面、中英文摘要、目录、正文、参考文献及致谢等部分，各部分的分页和分节情况如图 3-26 所示。

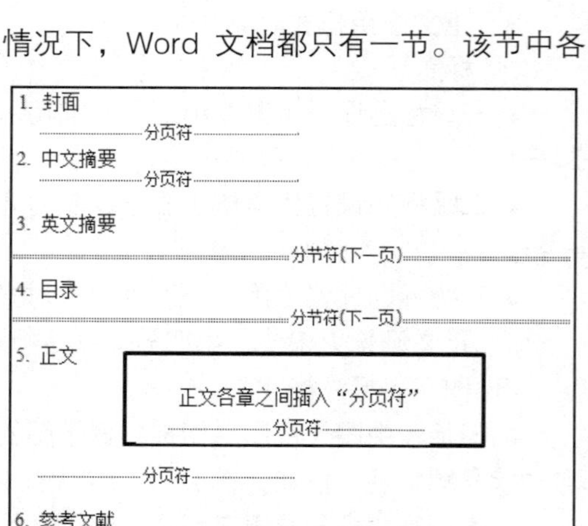

图3-26　文档结构分页与分节

1. 插入封面

单击“插入”选项卡“页”组中的“封面”按钮，在下拉列表中选择“飞越型”封面，单击“插入”，按照图 3-24 输入论文封面内容。

2. 页面分节

按照图 3-26 所示，将整篇文档进行分页与分节，使用“页面布局”选项卡“页面设置”组中“分隔符”命令，在下拉列表中选择相应的分页符和分节符。完成后保存。

3. 页面设置

按照之前学习的内容进行设置，这里不再赘述。

4. 应用样式

① 修改样式。单击“开始”选项卡“样式”组的对话框启动器，打开“样式”导航窗格。单击“样式”导航窗格“标题 1”下拉列表中的“修改”按钮，打开“修改样式”对话框，如图 3–27 所示。

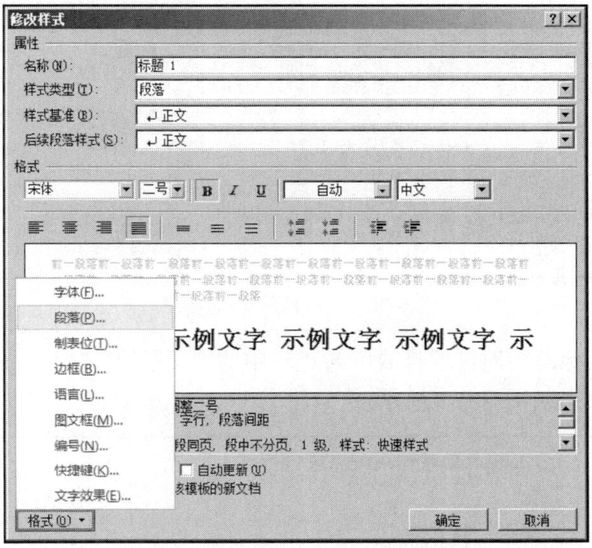

图3–27　“修改样式”对话框

② 设置样式。单击“修改样式”对话框中的“格式”下拉按钮，在列表项中分别选择“字体”和“段落”命令，在打开的对话框中，按实训要求进行格式设置。完成后返回到“修改样式”对话框，勾选“添加到快速样式列表”复选框，单击“确定”按钮，如图 3–28 所示。

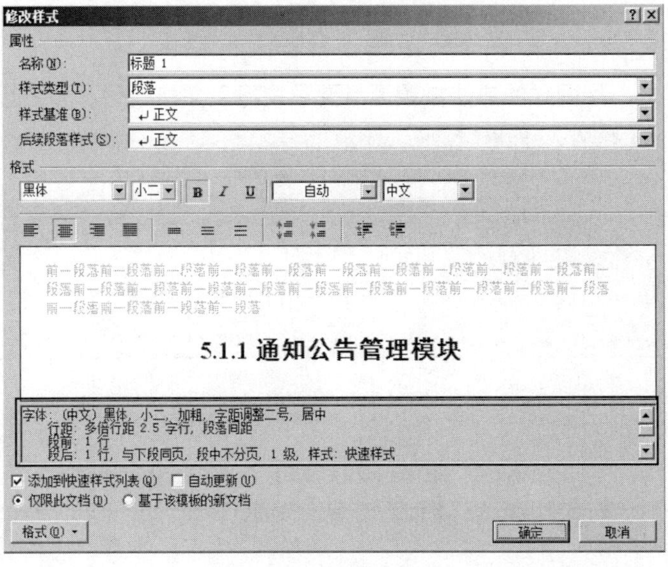

图3–28　一级标题样式

将正文中所有一级标题选中，单击“样式”导航栏中“标题 1”命令，完成设置，如图 3–29 所示。

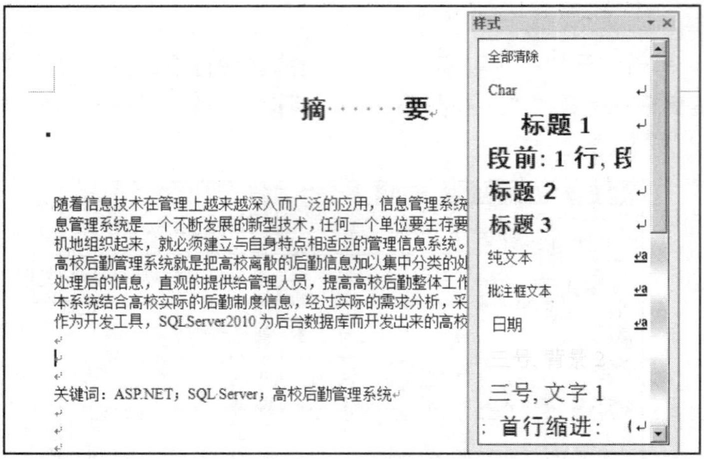

图3–29　一级标题样式效果图

正文中二级、三级标题相对应“样式”导航栏中的“标题 2”“标题 3”命令，参照上述方法分别完成相应设置。效果如图 3–30 所示。

图3–30　二级、三级标题样式效果图

③ 设置正文样式。用同样的方法按照题目要求进行正文格式化，如图 3–31 所示。

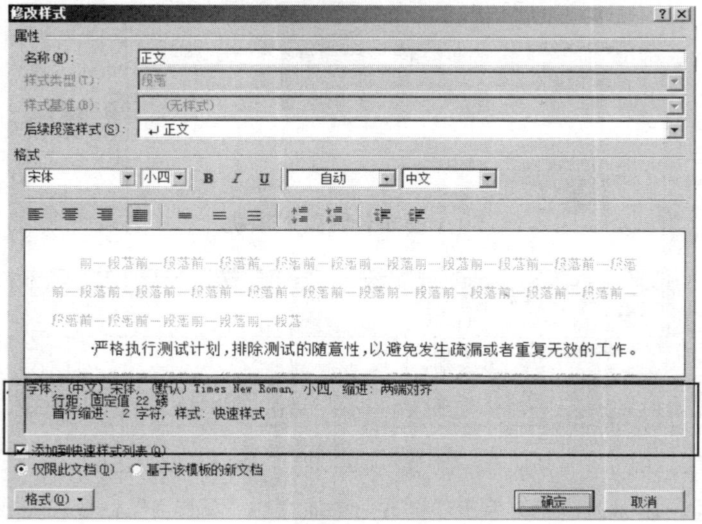

图3–31　正文标题样式

④ 设置自动编号的图标注。鼠标右键单击选中图片，在弹出的下拉列表中选择“插入题注”命令，打开对话框，如图 3-32 所示。

单击“新建标签”按钮，在打开的“新建标签”对话框中输入“图 2-”，如图 3-33 所示。单击“确定”按钮，返回到“题注”对话框。

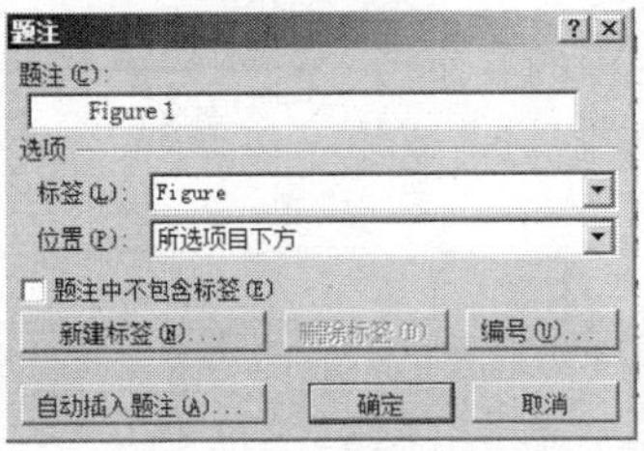

图3-32　题注对话框

图3-33　新建标签

在该对话框中确定位置为“所选项目下方”后，单击“确定”按钮。设置完成后输入图标注内容并设置格式，如图 3-34 所示。对每张图片均进行此操作，这样在图片增减时，图片标注会自动更新。

⑤ 设置表标注。鼠标右键单击选中表格，在弹出的列表中选择“插入题注”命令，打开对话框，将标签设置为“表格”，然后单击“新建标签”按钮，在打开的“新建标签”对话框中输入“表 2-1”，单击“确定”按钮，返回到“题注”对话框。将位置设置为“所选项目上方”，如图 3-35 所示。单击“确定”按钮。输入表标注内容，居中显示，效果如图 3-36 所示。

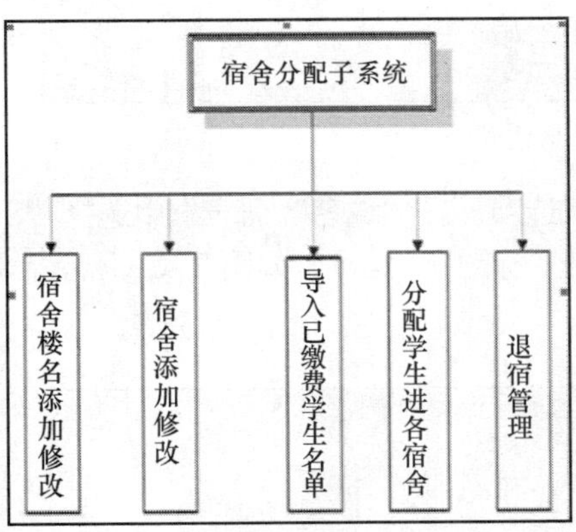

图3-34　效果图

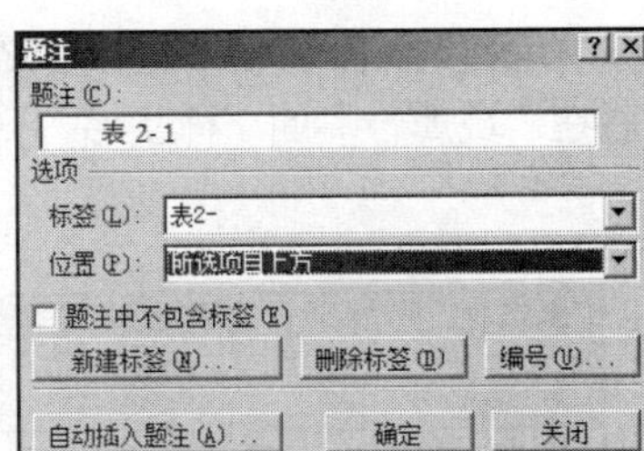

图3-35　设置表标注

表 2-1　管理者信息表

编号	字段名称	说明	类型
1	ManagerId	编号	Int
2	ManagerUser	管理员用户	varchar(50)
3	ManagerPwd	管理员密码	varchar(50)
4	Title	说明	varchar(50)
5	RegTime	创建时间	datetime
6	LoginCount	登陆次数	int

图3-36　表标注效果图

5. 设置页眉、页码

① 设置奇偶页页眉。双击正文页眉区域，进入页眉/页脚编辑状态，在打开的“页眉页脚工具设计”选项卡“选项”组中勾选“奇偶页不同”，取消“首页不同”复选框，如图 3-37 所示。

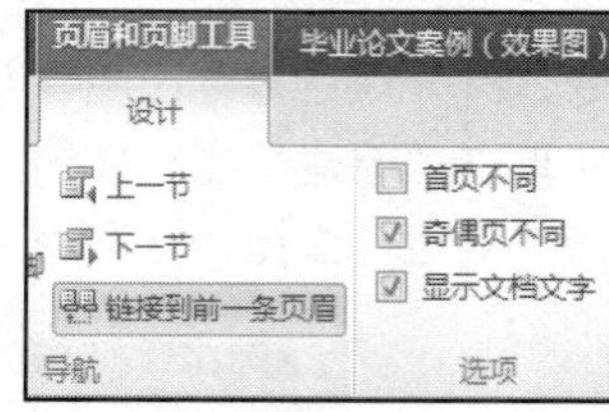

图3-37 奇偶页不同

② 将光标定位到正文奇数页页眉区域，单击“链接到前一条页眉”按钮取消链接。单击“插入”选项卡“文本”组中的“文档部件”下拉按钮，在弹出的下拉列表中选择“域”选项，打开“域”对话框，如图 3-38 所示。

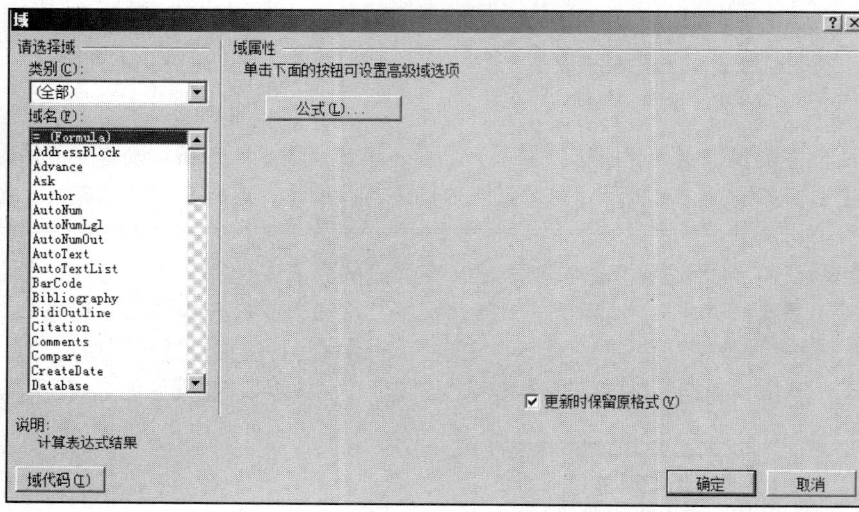

图3-38 “域”对话框

③ 在“类别”下拉列表中选择“链接和引用”选项，在“域名”列表框中选择“StyleRef”选项，然后在“域属性”的“样式名”列表框中选择“标题 1”选项，如图 3-39 所示。单击“确定”按钮。

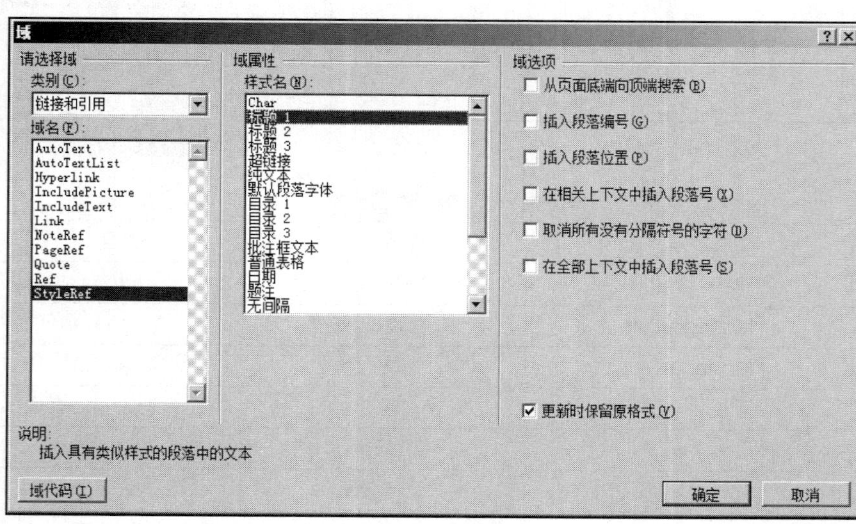

图3-39 设置选项

④ 在偶数页页眉区域，单击“链接到前一条页眉”按钮取消链接，在页眉区输入“高校后勤管理系统”，如图 3-40 所示。设置好页眉后，如果要删除页眉部分的横线，可以利用“开始”选项卡“段落”组中的“无框线”选项来进行操作。

⑤ 设置目录页码。将光标定位到目录页的页脚部分，单击“链接到前一条页眉”按钮取消链接。单击“页码”下拉按钮，在弹出的下拉列表中选择“设置页码格式”选项，打开“页码格式”对话框。将“编码格式”设置为“I，II，··”，起始页码设置为“I”，单击“确定”按钮，如图 3-41 所示。

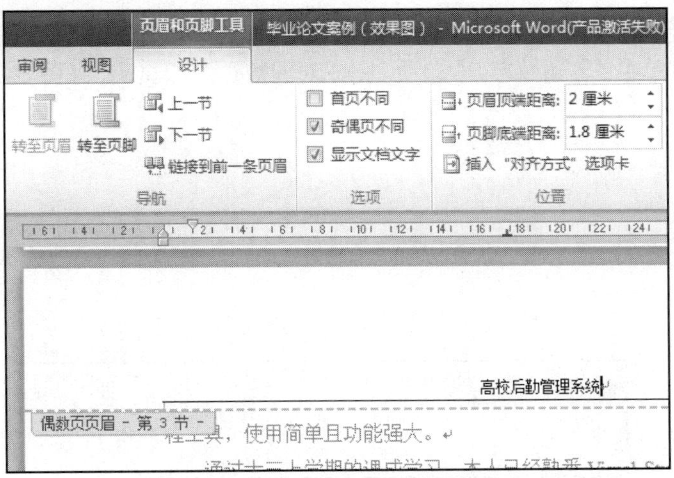

图3-40　设置偶数页页眉

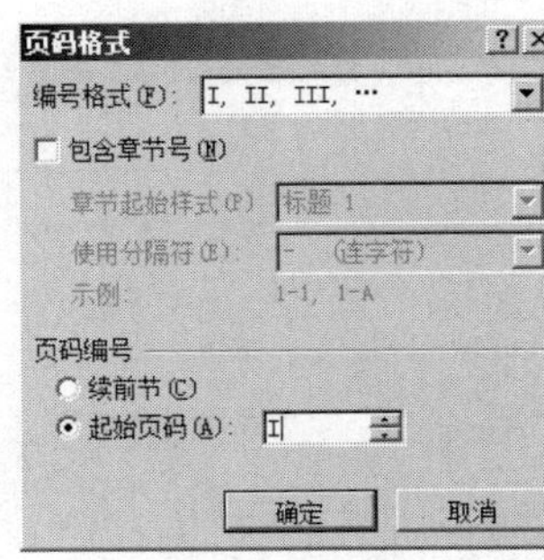

图3-41　设置页码格式

单击“页码”按钮，在下拉列表中选择“页面底端”的级联菜单中“普通数字 2”选项。如图 3-42 所示。此时完成对目录奇数页添加页码，在插入目录后如果目录超过 1 页，还需要在目录偶数页插入页码。

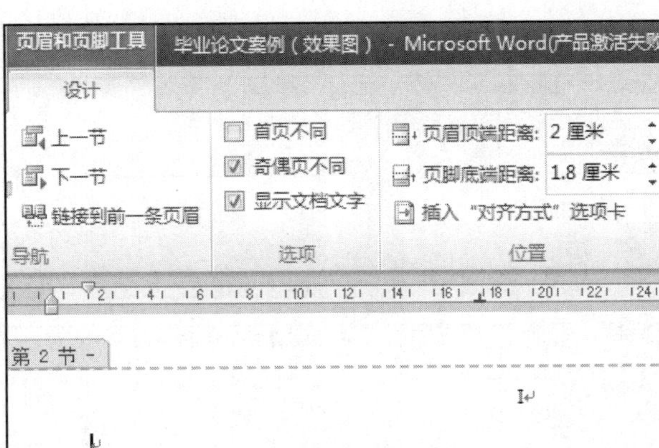

图3-42　设置目录页码

⑥ 设置正文页码。将光标定位到正文第 1 章内容的奇数页页脚部分，如图 3-43 所示。单击“页码”下拉按钮，在弹出的下拉列表中选择“设置页码格式”选项，将会弹出“页码格式”对话框，将“编码格式”设置为“1，2，3，...”，起始页码设置为“1”，单击“确定”按钮，如图 3-44 所示。

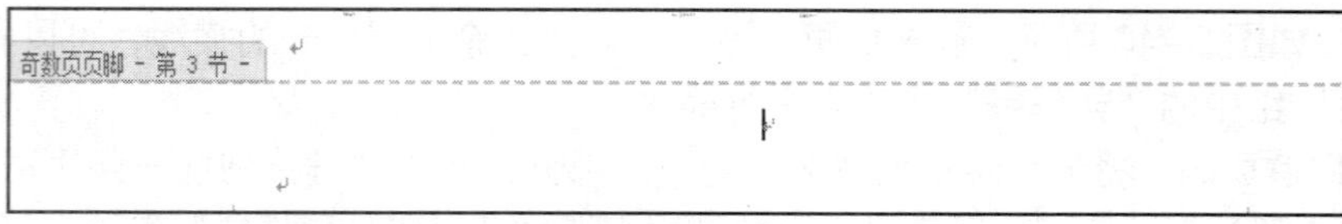

图3-43　定位光标

然后单击“页码”按钮，在下拉列表中选择“页面底端”的级联菜单中“普通数字 2”选项。此时完成对奇数页添加页码。

⑦ 设置正文偶数页页码。将光标定位到正文的偶数页页脚，然后单击“页码”按钮，在下拉列表中选择“页面底端”的级联菜单中“普通数字 2”选项，完成对偶数页添加页码，如图 3-45 所示。

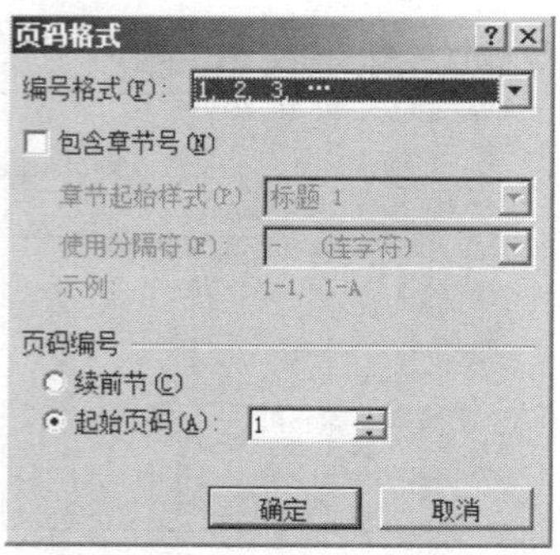

图3-44　设置页码格式

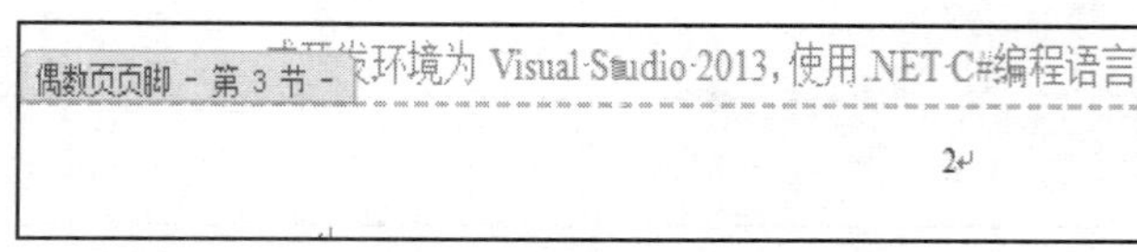

图3-45　偶数页页码

6. 生成三级目录

将光标定位到要插入目录的位置，单击“引用”选项卡“目录”组中的“目录”按钮，在下拉列表中选择三级目录样式，如图 3-46 所示，完成创建。将目录格式按照实训要求进行设置，效果如图 3-25 所示。

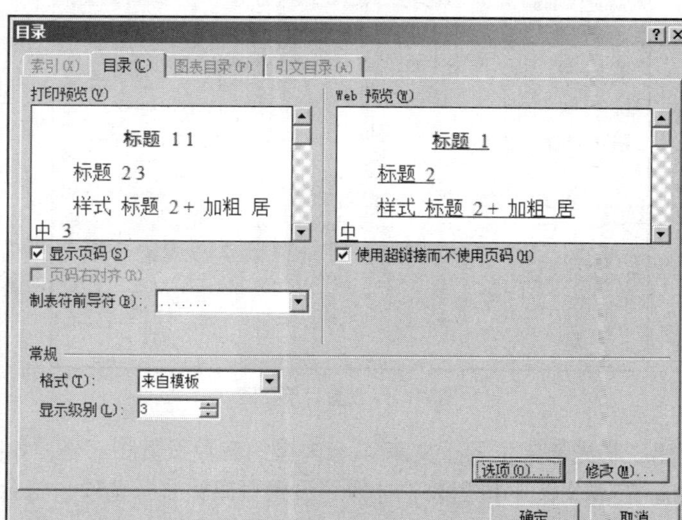

图3-46　插入目录

7. 设置检测语法

如果看到论文中有红色、蓝色或绿色的波浪线，说明论文存在拼写或语法错误。单击“审阅”选项卡“校对”组中的“拼写和语法”按钮，打开“拼写和语法”对话框，勾选“检查语法”复选框，如图 3-47 所示。

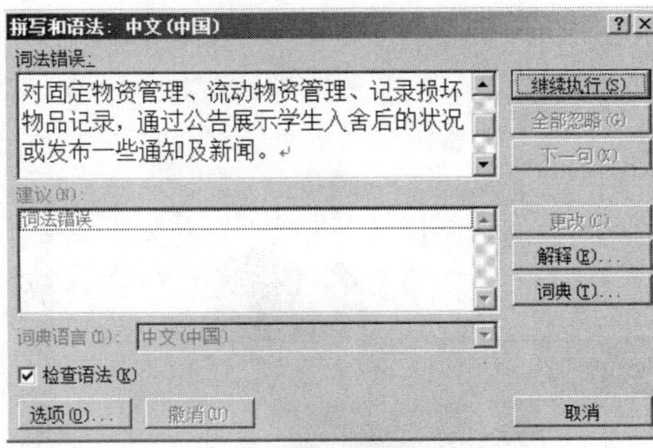

图3-47 检查语法

检查系统列出存在错误的句子，如需修改则单击“更改”按钮；否则可以单击“忽略一次”或“全部忽略”按钮忽略关于此单词或词组的修改建议。

8. 设置修订

单击“审阅”选项卡“修订”组中的“修订”按钮，对错误的文本进行内容或格式的修改。修改后的内容可通过“审阅”窗格阅览，如图 3-48 所示。

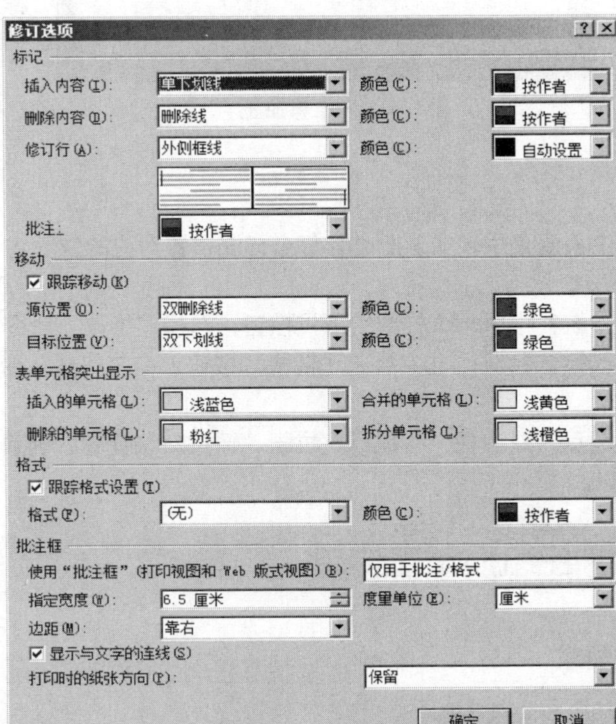

图3-48 设置更改修订

9．插入批注

选中封面标题，单击“审阅”选项卡“批注”组中的“新建批注”按钮，在批注文本框中输入“已阅”，如图 3-49 所示。

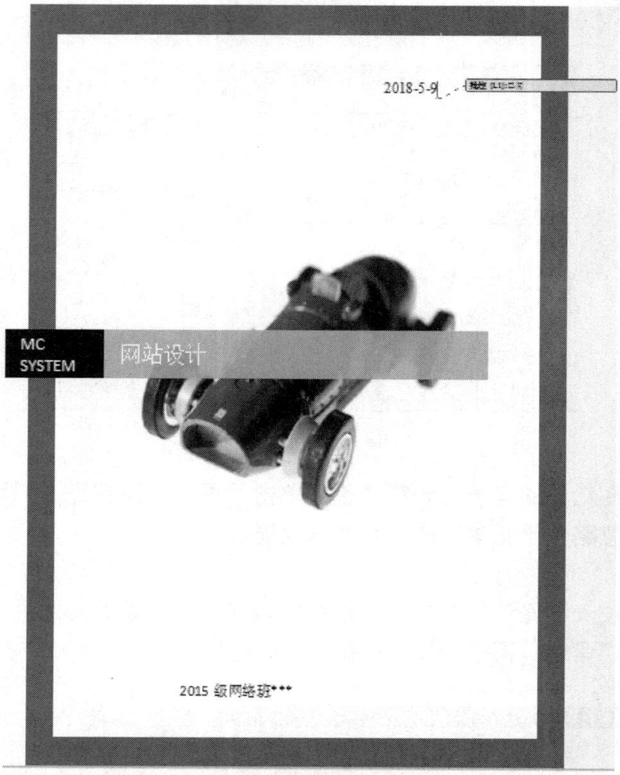

图3-49　添加批注

四、拓展训练

使用 Word 2010 中快速套用样式功能，为每个样式设置对应的快捷键，加快工作效率。

提示：

1. 单击“样式”导航栏中第一个样式的下拉按钮，选择“修改”命令。

2. 在打开的“修改样式”对话框中单击“格式”按钮，在“格式”命令的级联菜单中选择“快捷键”命令。

3. 打开“自定义键盘”对话框，将鼠标定位于“请按新快捷键”编辑栏，为它设置一个快捷键后单击“指定”按钮。

实训四　制作保护空气质量宣传单

一、实训目的与要求

1. 熟练掌握图片的编辑操作方法。
2. 熟练掌握图形的编辑操作方法。

3．熟练掌握文本框的编辑操作方法。
4．熟练掌握图文混排的操作方法。
5．熟练掌握保存图片格式的方法。

二、实训内容

1．导入素材。
2．设计宣传单的版面布局。
3．插入相应图片并编辑图片，绘制图形、在图形上添加文字、设置图形属性。
4．插入文本框，设置文本框样式和格式。
5．实现图文混排。
6．使用组合命令，生成 JPG 图片文件，如图 3–50 所示。

图3–50　保护空气质量宣传单效果图

三、实训步骤

1．新建 Word 文档

设置 A4 纸张，横向显示。

2．导入图片素材

单击“插入”选项卡“插图”组中的“图片”按钮，在打开的“插入图片”对话框中选取要插入的“蓝天”“行人 1”“行人 2”图片素材，单击“插入”按钮。

3．设置图片的版式和格式

① 设置图片版式。选中“蓝天”图片，单击“图片工具格式”选项卡里“排列”组中的“自动换行”按钮，在下拉列表中选择“浮于文字上方”命令，选中其余图片，用同样的方法将版式设置为“紧密型环绕”，如图 3–51 所示。

② 修饰图片。根据布局需要，可进行对图片进行裁剪。选中单张图片，单击“图片工具格式”选项卡“大小”组中的“裁剪”按钮，在下拉列表中选择“裁剪”命令，当鼠标变成“⊥”形状时，将鼠标放到图片的控点上，按住鼠标左键进行裁剪。

图3-51　设置图片版式

③ 调整图片尺寸。选中“蓝天”图片，在“图片工具格式”选项卡“大小”组中单击对话框启动器，打开“布局”对话框，选择“大小”选项卡，取消勾选“锁定纵横比”复选框，单击“确定”按钮，如图 3-52 所示。

在“大小”组中将高度值设置为“10”；宽度值设置为“14.5”，如图 3-53 所示。选中“行人 1”“行人 2”图片，用同样的方法将高度值设置为“5”；宽度值设置为“6”；将 3 张图片依照图 3-50 布局。

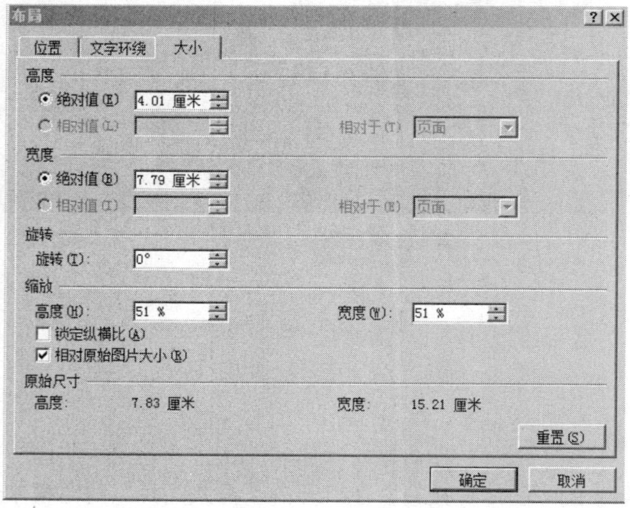

图3-52　取消锁定纵横比

图3-53　设置图片大小

4. 绘制图形

（1）绘制环保标识

① 单击“插入”选项卡“插图”组中“形状”按钮，在下拉列表中选择“椭圆”，按住“Shift”键和鼠标左键绘制正圆。

② 单击“绘图工具格式”选项卡里“形状样式”组中的“形状填充”按钮，在下拉列表选择“无填充颜色”，单击“形状轮廓”按钮，在下拉列表中选择“白色”，再单击“形状轮廓”按钮，在下拉列表中“粗细”的级联菜单中选择“3 磅”，如图 3-54 所示。

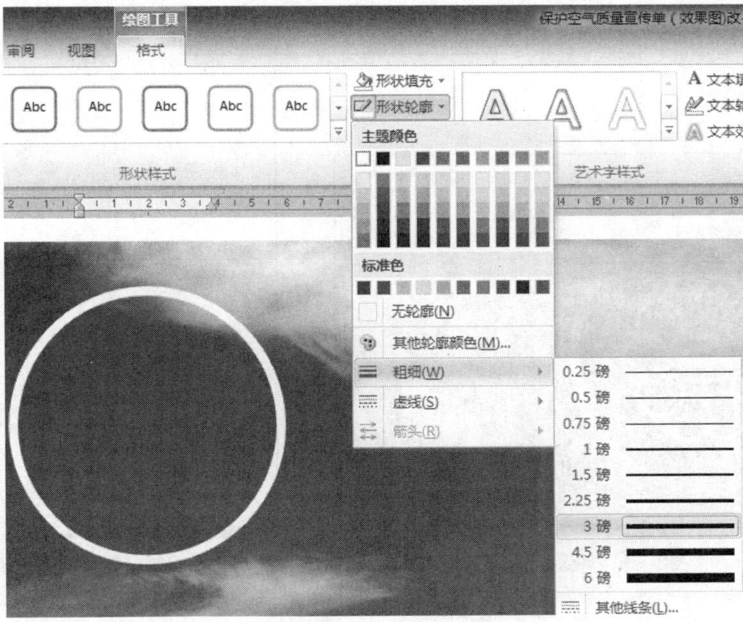

图3-54 设置形状轮廓

③ 绘制其他图形。按照图 3-50 所示依次插入“圆形、三角形、矩形”，并设置填充效果为“白色、无轮廓”，选中图形四周任一控点，按住鼠标左键调整图形大小，按照效果图对图形布局。按住 <Shift> 键，依次单击鼠标左键选中所有图形，右击该图形，在弹出的下拉菜单中选择“组合”命令。

④ 右击图形，在菜单中选择“置于顶层”命令，最后按照效果图布局，如图 3-55 所示。

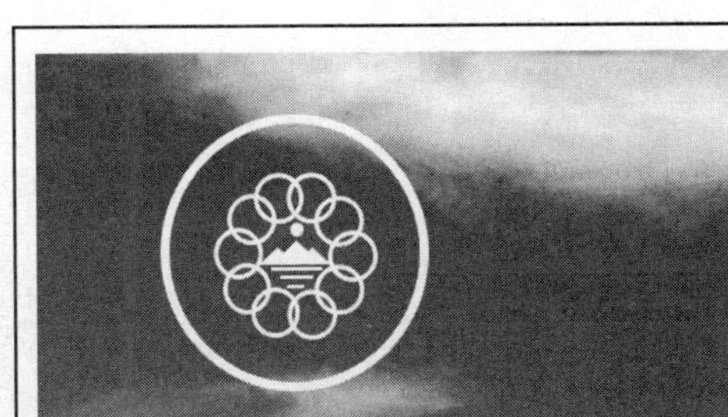

图3-55 布局

（2）绘制标识文字

① 单击“插入”选项卡“文本组”组中“艺术字”下拉按钮，选择“填充-茶色，文本 2，轮廓-背景 2”样式，输入相应内容并设置字体格式为“黑体、10 号字、白色”。单击“文本效果”按钮，在列表中选择“转换”级联菜单中的“上弯弧”，如图 3-56 所示。

② 用 <Shift> 键全选绘制的图形，将鼠标放置在全选后的图形上右击，在弹出的下拉列表中选择“组合”命令，在级联菜单中选择“组合”。

5. 艺术字编辑

① 插入艺术字。单击“插入”选项卡“文本”组中的“艺术字”下拉按钮，在列表项中选择图 3-57 所示的艺术字体，插入到当前位置，并输入“打赢大气污染综合治理”。

② 编辑艺术字。选中刚插入的艺术字，单击“绘图工具格式”选项卡“艺术字样式”组中的“文本填充”按钮，在下拉列表中选择“红色”，将字体设置为“宋体、一号字、加粗显示”；然后单击“绘图工具格式”选项卡“艺术字样式”组中的“文本效果”按钮，在下拉列表中选择“转换”命令，在弹出的级联菜单中选择“正方形”，如图 3-58 所示。

图3–56　环保标识

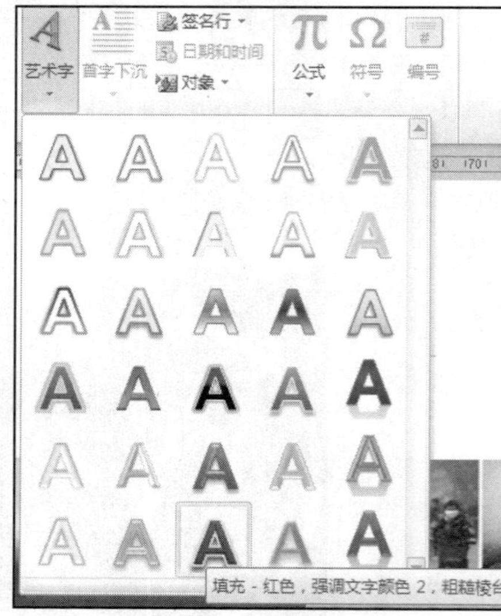

图3–57　插入艺术字

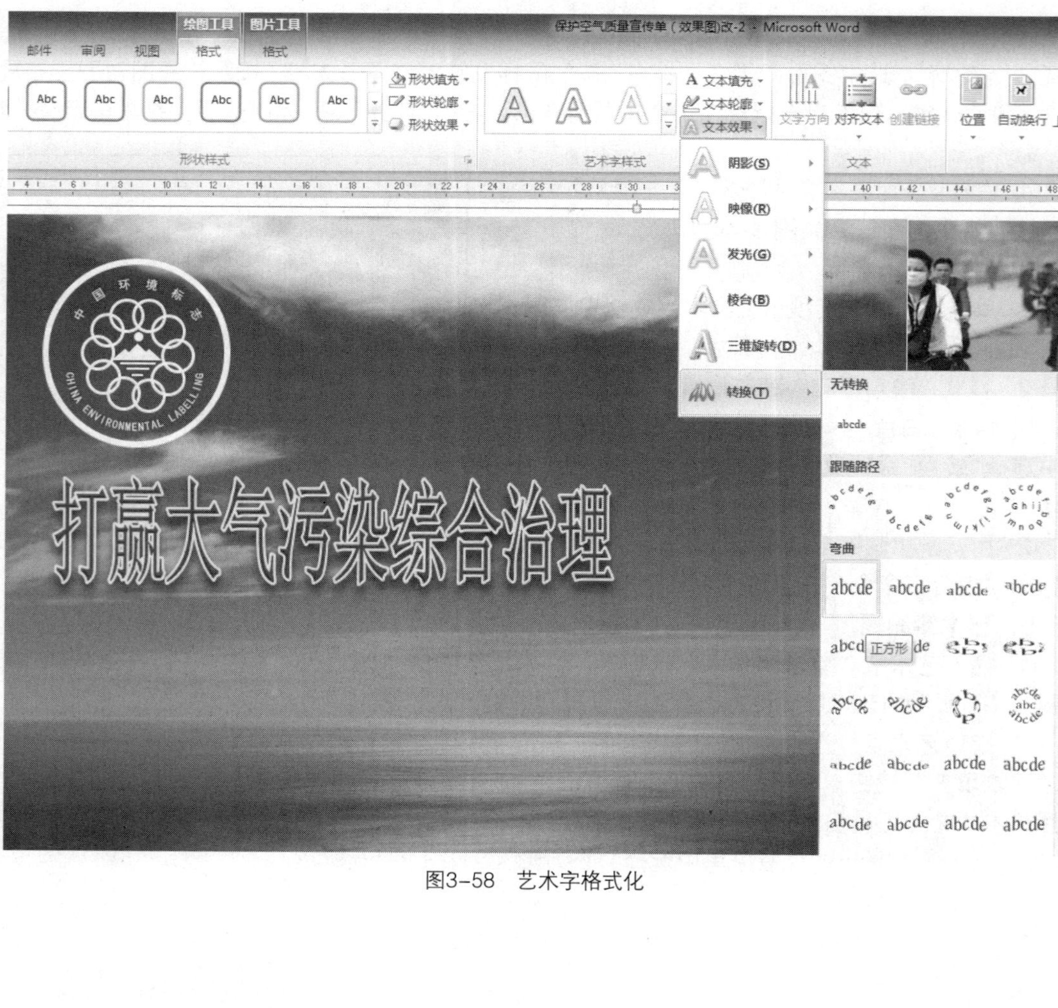

图3–58　艺术字格式化

将编辑好的艺术字按照 3–50 所示布局，如需要可右键单击艺术字，在快捷菜单中选择“置于顶层”命令。

6. 插入文本框

① 绘制文本框 1。单击“插入”选项卡“文本”组中的“文本框”按钮，在下拉列表中单击“绘制文本框”按钮，拖动鼠标左键绘制文本框，依照图 3–50 所示输入“攻”字并设置“华文行楷、62 号字、红色、无轮廓、无填充”格式，右键单击文本框，在快捷菜单中选择“设置形状格式”，在打开的对话框中选择“三维旋转”选项卡，单击 Z 轴“逆时针”按钮，该文本框倾斜 5 度，如图 3–59 所示。

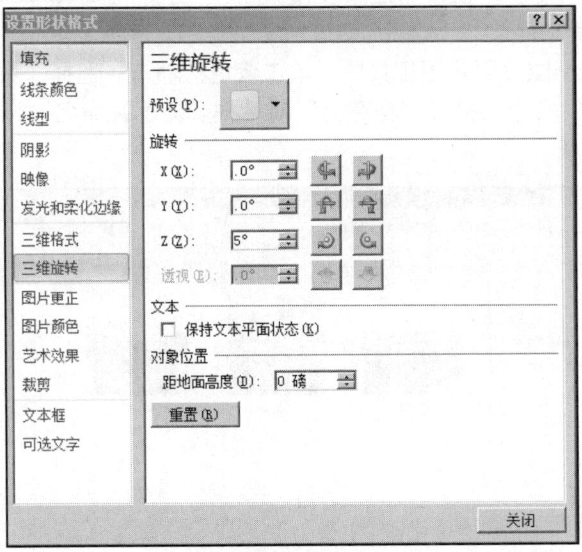

图3–59　设置文本框

② 绘制文本框 2。用同样的方法插入文本框 2，输入“坚”字，设置格式为“华文行楷、40 号字、红色、无轮廓、无填充”格式。

③ 绘制文本框 3。用同样的方法插入文本框 3，输入“战”字，设置格式为“华文行楷、72 号字、红色、无轮廓、无填充”格式，将制作好的 3 个文本框按照图 3–50 所示放置到相应位置，如图 3–60 所示。

图3–60　文本框布局

④ 绘制文本框 4。绘制文本框 4 后，按照效果图 3–50 输入“社会主义核心价值观”等文字内容，并设置格式。

7. 组合图片

将版面中所有对象调整好位置后，按住<Shift>键，同时单击鼠标左键将所有对象选中，右击图片，在快捷菜单中选择“组合”命令，在弹出的级联菜单中选择“组合”命令。

8. 压缩图片

单击“图片工具格式”选项卡“调整”组中的“压缩图片”按钮，在打开的“压缩图片”对话框中勾选“仅应用于此图片”及“删除图片的剪裁区域”复选框，选中“使用文档分辨率”单选按钮，如图 3-61 所示。单击“确定”按钮。

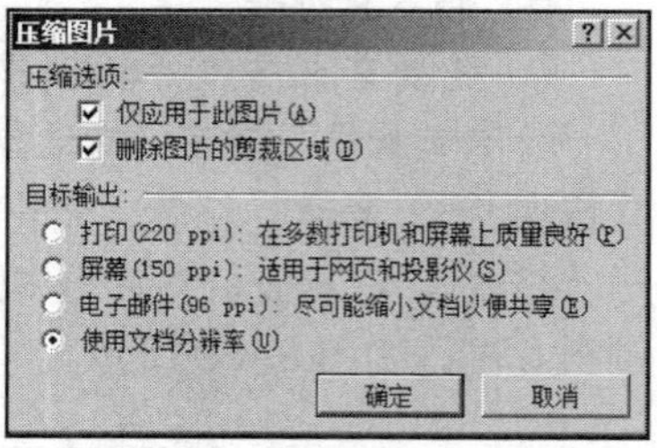

图3-61 “压缩图片”对话框

9. 生成 JPG 图片文件

打开画图工具，复制图片到画图工具中，单击蓝色选项卡，选择“另存为”命令，在级联菜单中选择“JPEG 图片”命令，打开“保存为”对话框。为图片命名、指定保存路径，单击“保存”按钮，如图 3-62 所示。

图3-62 保存图片格式

四、拓展训练

制作本班级的一期电子报。

实训五 制作个人简历

一、实训目的和要求

1. 熟练掌握文档的建立、保存与打开方法。
2. 熟练掌握文档的排版、页面设置方法。
3. 熟练掌握表格的创建、格式化方法。
4. 熟练掌握插入图形文件方法。

二、实训内容

1. 插入封面模板并设置格式。
2. 使用表格功能制作简历表。
3. 输入具体内容，插入图片。
4. 添加水印效果。

三、实训步骤

1．制作封面

单击“插入”选项卡“页”组中的“封面”按钮，选择“现代型”样式。在封面上输入相应内容，并排版，如图 3-63（a）所示。

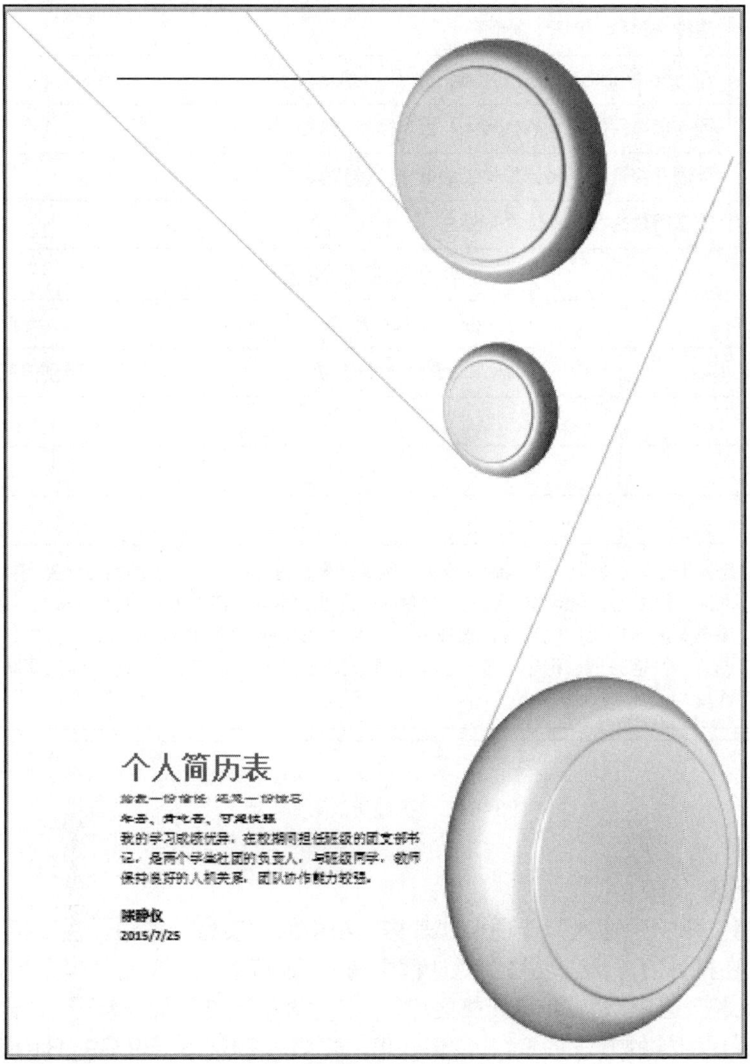

（a）

图3-63　个人简历效果图

个人简历表

姓名	陈静仪	性别	女	民族	满族	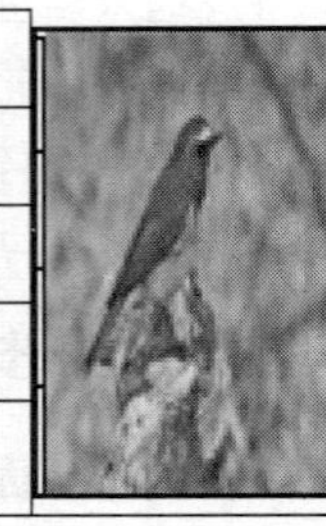
政治面貌	团员	出生年月	1990. 6. 7	籍贯	山东	
学历	本科	毕业时间	2014. 7	学位	工学学士	
毕业学校专及业	黑龙江省********大学					
联系地址	哈尔滨市香坊区哈平路 256 号					
联系电话		手机	13999999999	邮箱	13999999999@163.com	
英语水平	英语四级					
爱好特长	唱歌、舞蹈、钢琴、画画					
熟练应用的软件	Adobe Photoshop、Office 2010、CAD					
在校期间的工作	团支书、民歌社团的负责人、民族舞社团的负责人					
取得岗位证书	英语四级证书、省计算机二级证书、微软认证证书					
奖励情况	曾获得优秀团员、优秀毕业生、一等奖学金					

学习及实践经历		
时间	地区、学校或单位	专业
2010.9—2014.7	黑龙江省*******大学	电子信息专业
自我评价	忠实诚信，讲原则，说到做到，决不推卸责任；有自制力，做事情始终坚持有始有终，从不半途而废；肯学习，有问题不逃避，愿意虚心向他人学习；自信但不自负，不以自我为中心；愿意以谦虚态度赞扬接纳优越者，权威者；会用 100%的热情和精力投入到工作中；平易近人，为人诚恳，性格开朗，积极进取，适应力强、勤奋好学、脚踏实地，有较强的团队精神，工作态度认真。	

（b）

图3-63 个人简历效果图（续）

2. 制作简历表

① 插入表格。单击“插入”选项卡“表格”组中的“表格”按钮，在下拉列表中选择“插入表格”命令，在打开的“插入表格”对话框中输入 13 行 7 列，单击“确定”按钮。

② 合并单元格。选中 G1:G4 单元格区域，单击“表格工具布局”选项卡“合并”组中的“合并单元格”按钮。用同样的方法将 B4:F4、B5:G5、B7:G7、B8:G8、B9:G9、B10:G10、B11:G11、B12:G12、B13:G13、A13:G13 的单元格区域进行合并。单击“表格工具设计”选项卡“绘图边框”组中的“擦除”按钮，当鼠标变成橡皮擦形状后单击 F6 和 G6 单元格中间的线，将其擦除。

完成操作后如图 3-64 所示。

图3-64 合并单元格后的表格

③ 绘制表格。单击“插入”选项卡“表格”组中的“表格”按钮，在下拉列表中选择“绘制表格”命令，此时鼠标变成笔的形状，在已插入的表格下面绘制出一个方格，用同样的方法接着再画一个方格，单击“绘制表格”命令结束绘制，如图 3-65 所示。

3. 拆分单元格

将光标放置到刚绘制的第一个方格中，单击“表格工具布局”选项卡“合并”组中的“拆分单元格”按钮，打开“拆分单元格”对话框，依照图 3-63（b）将方格拆分成 5 行 3 列的表格，如图 3-66 所示。单击“确定”按钮。

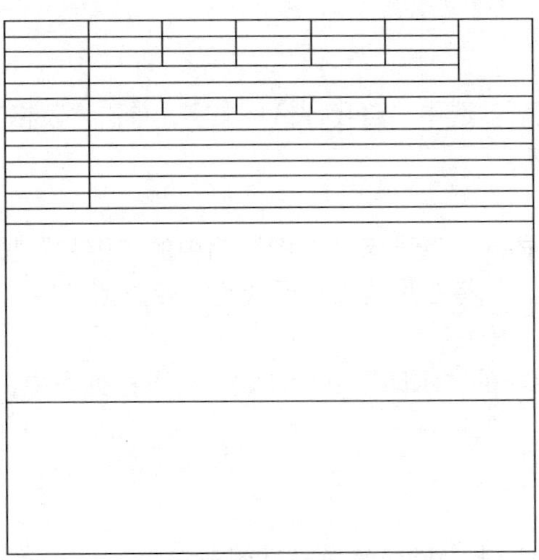

图3-65 在已插入的表格下方绘制两个方格

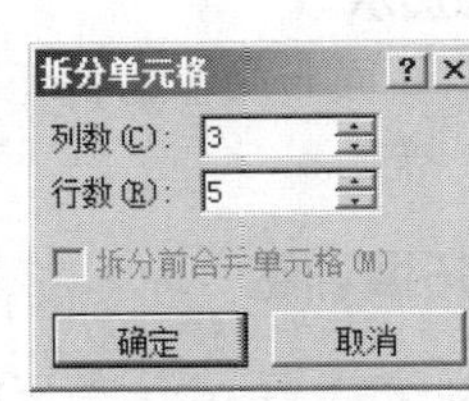

图3-66 拆分单元格

4. 绘制边框线

用绘制表格的方法在第二个方格的左侧绘制一条列边线。使用“表格工具布局”选项卡“单元格大小”组中快捷工具调整整个表格的行高和列宽，使其合理、美观，完成表格的制作，如图 3-67 所示。

5. 格式化表格

单击表格左上角的全选按钮，选中整个表格，在“表格工具布局”选项卡“单元格大小”组中选择“分布行”按钮；在“对齐方式”组中选择“水平居中”按钮。设置完成后，录入相应内容，编写自己的个人简历。

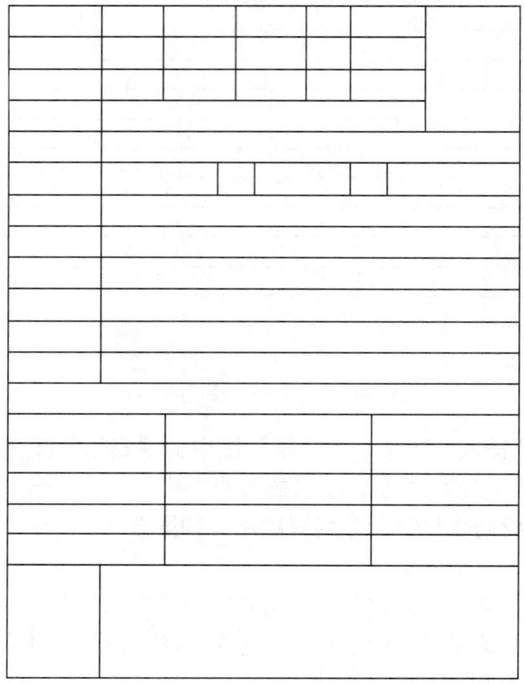

图3-67　绘制边框线

6. 设置文字方向

调整“自我评价”单元格的高度，使其美观。选中“自我评价”文字，单击“表格工具布局”选项卡“对齐方式”组中的“文字方向”按钮。

7. 插入图片

将光标定位到 “照片”单元格，单击“插入”选项卡“插图”组中的“图片”按钮，在打开的对话框中找到要插入的图片，单击“插入”。将图片的版式设置为“四周型环绕”。

8. 添加水印

单击“页面布局”选项卡“页面背景”组中的“水印”下拉按钮，在下拉列表中，单击“严禁复制 1”样式。

四、拓展训练

在已制作完成的个人简历中插入新行，将你上学期成绩单粘贴到新行中。

提示：需要使用到粘贴选项命令，如图 3-68 所示。

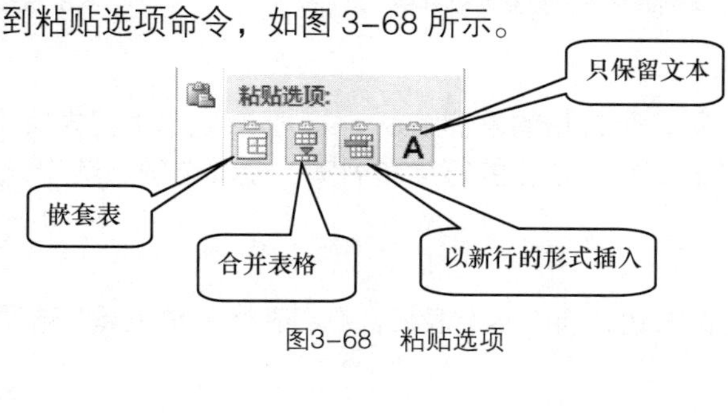

图3-68　粘贴选项

- 嵌套表：以嵌套的形式插入到表格中。
- 合并表格：以合并的形式插入到表格中。
- 以新行的形式插入：另起一行，插入到表格中。
- 只保留文本：去掉要插入表格的格式，以文本的形式插入到表格中。

实训六　制作道德模范荣誉证书

一、实训目的和要求

1. 熟练掌握邮件合并的方法。
2. 熟练掌握云存储功能。

二、实训内容

1. 制作图 3-69 所示的荣誉证书。
2. 使用邮件合并向导批量制作荣誉证书。
3. 将证书保存到云。

图3-69　批量制作的荣誉证书

三、实训步骤

1. 导入荣誉证书模板

打开“实训 6 证书模板.doc”文档素材，打开模板并修改荣誉证书模板内容，如图 3-70 所示。

2. 使用邮件合并向导

单击“邮件”选项卡选择“开始邮件合并”组，在下拉列表中选择“邮件合并分步向导”命令。

① 打开“邮件合并”导航栏，在“选择文档类型”向导页选中“信函”单选按钮，并单击“下一步：正在启动文档”命令，如图 3-71 所示。

② 在打开的“选择开始文档”向导页中，选中“使用当前文档”单选按钮，并单击“下一步：选取收件人”命令。

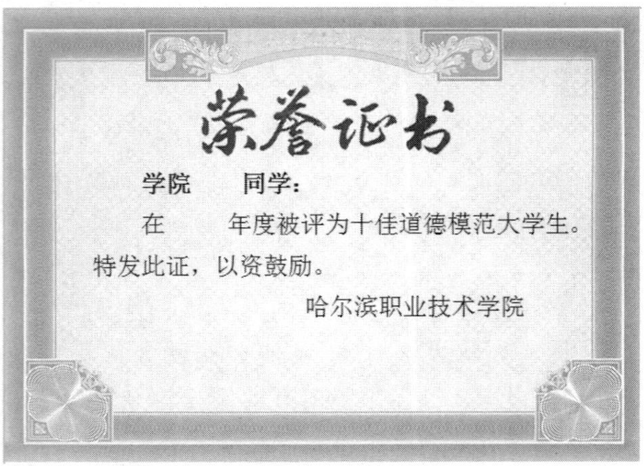

图3-70　荣誉证书模板

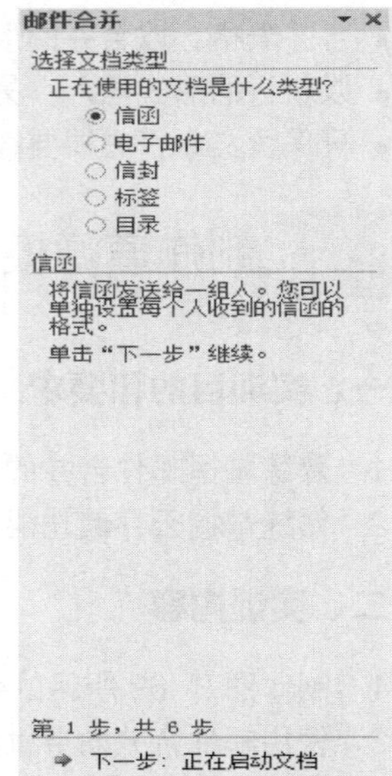

图3-71　邮件合并向导导航栏

③ 打开“选择收件人”向导页，选中“键入新列表”单选按钮，并选择“创建”命令，打开“新建地址列表”对话框，按照荣誉证书的编辑要素修改地址列表中的字段名，将需要奖励的人员信息输入到该对话框中，如图 3-72 所示。单击“确定”按钮。

图3-72　输入列表内容

④ 打开“保存到通讯录”对话框，为信函数据源命名，单击“保存”按钮。

⑤ 打开“邮件合并收件人”对话框，可通过编辑数据源操作，更新收件人信息，确认信息无误后单击“确定”按钮，如图 3-73 所示。返回“邮件合并”导航栏，单击“下一步：撰写信函”命令。

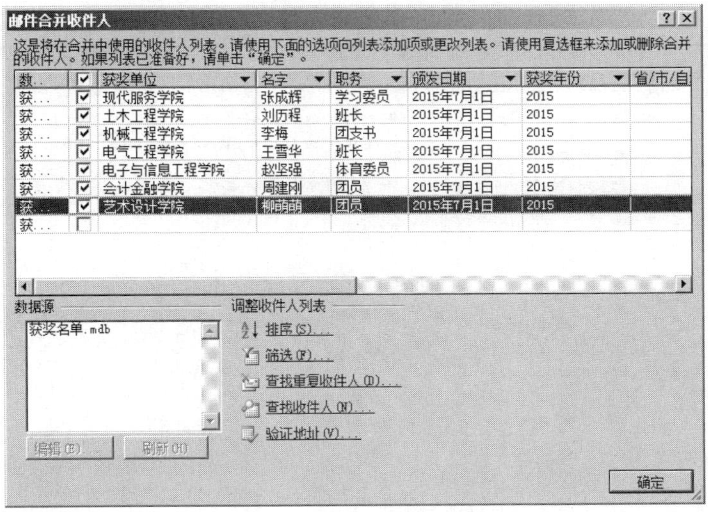

图3-73 邮件合并收件人对话框

⑥ 将光标放置到荣誉证书的"**"学院位置，单击"撰写信函"导航栏中的"其他项目"命令，打开"插入合并域"对话框，选取"获奖单位"地址元素，如图 3-74 所示。单击"插入"按钮。用同样的方法依次将"名字""颁发日期""获奖年份"域插入到证书模板的相应位置，如图 3-75 所示。完成设置后，单击"下一步：预览信函"命令。

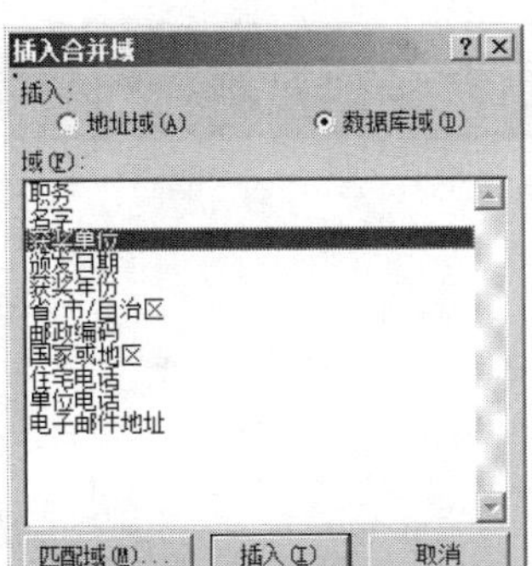

图3-74 插入指定地址项目

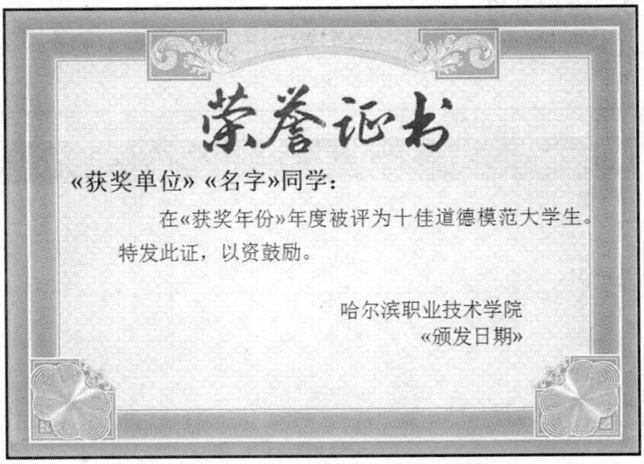

图3-75 插入地址项目后的荣誉证书

⑦ 在"预览信函"向导页，可进行查看、排除、查找及编辑收件人信息的操作，完成操作后单击"下一步：完成合并"命令。

⑧ 在"完成合并"向导页，选择打印命令以完成合并操作，在打开的"合并到打印机"对话框中输入要打印的页，如图 3-76 所示。单击"确定"按钮。

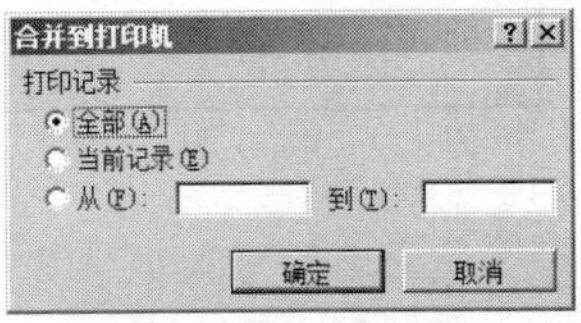

图3-76 打印合并后文档

3. 保存到云

单击"文件"选项卡，在导航栏中选择"保存并发送"命令。选择"保存到 Web"命令，在右侧窗口中单击"登录"按钮。使用已注册的 Outlook 账户登录到“Microsoft OneDriver”窗口，如图 3-77 所示。

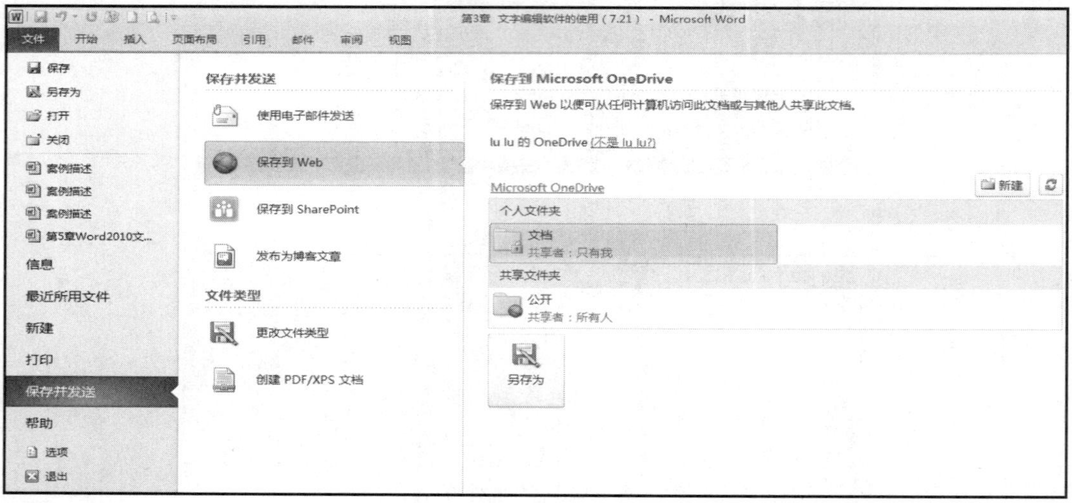

图3-77　登录到Microsoft OneDriver

4. 保存文件

选择“公开”文件夹单击“另存为”按钮，打开“另存为”对话框，输入保存后的文件名，单击“保存”按钮。将文档上传，保存到 OneDriver 中。

5. 查看文件

登录到个人“OneDriver”界面，可以看到上传的文件，如图 3-78 所示。

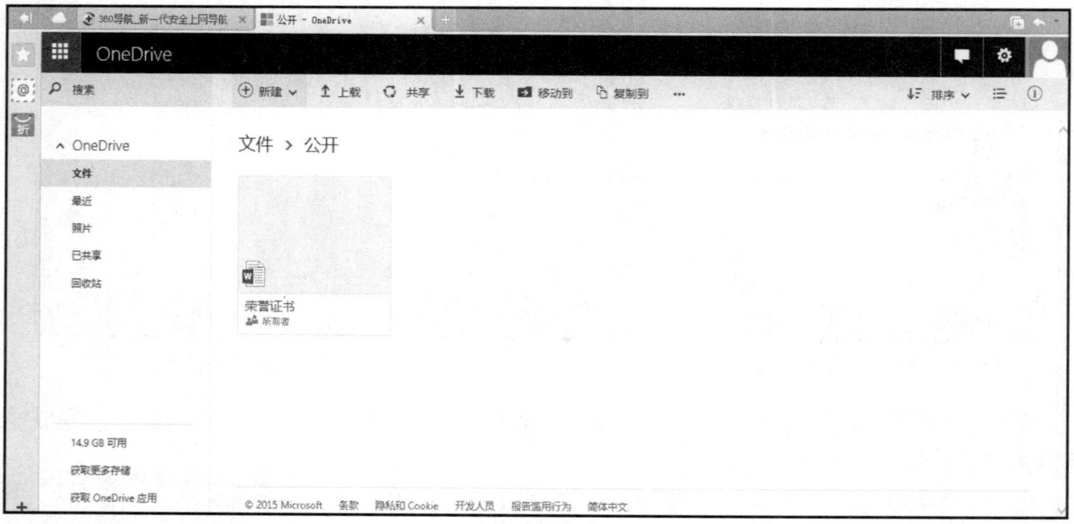

图3-78　上传保存到OneDriver的文档

四、拓展训练

为全班每个同学制作一张圣诞祝福卡片。

综合实训一　制作关于给予**同学期末考试加分的公示

一、实训目的和要求

1. 熟练掌握页眉中图片的编辑方法。
2. 熟练掌握文档的排版、页面设置方法。
3. 熟练掌握表格的创建、编辑及表格中数据计算的方法。
4. 熟练掌握绘制图形的方法。
5. 熟练掌握制作名章的方法。

二、实训内容

1. 建立空白文档，输入公示内容。设置参数。标题：黑体 36 号字，红色、加粗，居中显示；副标题：黑体小二号字，加粗，居中显示，单倍行距；正文：仿宋三号字，黑色，两端对齐，首行缩进 2 个字符，单倍行距；落款右对齐；主题词设置为：宋体、4 号字、加粗；抄送和印发单位设置为：仿宋、4 号字。

2. 依照图 3-79，在副标题上方绘制直线并设置：红色，3 磅粗；在文档底端绘制三条直线并设置：黑色、1.5 磅粗。实现图文混排。

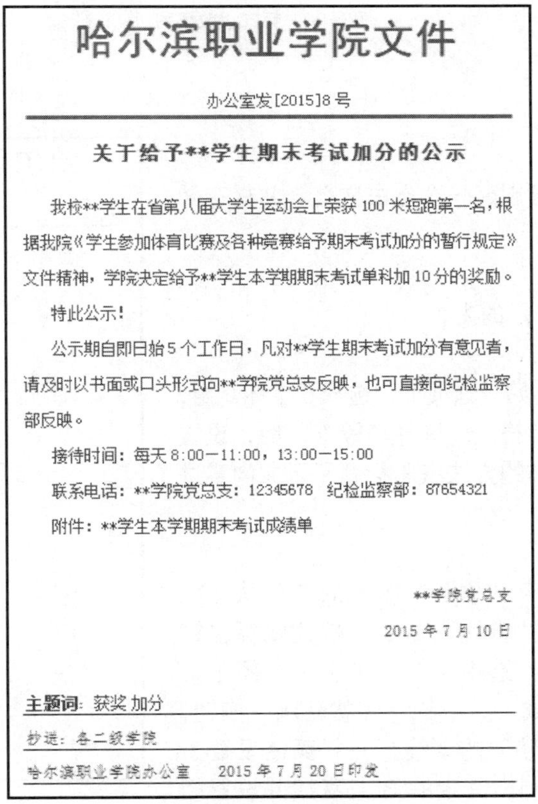

哈尔滨职业学院文件

办公室发[2015]8 号

关于给予学生期末考试加分的公示**

我校**学生在省第八届大学生运动会上荣获 100 米短跑第一名，根据我院《学生参加体育比赛及各种竞赛给予期末考试加分的暂行规定》文件精神，学院决定给予**学生本学期期末考试单科加 10 分的奖励。

特此公示！

公示期自即日始 5 个工作日，凡对**学生期末考试加分有意见者，请及时以书面或口头形式向**学院党总支反映，也可直接向纪检监察部反映。

接待时间：每天 8:00－11:00，13:00－15:00

联系电话：**学院党总支：12345678　纪检监察部：87654321

附件：**学生本学期期末考试成绩单

**学院党总支

2015 年 7 月 10 日

主题词：获奖 加分

抄送：各二级学院

哈尔滨职业学院办公室　2015 年 7 月 20 日印发

图3-79　第一页效果图

3. 在第二页插入页眉：哈尔滨职业学院，并在右侧插入一张学院的校徽，设置校徽图片的格式。

4. 使用分隔符，将第二页文字方向设置为“横向”。

5. 在第二页创建表格，输入**学生本学期期末考试成绩单，并完成加分后的成绩计算，如图 3-80 所示。

6. 绘制印章。依照图 3-80 绘制印章并放置相应位置，实现图文混排。

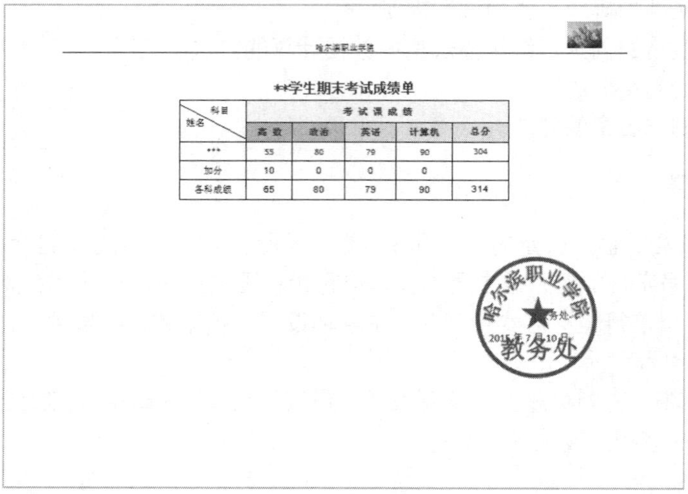
哈尔滨职业学院

**学生期末考试成绩单

科目 / 姓名	考试课成绩				
	高数	政治	英语	计算机	总分
***	55	80	79	90	304
加分	10	0	0	0	
各科成绩	65	80	79	90	314

图3-80　第二页效果图

三、实训步骤

1. 新建文档

用 <Ctrl+N> 组合键创建一个空白文档，并保存为“期末考试成绩加分公示”。

2. 输入正文内容

按照图 3-79 录入公示的内容。

3. 格式化文档

选中标题，单击“开始”选项卡，选择“字体”组，按实训要求分别设置文字格式。选择“段落”组，设置对齐方式、行距。用同样的方法将副标题和正文内容进行格式化。

4. 绘制直线

单击“插入”选项卡“插图”组中的“形状”按钮，在下拉列表中选择“直线”命令，按住鼠标左键拖动，绘制出一条直线。选中直线，单击“绘图工具 格式”选项卡“形状样式”组中的“形状轮廓”按钮，在下拉列表中选择“3 磅”的直线，并将颜色设置为红色。用同样的方法绘制出其余的 3 条直线并设置相应格式，如图 3-81 所示。

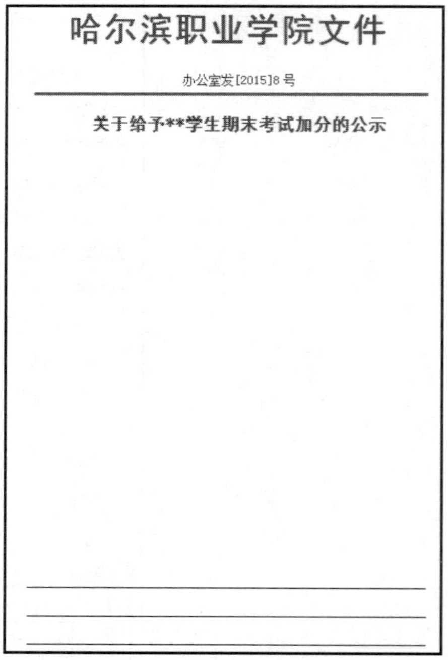
哈尔滨职业学院文件

办公室发[2015]8 号

关于给予**学生期末考试加分的公示

图3-81　绘制的直线

5．设置横向页面

将光标定位在第一页的页尾处，单击“页面布局”选项卡“页面设置”组中的“分隔符”按钮，在下拉列表中选择“下一页”命令，此时，光标在第二页的顶端。单击“纸张方向”命令，将纸张调整为“横向”，完成不同页插入。

6．插入页眉

将光标放置在第二页的顶端，单击“插入”选项卡“页眉页脚”组中的“页眉”按钮，在下拉列表中选择“空白页眉”，输入页眉内容，将其左对齐。单击“页眉页脚工具设计”选项卡“插入”组中的“图片”按钮，将该学院的校徽插入到页眉中。

7．编辑页眉图片

选中校徽图片，单击“图片工具格式”选项卡“排列”组中的“自动换行”按钮，在下拉列表里选择“浮于文字上方”的环绕方式。将图片调整到文档的右上角，如图 3-82 所示。

图3-82　插入有图片的页眉

8．插入表格

单击“插入”选项卡“表格”组中的“表格”按钮，在下拉列表中拖动鼠标左键插入一个 5 行 6 列的表格。

9．插入斜线表头

将光标定位在要插入斜线表头的单元格，单击“表格工具设计”选项卡“表格样式”组中的“边框”按钮，在下拉列表中单击“斜下框线”按钮。输入斜线表头。

10．完成考试课成绩的单元格合并

拖动鼠标左键将 B1:F1 单元格选中，单击“表格工具布局”选项卡“合并”组中的“合并单元格”按钮。

11．输入数据

根据图 3-80，输入表格数据。

12．设置表格格式

（1）设置对齐方式

选中整个表格，单击“表格工具布局”选项卡“对齐方式”组中的“水平居中”按钮。

（2）设置底纹

选中要添加底纹的单元格，单击“表格工具设计”选项卡“表格样式”组中的“底纹”按钮，在下拉列表中将“考试课成绩”设置为“橙色”，将“高数、政治、英语、计算机、总分”分别设置为“蓝色、深蓝色、粉色、黄色、绿色”的底纹颜色。

（3）设置边框

选中整个表格，单击“表格工具设计”选项卡“表格样式”组中的“边框”按钮，在下拉列表中选择“边框和底纹”命令，打开“边框和底纹”对话框。分别设置外边框和内边框。

① 设置外边框：在该对话框的“边框”选项卡中，在“颜色”和“宽度”编辑栏中分别输入“黑色”“2.25 磅”，然后在“设置”区域选中“方框”选项，如图 3-83 所示。单击“确定”按钮。

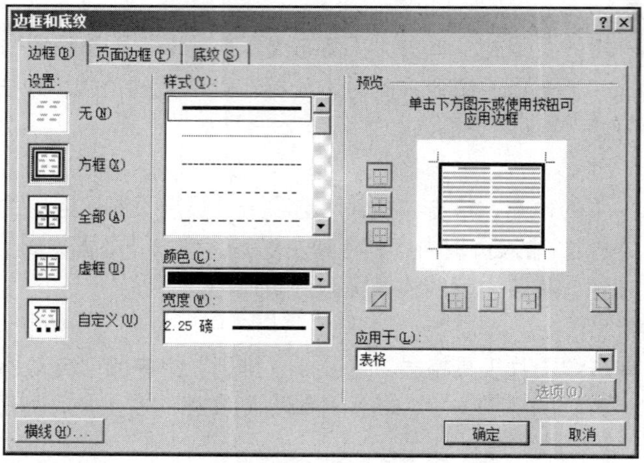

图3-83　设置外边框

② 设置内边框：将“颜色”和“宽度”编辑栏中分别输入“黑色”“0.5 磅”，在“预览”区域，单击“内框线”2 个图标。单击“确定”按钮，完成设置，如图 3-84 所示。

**学生期末考试成绩单

科目 姓名	考 试 课 成 绩				
	高 数	政治	英语	计算机	总分
***	55	80	79	90	304
加分	10	0	0	0	
各科成绩	65	80	79	90	314

图3-84　制作成绩单

13. 求和计算

将光标放置到 B5 单元格内，单击“表格工具布局”选项卡“数据”组中的“公式”按钮，在下拉列表中打开“公式”对话框，检查默认公式相对应的单元格是否正确后，单击“确定”按钮。用同样的方法求出其他科目和总分的值。

14. 绘制印章

参照教材【例 3-4】操作步骤完成绘制，并实现图文混排。

四、拓展训练

制作班级上学期期末成绩汇总表，计算班级平均分，用三维饼图显示班级成绩分布。

综合实训二　公众阅读习惯调查问卷

一、实训目的和要求

1. 熟练掌握图文混排的操作方法。
2. 熟练掌握文档排版的方法。
3. 熟练掌握表格操作的方法。

4. 熟练掌握绘制图形的方法。

二、实训内容

1. 制作图 3–85（a）和图 3–85（b）所示的调查问卷。

（a）　　　　　　　　　　　　（b）

图3–85　调查问卷效果图

2. 于第二页页眉处设计问卷表头，使页眉顶端距离设置为“1.8 厘米”。
3. 将第二页“基本情况”素材转换为 2 列 6 行的表格，并排版。
4. 绘制每个选项前的勾选框，并设置某个选项处于勾选状态。
5. 按照效果图进行布局和图文混排。

三、实训步骤

1. 设置页面

使用 B5 纸张，并将页面背景设置为“橙色，强调文字颜色 6，淡色 80%”纯色。

2. 绘制主办方 Logo

① 绘制眼睛。插入“空心弧”形状，填充“白色”，复制该空心弧，将眼睛部分排列好，如图 3–86 所示。

② 绘制嘴部分。插入“下弧形箭头”形状，填充“白色”，与眼睛形状布局好。然后将嘴和眼睛进行组合。

③ 右键单击组合好的图形，在快捷菜单中选择“设置对象格式”命令，在打开的对话框中选择“三维旋转”命令，单击 Z 轴“顺时针”旋转按钮，设置旋转角度为“340 度”，如图 3–87 所示。

图3-86　眼睛形状

图3-87　三维旋转

④ 绘制方框。插入“矩形”形状，填充“橙色”；单击“形状填充”下拉按钮，在列表中选择“渐变”，在级联菜单中选择“其他渐变”命令，打开“设置形状格式”对话框，设置发光和柔化边缘为“橄榄色，5pt，强调文字颜色 3”；单击“形状效果”下拉按钮，在列表中选择“预设”，在级联菜单中选择“预设 4”，柔化边缘设置“1 磅”，如图 3-88 所示。

将笑脸和矩形组合后，放置在页面左上角。在下方插入艺术字为“生活频道”，按效果图设置文字格式。组合后整体效果如图 3-89 所示。

图3-88　矩形效果

图3-89　效果图

3. 图片编辑

① 删除图片背景。插入“礼物”图片素材，在“图片工具格式”选项卡“调整”组中单击“删除背景”命令，此时，该图片未保留区域成反色显示，如图 3-90 所示。

② 将要保留的区域扩展进可选框内，在“图片工具格式”选项卡“调整”组中单击“删除背景”命令。将编辑好的图片设置为“紧密型”环绕方式。放置在封面中心位置。

4. 艺术字编辑

① 插入艺术字为“阅读情况”，格式为“华文琥珀、48 号字”、文本填充为“填充-红色，强调文字颜色 2，粗糙棱台”。设置文本效果为“双波形 1”。完成后放置在礼物图片的下方，如图 3-91 所示。

图3-90　删除背景

图3-91　艺术字

② 插入艺术字“有奖问卷调查”，注意要单个字插入，其中“有、问、调”字设置格式为“华文琥珀、50 号字”，文本填充为“渐变填充-橙色，强调文字颜色 6”，内部阴影”。注意，此处操作可设置完成一个艺术字后，通过复制、粘贴，再修改文字内容来提高工作效率。放置位置如图 3-92 所示。

用同样的方法将剩下的 3 个字设置为艺术字，格式为“华文琥珀、60 号字”，文本填充为“渐变填充-橙色，强调文字颜色 6”，内部阴影”。放置位置如图 3-93 所示。将全部艺术字和礼物图片组合。

图3-92　设置艺术字1

图3-93　设置艺术字2

③ 插入艺术字“给生活加点味”和“56789111”，格式设置参考效果图 3-86（a）所示。完成后放置在文档底部。

5. 文字排版

按照效果图 3-85 录入文字内容，设置格式为“微软雅黑、2 号字、单倍行距、深红色、居中显示”，效果如图 3-94 所示。

6. 形状编辑

插入“上弧形箭头”形状，设置为“中等效果-红色，强调颜色 2”，与底部的艺术字按照图 3-85（a）进行图文混排，效果如图 3-95 所示。

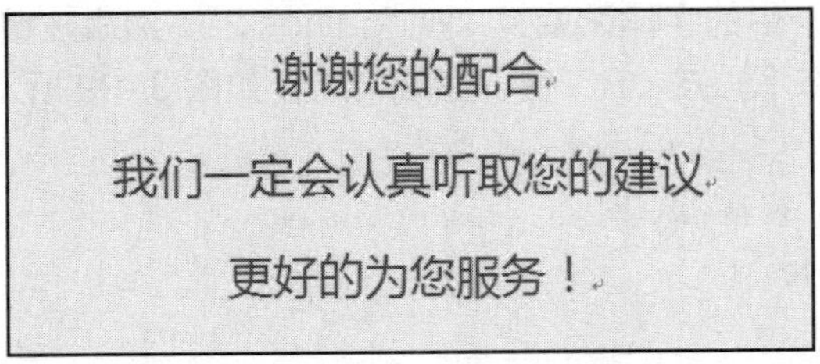

图3-94　设置文字

图3-95　设置形状

7. 设计页眉

① 设置页眉距离。双击页眉区，进入页眉编辑状态。在“页眉和页脚工具设计”选项卡“位置”组中将页眉顶端距离设置为“1.8 厘米”；在“选项”组中勾选“首页不同”，如图 3-96 所示。

② 编辑页眉内容。按照效果图 3-85（b）所示，录入页眉内容并进行编辑。横线设置为“填充橙色，3 磅粗”。

8. 制作问卷表格

① 插入文字分隔符。将输入法切换到英文状态，在行字段与内容之间插入逗号，如图 3-97

所示。将问卷内容全部选中，单击“插入”选项卡“表格”命令，在下拉列表中选择“文本转换为表格”命令，打开对话框，确定列数为“2”，默认文字分隔符为逗号，单击“确定”按钮。

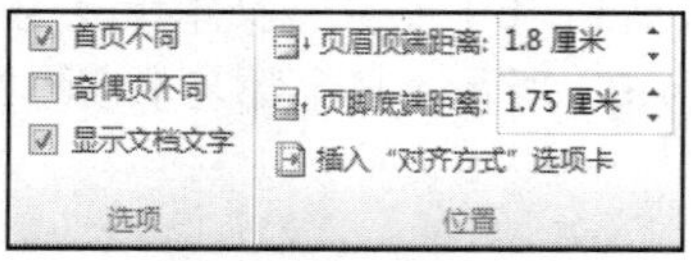

图3-96　编辑页眉

性　　别,男　　女
年　　龄,18 岁以下 18-30 岁　31-45 岁　46-60 岁　60 岁以上
婚 姻 状况,单身　有伴侣　已婚　分居　离异　丧偶
受教育程度,小学　初中　高中　本科　硕士　博士
职　　业,学生　公务员　公司职员　务工人员　退休　无业
月平均收入, 3000 元以下　3000-5000 元　5000-8000 元　8000 元以上

图3-97　添加逗号文字分隔符

② 排版。设置表格行高和列宽，文字格式及对齐方式等，使其美观。

9. 绘制勾选框

① 方法一：插入方框符号。将光标定位到第一个选项前，单击“插入”选项卡“符号”组“符号”下拉按钮，在下拉列表中选择“其他符号”命令，在“符号”选项卡下选择“字体”下拉列表中的“Wingdings”选项，在展示区选择“方框”符号，单击“插入”按钮，如图 3-98 所示。

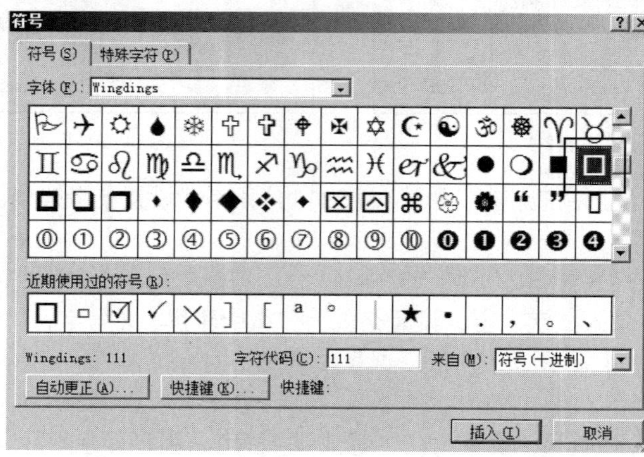

图3-98　插入方框符号

当需要勾选时，选中方框，将“开始”选项卡中的字体设置为“Wingdings 2”，然后按键盘上的<CapsLock>大写锁定键，在处于大写状态下，按<R>键，完成勾选，如图 3-99 所示。

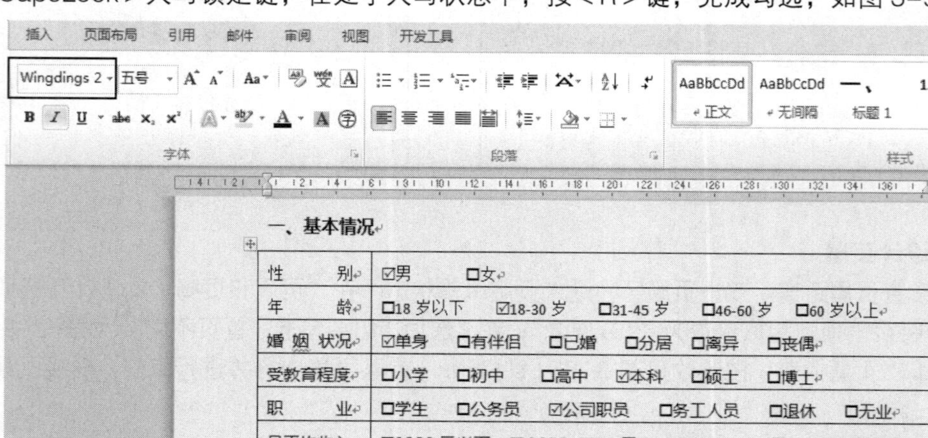

图3-99　勾选框

② 方法二：使用勾选框控件。单击“文件”选项卡，在导航窗格中选择“选项”命令，在“Word 选项”对话框中选择“自定义功能区”选项，在右侧的“自定义功能区”列表中勾选“开发工具”一项，如图 3-100 所示。在功能区打开“开发工具”选项卡，如图 3-101 所示。

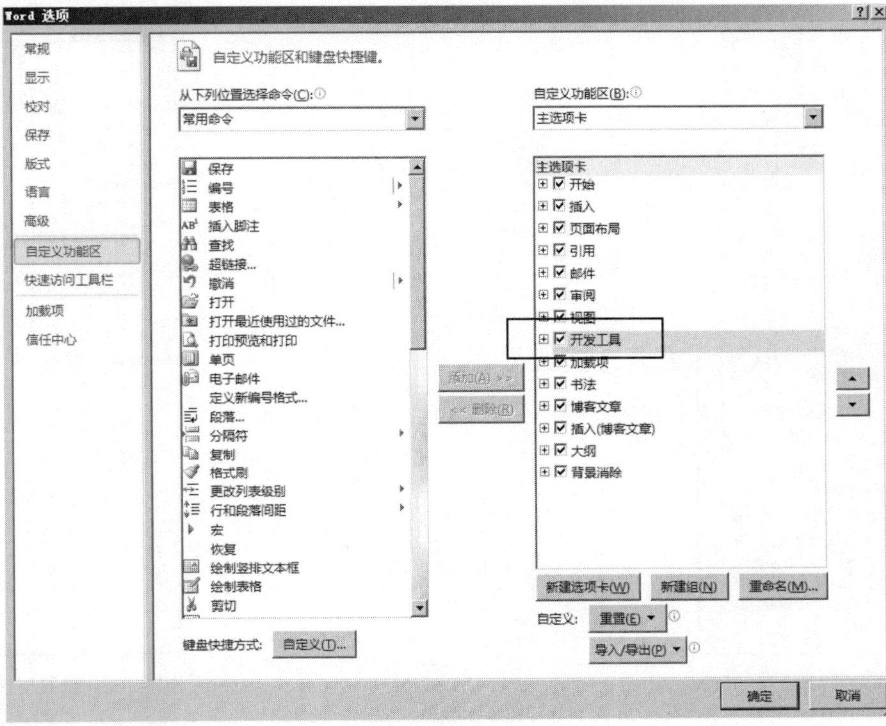

图3-100 自定义功能区

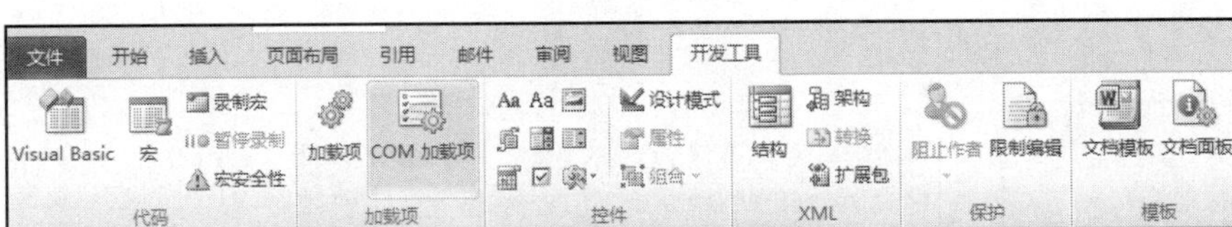

图3-101 “开发工具”选项卡

将光标定位到选项前，在“开发工具”选项卡“控件”组中，单击“旧式工具”按钮，在下拉列表中选择“复选框（Active X 控件）”按钮，如图 3-102 所示。

双击刚插入的控件区域，打开设置窗口，在“属性”列表中，将“Caption”选项设置为问卷题目选项内容，例如，非常喜欢。将“BackStyle”设置为“0-fmBackStyle”，如图 3-103 所示。完成后关闭窗口。

回到 Word 页面后单击“开发工具”选项卡“控件”组中的“设计模式”按钮，完成制作。此时单击勾选框，你会发现勾选自动出现，再次单击，勾选会自动取消，如图 3-104 所示。

其他选项的制作可以先复制在“设计模式”下已经制作好的控件选项，然后右键单击粘贴的选项，在下拉列表中选择“属性”命令，如图 3-105 所示。在打开的导航窗格中修改选项内容。

图3-102 “旧式工具”按钮

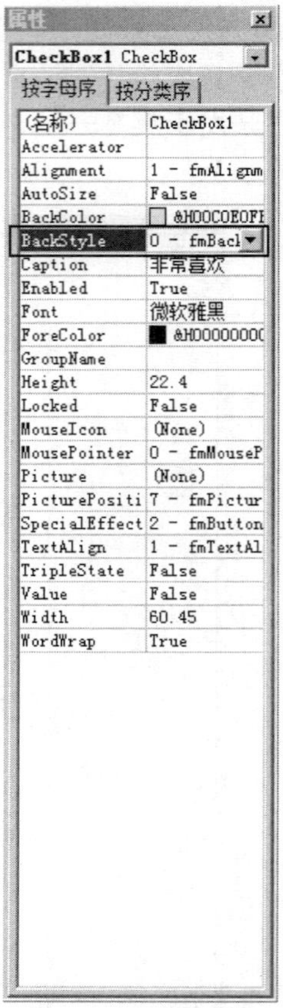

图3-103 设置属性

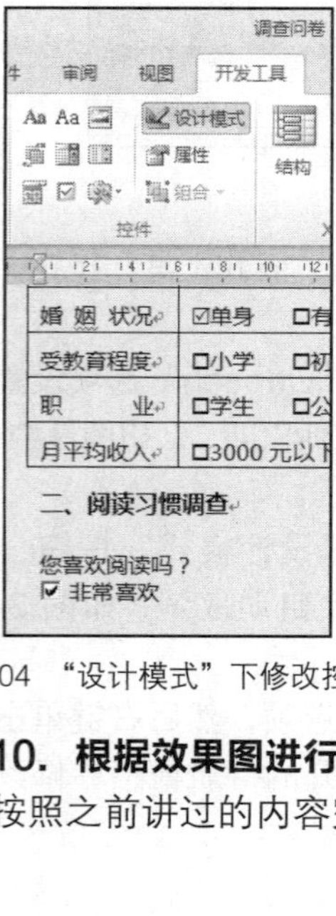

图3-104 “设计模式”下修改控件1

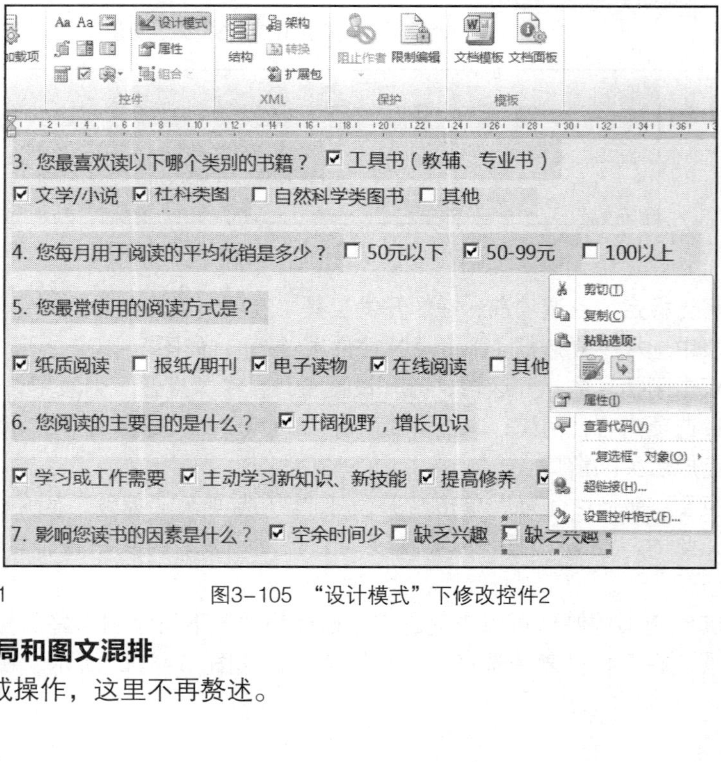

图3-105 “设计模式”下修改控件2

10. 根据效果图进行布局和图文混排

按照之前讲过的内容完成操作，这里不再赘述。

四、拓展训练

在问卷的第三页插入调查结果的图表，用簇状柱形图表示，并分析公众阅读情况。

习题

一、选择题

1. Word 2010 中，要编辑页眉和页脚可单击（　　）选项卡。

A. 文件　　B. 插入　　C. 编辑　　D. 视图

2. Word 中的格式刷可用来快速设置文本格式，若要将选定文本的格式复制到多段文本中，应（　　）格式刷按钮。

A. 单击　　B. 三击　　C. 拖动　　D. 双击

3. Word 文档中有一段被选取，当按 Delete 键后（　　）。

A. 删除了插入点以及其之间的所有内容

B. 删除此段落

C. 删除了之后的所有内容

D. 删除了整个文件

4. 当前活动窗口是文档 d1 的窗口，单击该窗口的“最小化”按钮后（　　）。

A. 该窗口和 d1 文档都被关闭

B. 在窗口中不显示 d1 文档内容，但 d1 文档并未关闭

C. d1 文档未关闭，且继续显示其内容

D. 关闭了 d1 文档但当前活动窗口并未关闭

5. Word 预览窗口中，由于比例关系，看不清页中的内容，利用工具栏上的（　　）按钮，可以看清页中的细节。

A. 标尺　　B. 打印机　　C. 全屏显示　　D. 放大镜

6. 如果 Word 文档中有一段文字不允许别人修改，可以通过（　　）实现。

A. 编辑限制　　B. 设置文件修改密码

C. 格式设置限制　　D. 以上都是

7. Word 中的手动换行符是通过（　　）产生的。

A. 按 <Shift+Enter> 组合键　　B. 插入分页符

C. 键入 Enter　　D. 插入分节符

8. Word 文本编辑中，文字的输入方式有插入和改写两种方式，要将插入方式转换为改写方式，则可按（　　）。

A. Ctrl 键　　B. Shift 键

C. Delete 键　　D. Insert 键

9. 要关闭已经打开的 Word 应用程序，以下方法错误的是（　　）。

A. 标题栏上的“关闭”按钮　　B. <Alt+F4> 组合键

C. <Ctrl+F4> 组合键　　D. 控制菜单中的“关闭”命令

10. 下列格式文本文件中，不能用 Word 文字处理软件打开的是（　　）文件。

A. HTML 格式　　B. RTF 格式

C. DOC 格式　　D. PDF 格式

11. 在 Word 的编辑状态，文档窗口显示出水平标尺，拖动水平标尺上边的“首行缩进”滑块，则（　　）。

A. 文档中各段落的首行起始位置都重新确定
B. 文档中各行的起始位置都重新确定
C. 文档中被选择的各段落首行起始位置都重新确定
D. 插入点所在行的起始位置被重新确定

12. Word 文档编辑中，建立比较规范的、行列数较多的表格最好使用方式（　　）。

A. 用快速访问工具栏中的“插入表格”按钮
B. 用插入选项卡中的“插入表格”
C. 插入 Execl 工作表
D. 用“插入”选项卡中的“绘制表格”

13. Word 中，纸张大小选择可以哪里实现（　　）。

A. 页面布局　　B. 边框底纹
C. 段落　　D. 视图

14. 可以通过执行（　　）修改 Word 中标尺的单位。

A. 选择“开始”选项卡下的“编辑”，在“度量单位”设置
B. 选择“视图”选项卡，进行设置
C. 选择“文件”选项卡下的“选项”下的“高级选项”，在“度量单位”设置
D. 选择“文件”选项卡下的“选项”下的“常规”，在“度量单位”设置

15. 使用软件 Word 时，执行打开文件 C:\ABC.doc 操作，是将（　　）。

A. 将内存中的文件读至硬盘并输出到显示器
B. 硬盘上的文件读至显示器
C. 硬盘上的文件读至内存，并输出到显示器
D. 将内存中的文件输出到显示器

16. Word 中转换为插入状态应（　　）。

A. 单击状态栏“改写”按钮　　B. 单击状态栏“录制”按钮
C. 单击“标尺”按钮　　D. 双击鼠标右键

17. Word 中若要使表格的某个单元格中产生一条对角线，应该使用（　　）。

A. 表格菜单中的“拆分单元格”命令
B. 表格和边框工具栏中的“绘制表格”工具按钮
C. 绘图工具栏中的“直线”按钮
D. 插入菜单中的“符号”命令

18. Word 中的脚注是指，标注内容（　　）。

A. 文件尾部　　B. 页脚　　C. 页眉　　D. 本页末尾

19. Word 文档编辑中，为了突出显示文档的某些内容，可以为该部分内容加底纹，但不能为（　　）加底纹。

A. 表格中的单元格　　B. 段落
C. 图形　　D. 选定的文字

20. 在 Word 2010 中，对某个段落的全部文字进行下列设置，属于“段落”格式设置的是（　　）。

A. 设置为四号字　　B. 设置为楷体字
C. 设置为 4 磅字间距　　D. 设置为 1.5 倍行距

二、填空题

1. 在 Word 2010 中，用快捷键退出 Word 的方法是________。

2. Word 2010 文件的扩展名为________。

3. 在 Word 2010 中，能将所有的标题分级显示出来，但不显示图形对象的视图是________。

4. 在 Word 2010“文件”选项卡中，“最近所有文件”选项下显示文档名的个数最多可设置________个。

5. 在 Word 2010 中，为图片或图像插入题注是________选项卡中的命令。

6. 在 Word 2010 编辑状态下，使插入点快速移动到文档尾的操作是________。

7. 在 Word 2010 中，设置页码应选择的选项卡是________。

8. 在 Word 2010 中，打印页码 5-7，9，10 表示打印的页码是第________页。

9. 在 Word 2010 中插入表格后，会打开________选项卡，对表格进行“设计”和“布局”的设置。

10. 在 Word 2010 中，选择某段文本，双击格式刷进行格式应用时，格式刷可以使用的次数是________。

三、判断题

1. Word 软件中，在表格中某一行的最后一个单元格外按 < Enter > 键，在当前行上方插入一新行。（　）

2. 在 Word 2010 编辑状态下，将文档编辑后再保存，则该文档被保存在原文件夹。（　）

3. 采用 Word 缺省的显示方式——页面视图方式，可以看到页码、页眉与页脚。（　）

4. 在 Word 选中某句话，连击两次工具条中的斜体按钮，则这句话的字符格式不变。

5. 在 Word 中段落对齐方式有 3 种。（　）

6. Word 文档使用的缺省扩展名是.DOT。（　）

7. Word 2010 的屏幕截图功能可以将以任何最小化后收藏到任务栏的程序屏幕视图等插入到文档。（　）

8. 在 Word 中处理艺术字体、数学公式等都可以像处理图片一样，把它们放到文档的任何位置。（　）

9. 在 Word 中，表格是由多个单元格组成，单元格中只能填充文字。（　）

10. 在 Word 中，若要纵向复制文字块，要先按下 < Alt > 键，再选择。（　）

四、简答题

1. Word 2010 的录入原则有哪些?

2. Word 2010 文档中有哪几种视图？各有什么作用?

3. Word 2010 图形图片的环绕方式有几种?

4. 在 Word 2010 中，如何设置水印?

5. 在 Word 2010 中，如何使用云存储功能保存文档?

4 Chapter

第 4 章

Excel 2010 电子表格制作与数据处理

实训一 制作学生期末成绩单

一、实训目的和要求

1. 熟练掌握 Excel 工作表的建立与操作方法。
2. 熟练掌握各类数据的输入方法。
3. 熟练应用 Excel 进行工作表的编辑与格式化。

二、实训内容

姓名	学院	Word	Excel	PowerPoint	Outlook
艾琪琪	电气工程学院	61	77	98	100
包平	电气工程学院	40	65	64	95
何杰	建筑工程学院	92	87	72	56
何健	电气工程学院	60	94	89	96
何伟豪	艺术与设计学院	68	72	50	88
何文文	电子与信息工程学院	43	100	57	75
何安全	艺术与设计学院	89	88	100	57
何祥瑞	建筑工程学院	78	65	50	51
迟小萍	建筑工程学院	78	61	61	57
迟安康	电气工程学院	65	66	83	77
迟新悦	建筑工程学院	88	83	84	73
迟琳琳	电子与信息工程学院	75	76	75	84
杨玉婷	电子与信息工程学院	58	89	74	73

续表

姓名	学院	Word	Excel	PowerPoint	Outlook
杨朝阳	电子与信息工程学院	88	61	51	65
吴家旺	建筑工程学院	99	56	62	52
吴志豪	建筑工程学院	70	74	58	71
张志霖	电气工程学院	55	63	60	84
陈良雨	电子与信息工程学院	95	87	56	53
陈习怡	建筑工程学院	94	88	94	80
林俊杰	艺术与设计学院	92	77	50	76
陈智勇	电气工程学院	57	83	71	95
陈富林	电气工程学院	94	67	68	53
范玉龙	电气工程学院	47	96	83	75
范朝辉	艺术与设计学院	67	59	53	49
胡天新	电气工程学院	86	96	93	100
胡天赐	艺术与设计学院	71	76	62	50
胡雨菲	电子与信息工程学院	46	48	60	75
李宇豪	建筑工程学院	58	50	85	84
李明宇	建筑工程学院	75	50	66	56
李明浩	建筑工程学院	64	88	54	89
李美娟	电子与信息工程学院	74	98	86	96
李美琳	艺术与设计学院	49	93	50	72
李夏雪	艺术与设计学院	53	80	80	78
李志平	艺术与设计学院	56	74	95	52
张傲文	建筑工程学院	98	78	90	75
张静欣	电气工程学院	60	67	80	96
张嘉成	艺术与设计学院	96	90	55	95
张熠宸	电子与信息工程学院	98	65	99	98
于耀文	艺术与设计学院	59	79	79	66
于武涛	艺术与设计学院	43	100	99	69
于欣阳	电气工程学院	63	56	97	63
于欣怡	艺术与设计学院	72	79	55	82
高子豪	建筑工程学院	70	95	96	81
高天乐	艺术与设计学院	83	76	69	77
曹玉朋	电气工程学院	94	92	90	95
曹玉晶	电子与信息工程学院	83	65	48	51

续表

姓名	学院	Word	Excel	PowerPoint	Outlook
刘凯文	建筑工程学院	65	87	91	82
刘凯瑞	电气工程学院	48	74	89	81
刘选国	电子与信息工程学院	95	57	87	77
耿程悦	艺术与设计学院	42	86	71	62
耿缘双	电子与信息工程学院	94	87	51	51
马静	建筑工程学院	57	85	66	67
马慧军	建筑工程学院	76	55	87	50
文慧娟	艺术与设计学院	54	94	94	50
庞芯蕊	电气工程学院	65	61	98	50
庞俊熙	建筑工程学院	98	86	93	88
龚馨语	艺术与设计学院	41	74	54	96
龚麟祥	电气工程学院	92	85	79	82
崔雨祺	电气工程学院	57	99	65	73
崔胡强	电子与信息工程学院	52	87	76	69
程效富	艺术与设计学院	48	68	59	45
徐嘉豪	建筑工程学院	80	62	99	64
徐德元	建筑工程学院	74	58	100	55
李明浩	艺术与设计学院	80	73	92	93

1. 建立名为“学生期末成绩单”的电子表格文件，完成上表所示的表格内容，保存文件。

2. 对“学院”“Word”“Excel”“PowerPoint”和“Outlook”等列设置有效性限制。对电子表格进行格式设计，设置表格内容的字体为楷体、字号 12 号；单元格数据对齐方式采用默认；设置表格边框及颜色，外框为蓝色双实线，内框为蓝色单实线。

3. 在“姓名”列前增加“序号”列，完成插入列操作。

4. 对“学院”列进行“条件格式”设置。对“Word”“Excel”“PowerPoint”和“Outlook”等列数据进行“条件格式”设置，不同等级的数值用不同的数字格式表示。

三、实训步骤

1. 启动 Microsoft Excel 2010

在“开始”菜单中选择“所有程序”命令，在弹出的菜单中单击“Microsoft Office”图标，并在级联菜单中选择“Microsoft Excel 2010”命令。自动建立一个新文件，文件名默认为“工作簿 1.xlsx”。

2. 输入数据及格式设置

（1）输入表头

在 A1 至 F1 单元格输入“姓名”“学院”“Word”“Excel”“PowerPoint”和“Outlook”，如图 4-1 所示。

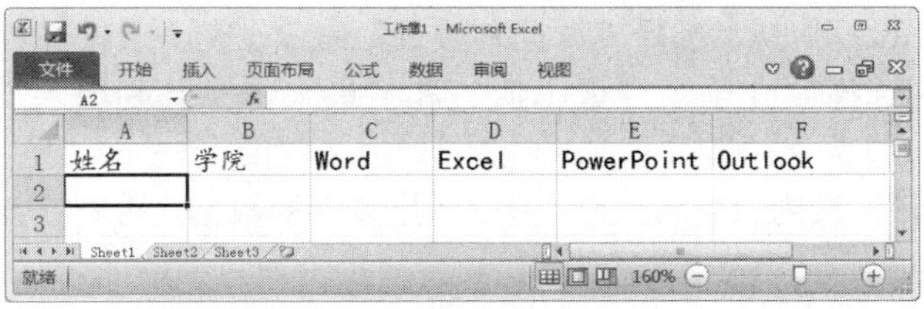

图4-1　输入表头

（2）输入姓名

输入所有学生的姓名值。

（3）对“学院”列数据设置有效性限制

选择“学院”列全部 64 个单元格 B2：B65，单击“数据”选项卡上“数据工具”组中的“数据有效性”按钮，选择“数据有效性”命令，如图 4-2 所示，打开“数据有效性”对话框。在“有效性条件”的“允许”下拉框内选择“序列”，在“来源”文本框中输入“建筑工程学院，电子与信息学院，电气工程学院，艺术与设计学院”（注意，要使用英文逗号），如图 4-3 所示，单击“确定”按钮；在“学院”列录入数据时，直接在序列中进行选择，效果如图 4-4 所示。

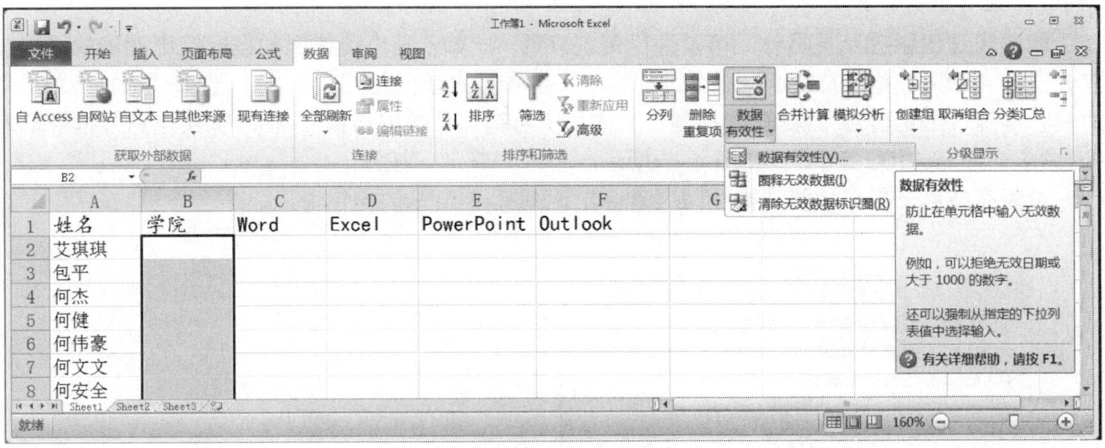

图4-2　数据有效性菜单

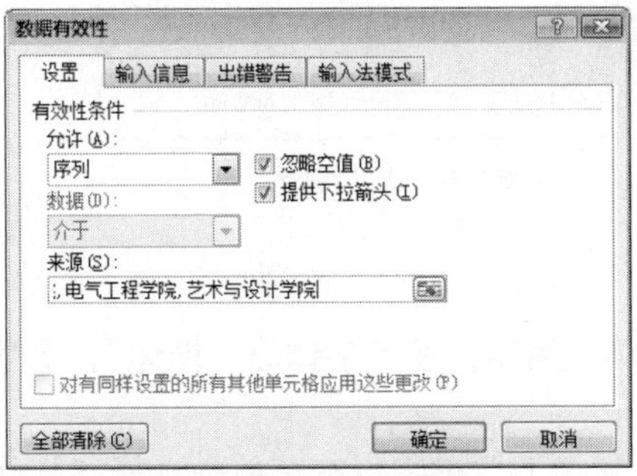

图4-3　“学院”列数据有效性设置

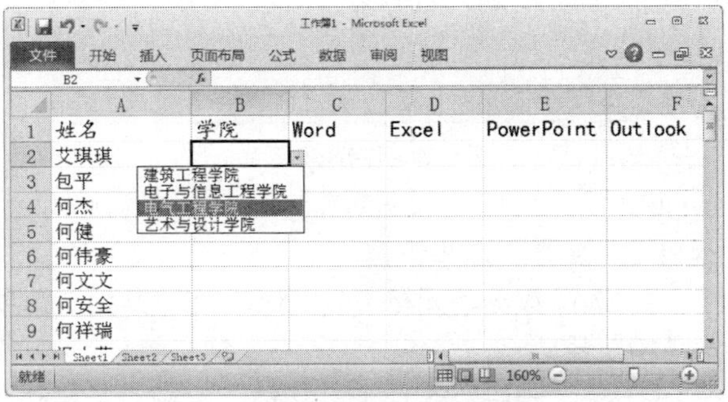

图4-4　“学院”列输入效果

（4）对四科成绩列数据设置有效性限制

选择数据单元格 C2：F65，选择“数据有效性”命令，在“允许”下拉框内选择“整数”，在“数据”下拉框内选择“介于”，“最小值”和“最大值”分别填入 0 和 100，如图 4-5 所示。

这样就保证了在该区域内只能填入 0～100 满足条件的数据，否则就会显示错误提示且不允许数据输入，如图 4-6 所示。

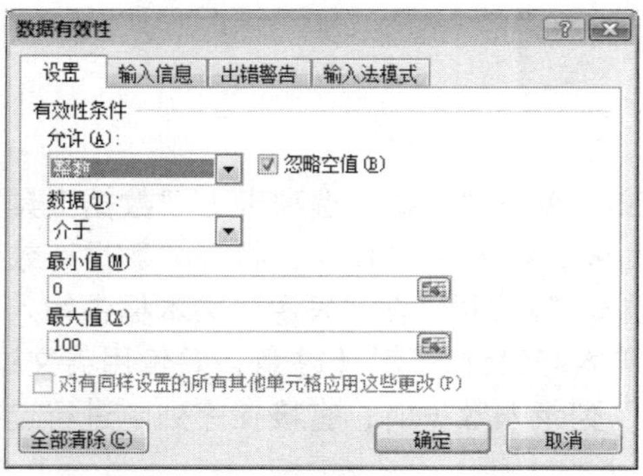

图4-5　成绩有效性设置

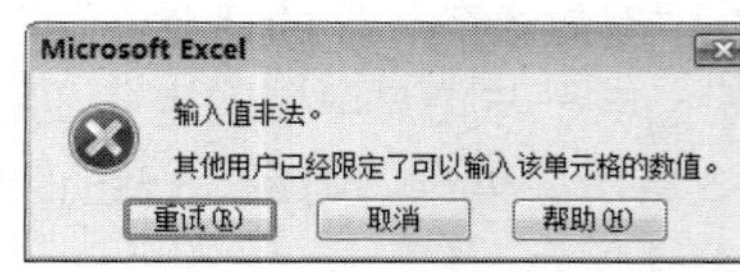

图4-6　错误提示

如果想让出错提示更具体，可以进行相应设置。比如，当出现错误数据时给出明确的“成绩应介于 0～100 之间”的提示，设置过程如下：选择数据单元格 C2：F65，选择“数据有效性”命令，选择“出错警告”标签，“标题”文本框中可输入“数据出错”，在“错误信息”框中输入“成绩应介于 0～100 之间”，如图 4-7 所示。单击“确定”按钮。

设置完成后，当出现错误数据时，就会出现图 4-8 所示的出错提示。

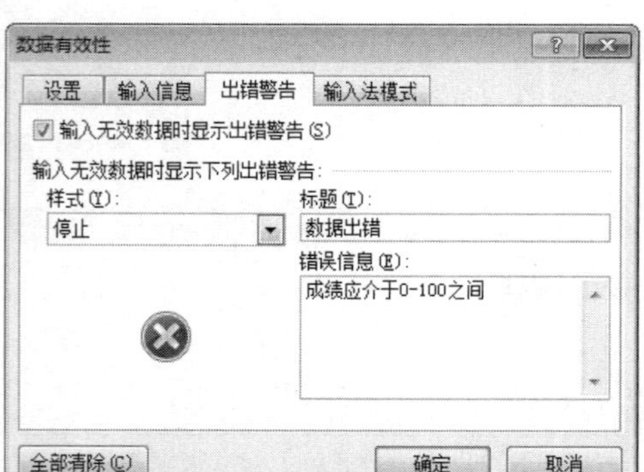

图4-7　出错警告设置

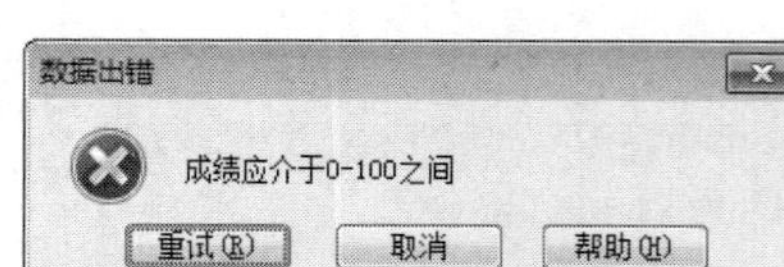

图4-8　出错提示

（5）设置字体和边框

① 选择数据单元格 A1：F65，在“开始”选项卡“字体”组中，设定字体为“楷体”，字号为“12”号。

② 在“开始”选项卡“字体”组中，单击边框按钮右侧的下拉按钮，在菜单中选择“其他边框”项，如图 4-9 所示。

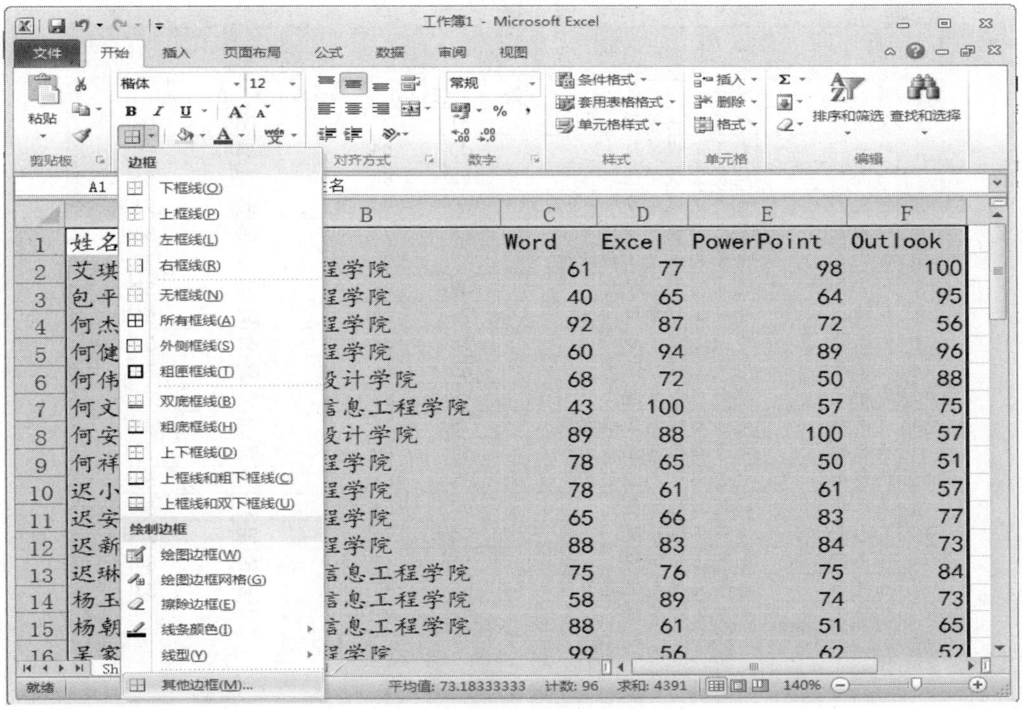

图4-9　选定其他边框项

将会出现“设置单元格格式”对话框，如图 4-10 所示。选择“边框”标签，在窗口左侧，线条的“样式”选双线，“颜色”选蓝色，在窗口右侧“预置”栏中单击“外边框”项，外边框设置完成。在窗口左侧，线条的“样式”选单线，“颜色”已是蓝色不用选，在窗口右侧“预置”栏中单击“内部”项，内部线设置完成。效果如图 4-11 所示。

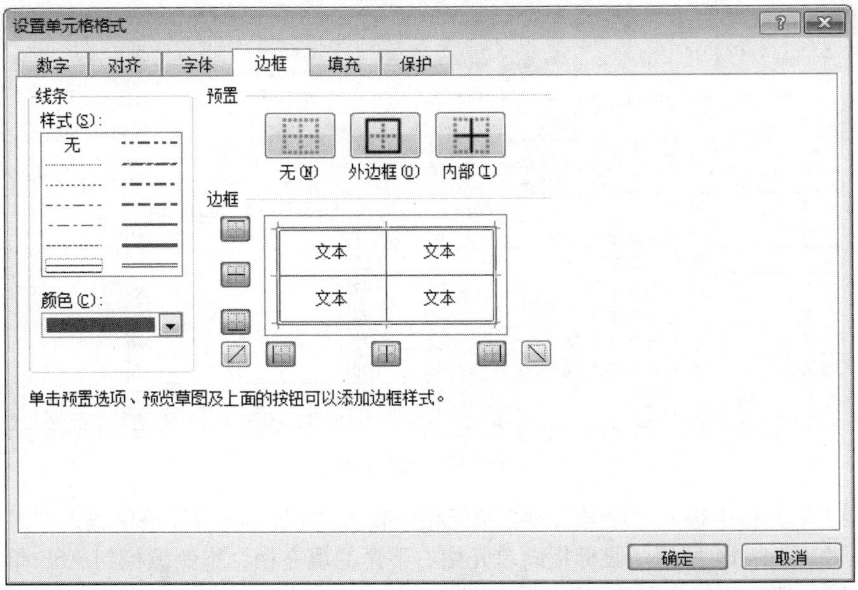

图4-10　设置边框

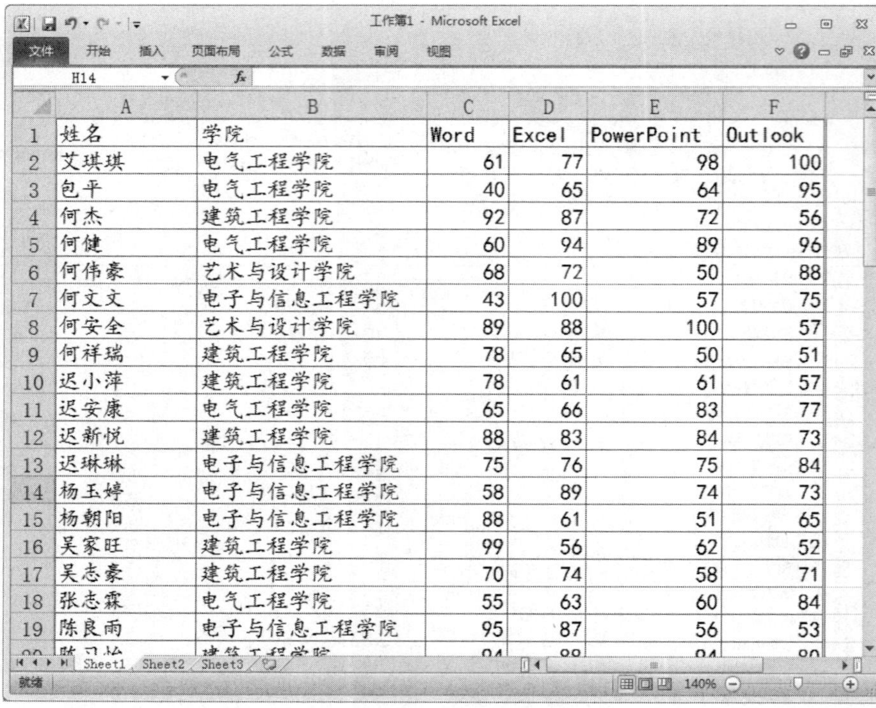

	A	B	C	D	E	F
1	姓名	学院	Word	Excel	PowerPoint	Outlook
2	艾琪琪	电气工程学院	61	77	98	100
3	包平	电气工程学院	40	65	64	95
4	何杰	建筑工程学院	92	87	72	56
5	何健	电气工程学院	60	94	89	96
6	何伟豪	艺术与设计学院	68	72	50	88
7	何文文	电子与信息工程学院	43	100	57	75
8	何安全	艺术与设计学院	89	88	100	57
9	何祥瑞	建筑工程学院	78	65	50	51
10	迟小萍	建筑工程学院	78	61	61	57
11	迟安康	电气工程学院	65	66	83	77
12	迟新悦	建筑工程学院	88	83	84	73
13	迟琳琳	电子与信息工程学院	75	76	75	84
14	杨玉婷	电子与信息工程学院	58	89	74	73
15	杨朝阳	电子与信息工程学院	88	61	51	65
16	吴家旺	建筑工程学院	99	56	62	52
17	吴志豪	建筑工程学院	70	74	58	71
18	张志霖	电气工程学院	55	63	60	84
19	陈良雨	电子与信息工程学院	95	87	56	53

图4-11　设置边框完成效果

（6）插入“序号”列

① 在A1：A65中选定任意一个单元格，在“开始”选项卡“单元格”组中，单击“插入”按钮右侧的下拉按钮，如图4-12所示，在菜单中选择“插入工作表列”项，在“姓名”列前立刻出现一个空列，如图4-13所示。

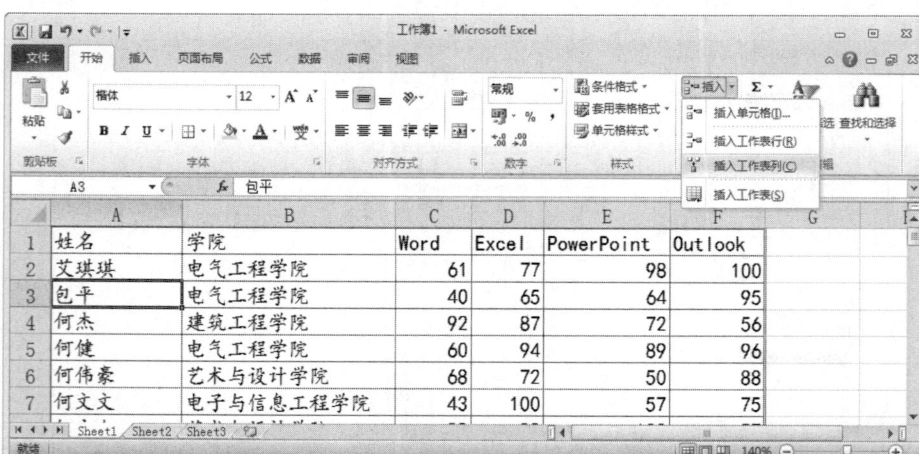

	A	B	C	D	E	F
1	姓名	学院	Word	Excel	PowerPoint	Outlook
2	艾琪琪	电气工程学院	61	77	98	100
3	包平	电气工程学院	40	65	64	95
4	何杰	建筑工程学院	92	87	72	56
5	何健	电气工程学院	60	94	89	96
6	何伟豪	艺术与设计学院	68	72	50	88
7	何文文	电子与信息工程学院	43	100	57	75

图4-12　插入菜单

② 在A1单元格中输入“序号”，A2单元格中输入“1”，A3单元格中输入“2”，选择A2：A3单元格，如图4-14所示。鼠标指向单元格右下角的填充柄，拖曳鼠标到A65单元格完成序号的输入。序号填充效果如图4-15所示。

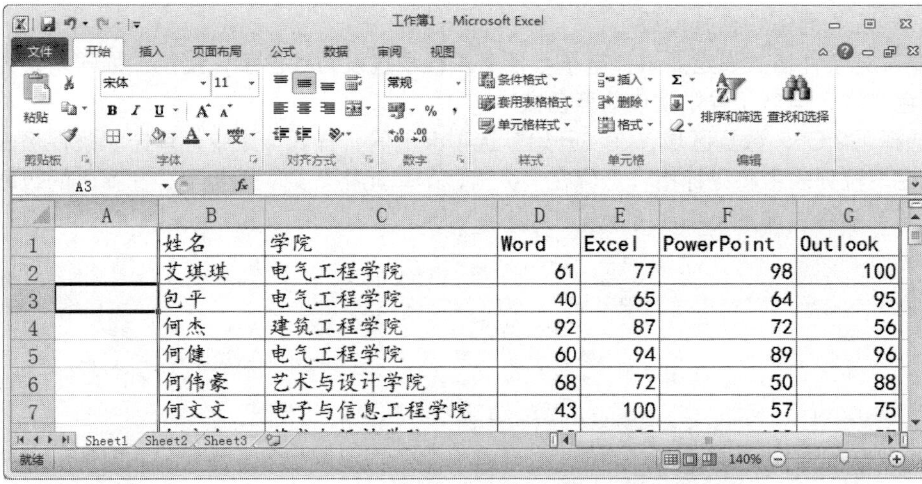

图4-13　插入列完成效果

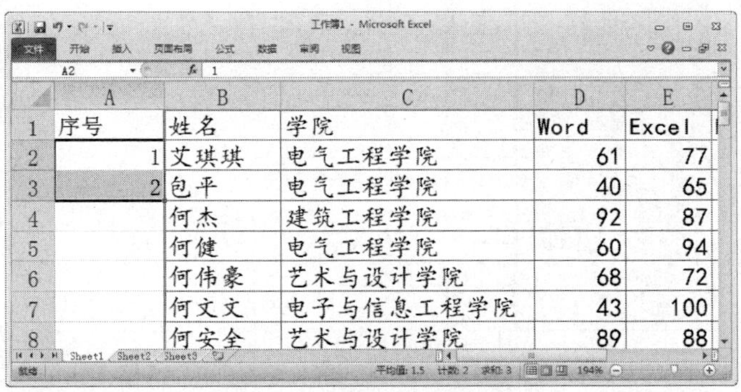

图4-14　选择A2：A3单元格

图4-15　利用填充柄完成“序号”列数据填充

重新将外框线设置成蓝色双实线，内部线设置成蓝色单实线。

（7）“学院”列条件格式设置

“学院”列条件格式设定要求：电子与信息工程学院设为红色字，建筑工程学院设为浅红填充色深红色文本，电气工程学院设为蓝色文本。

① 选择 C2:C65 数据区域，在“开始”选项卡上的“样式”组中，单击“条件格式”的下拉按钮，在下拉列表中将鼠标指针悬停在“突出显示单元格规则”图标上，在弹出的级联菜单中选择“等于”命令，如图 4-16 所示。

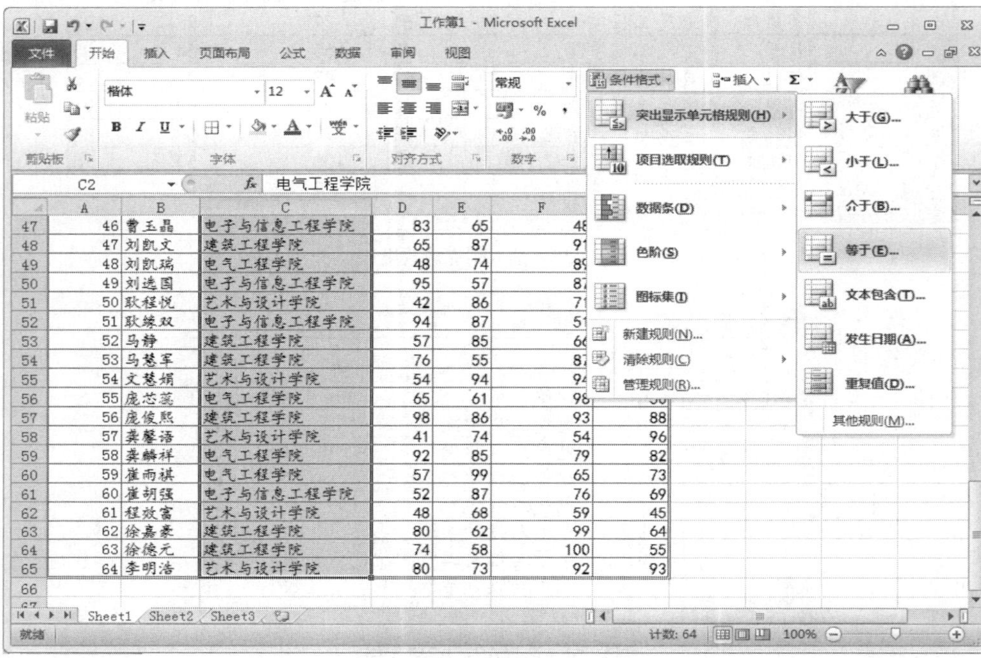

图4-16 “条件格式”菜单

② 在“等于”对话框中，第一项中填入“电子与信息工程学院”，“设置为”框内选择“红色文本”，如图 4-17 所示，单击“确定”按钮。

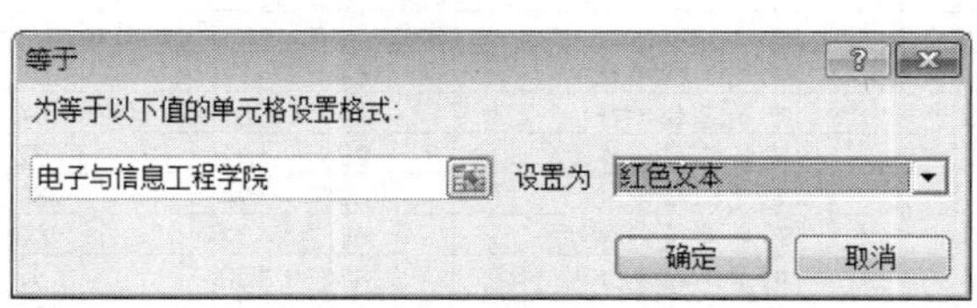

图4-17 电子与信息工程学院条件格式设置

③ 重新做第①步，在“等于”对话框中，第一项中填入“建筑工程学院”，“设置为”框内选择“浅红填充色深红色文本”，如图 4-18 所示，单击“确定”按钮。

图4-18 建筑工程学院条件格式设置

④ 重新做第①步，在“等于”对话框中，第一项中填入“电气工程学院”，“设置为”框内选择“自定义格式”，如图 4-19 所示。出现“设置单元格格式”对话框，如图 4-20 所示。将字体颜色设置为蓝色，单击“确定”按钮。出现“等于”对话框，如图 4-21 所示，单击“确定”按钮。

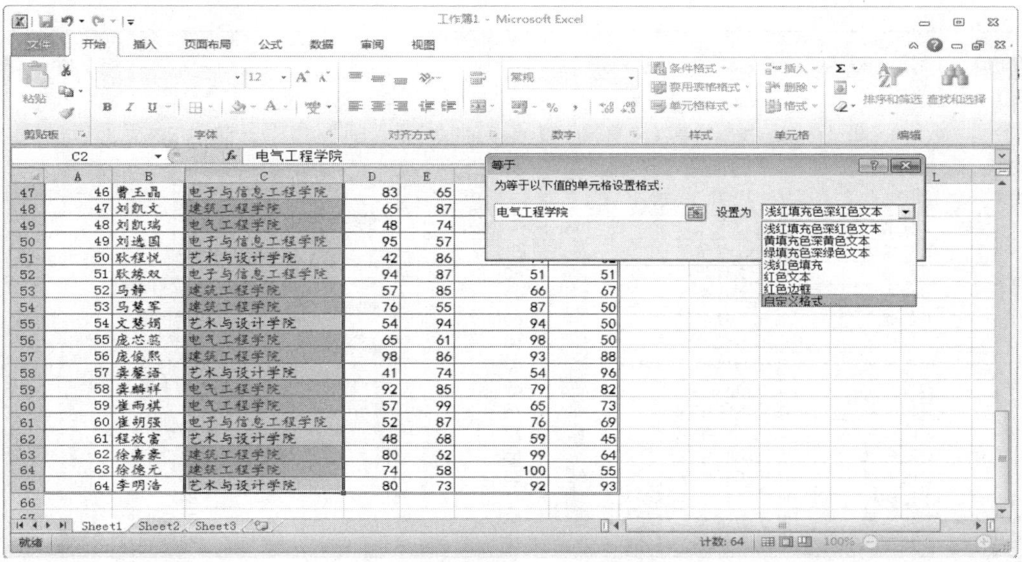

图4-19 自定义条件格式设置

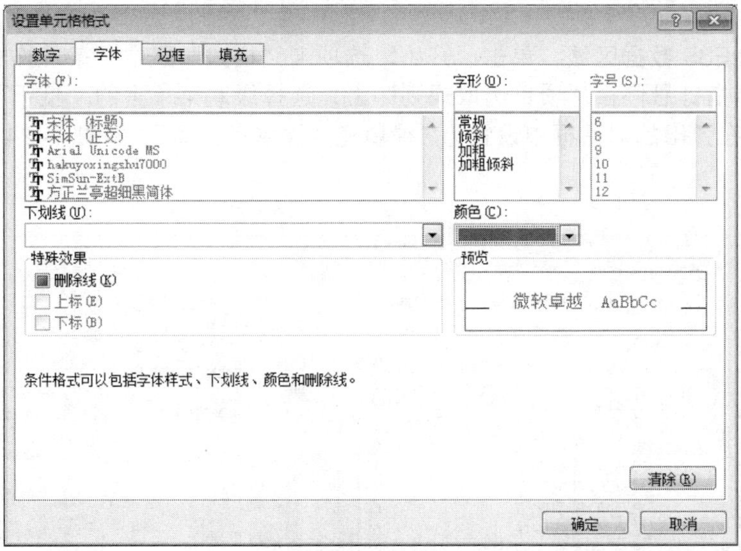

图4-20 “单元格格式”对话框

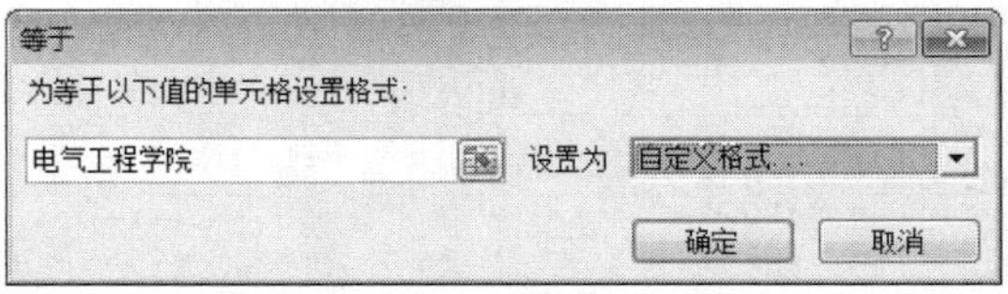

图4-21 电气工程学院条件格式设置

（8）对“Word”“Excel”“PowerPoint”和“Outlook”等列数据进行“条件格式”设置

① 选择 D2:D65 数据区域，单击“开始”选项卡上“样式”组中“条件格式”按钮，在下拉列表中将鼠标指针悬停在“数据条”上，选择级联菜单下“渐变填充”中的“蓝色数据条”项，效果如图 4-22 所示。

图4-22 “Word”列条件格式设置

② 选择 E2:E65 数据区域，单击“开始”选项卡“样式”组中“条件格式”按钮，在下拉列表中将鼠标指针悬停在“项目选取规则”上，选择级联菜单下的“低于平均值”项，如图 4-23 所示，在弹出的对话框中设置为“绿填充色深绿色文本”，如图 4-24 所示，单击“确定”按钮。

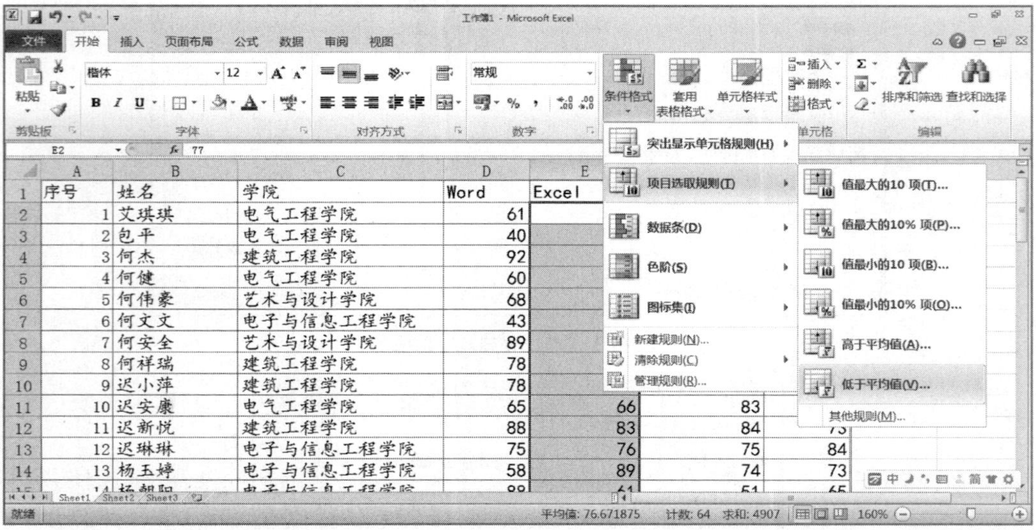

图4-23 “Excel”列条件格式设置

③ 选择 F2:F65 数据区域，单击“开始”选项卡“样式”组中“条件格式”按钮，在下拉列表中将鼠标指针悬停在“项目选取规则”上，选择级联菜单下的“高于平均值”项，在弹出的对话框中设置为“浅红填充色深红色文本”，如图 4–25 所示，单击“确定”按钮。

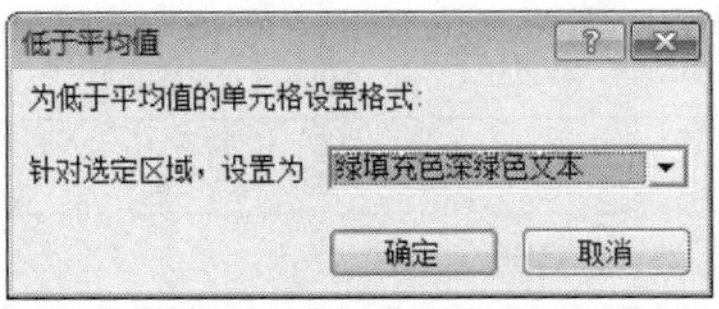

图4–24　“Excel”列条件格式设置

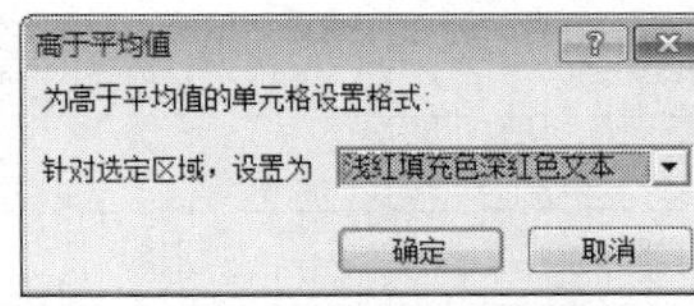

图4–25　“PowerPoint”列条件格式设置

④ 选择 G2:G65 数据区域，单击“开始”选项卡“样式”组中“条件格式”按钮，在下拉列表中将鼠标指针悬停在“项目选取规则”上，选择级联菜单下的“值最大的 10 项”项，在弹出的对话框中，第一项值设为 3，“设置为”框内选择“红色文本”，如图 4–26 所示，单击“确定”按钮。

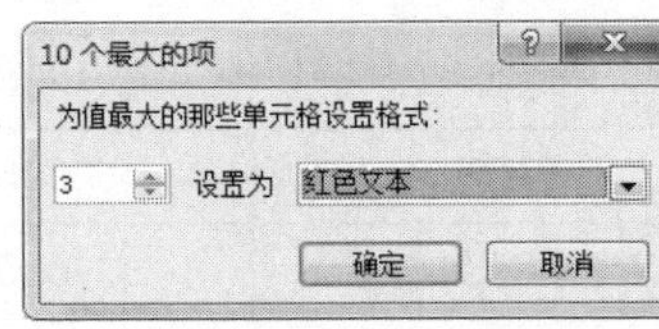

图4–26　“Outlook”列条件格式设置

3. 保存文件

单击“文件”选项卡，在导航栏中选择“保存”或“另存为”命令，打开“另存为”对话框，如图 4–27 所示，将文件名改为“学生期末成绩单”，单击“确定”按钮，将文件保存在桌面上。

图4–27　“另存为”对话框

四、拓展训练

拓展训练一

1. 创建下表所示的“销售情况统计表”。

虚构药品店季度销售情况统计表				
	一月	二月	三月	季度销售
清目养神丸	1588.5	1965.5	1320	
消炎王	678	890	800	
五黄片	660	688	680	
清肺片	1280	1380	1300	
护肝液	3800	3900	3800	
健胃灵	1050	2100	850	
速去感	2200	1800	2300	
保喉片	230	212	182	
善存丸	20050	23000	28050	
巨王钙	10500	20100	18500	
施尔壮	10500	10100	10850	
瘦身霜	22000	10800	83000	
养颜胶	2030	2120	1802	

2. 对表中数据计算季度销售额，对 4 列数值进行 4 种不同的条件格式的设定，不允许相同。

3. 保存文件，文件名为“销售统计表”。

拓展训练二

1. 创建图 4-28 的“销售记录表”。

项目名称	类别	单价	第一季度	第二季度	第三季度	第四季度	总价
电视机	家电	¥5,300.00	30	42	34	38	
果汁	食品	¥3.20	14378	16547	18325	15677	
冰箱	家电	¥4,500.00	35	36	45	33	
衬衫	服装	¥280.00	321	343	523	479	
方便面	食品	¥2.80	12091	11088	13123	12147	
洗衣机	家电	¥3,000.00	20	23	21	31	
裙子	服装	¥550.00	214	257	351	289	
豆油	食品	¥68.00	1547	1531	1629	1528	
裤子	服装	¥390.00	358	431	387	412	
热水器	家电	¥2,200.00	25	35	22	37	
DVD机	家电	¥890.00	10	12	8	14	

图4-28　销售记录

2. 第一行合并居中提示：选中 A1¯H1，单击工具栏“合并与居中”按钮。

3. 求每种商品的总价。

4. 按“类别”分类汇总，汇总方式为“求和”。

实训二　学生成绩统计与分析——公式与函数

一、实训目的和要求

熟练掌握 Excel 公式与常用函数的使用方法。

二、实训内容

1. 在“实训一”创建的表格“学生期末成绩单”中增加“平均成绩”“综合评定成绩”(Word 和 Excel 各占综合成绩 30%，PowerPoint 和 Outlook 各占综合成绩 20%) 列、增加“综合成绩排名”；增加“平均综合分数”“最高综合分数”“最低综合分数”“学生人数”“综合成绩高于 80 分的人数”“建筑工程学院的平均成绩”“电气工程学院的综合分数总和”行。

2. 使用公式和函数完成所有计算。

三、实训步骤

① 打开“学生期末成绩单”。

② 在 H1、I1、J1 单元格中输入“平均成绩”“综合评定成绩”“综合成绩排名”，在 A66：A72 单元格中分别输入“平均综合分数”“最高综合分数”“最低综合分数”“学生人数”“综合成绩高于 80 分的人数”“建筑工程学院的平均成绩”“电气工程学院的综合分数总和”。选择 A66：C66，单击“开始”选项卡上“对齐方式”组中的“合并后居中”按钮，依次将“最高综合分数”“最低综合分数”“学生人数”“综合成绩高于 80 分的人数”“建筑工程学院的平均成绩”“电气工程学院的综合分数总和”完成合并居中，用同样方式将 D66：J72 区域按行进行合并居中，并将 A1：J72 区域画蓝色双实线边框线，如图 4-29 所示。

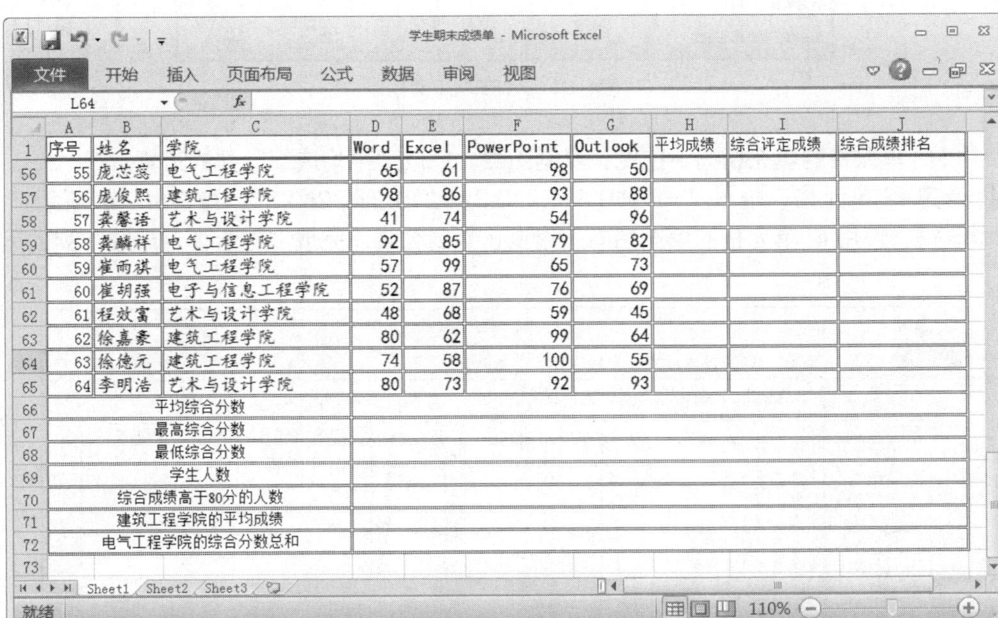

	A	B	C	D	E	F	G	H	I	J
1	序号	姓名	学院	Word	Excel	PowerPoint	Outlook	平均成绩	综合评定成绩	综合成绩排名
56	55	庞芯蕊	电气工程学院	65	61	98	50			
57	56	庞俊熙	建筑工程学院	98	86	93	88			
58	57	龚馨语	艺术与设计学院	41	74	54	96			
59	58	龚麟祥	电气工程学院	92	85	79	82			
60	59	崔雨琪	电气工程学院	57	99	65	73			
61	60	崔胡强	电子与信息工程学院	52	87	76	69			
62	61	程效富	艺术与设计学院	48	68	59	45			
63	62	徐嘉豪	建筑工程学院	80	62	99	64			
64	63	徐德元	建筑工程学院	74	58	100	55			
65	64	李明浩	艺术与设计学院	80	73	92	93			
66	平均综合分数									
67	最高综合分数									
68	最低综合分数									
69	学生人数									
70	综合成绩高于80分的人数									
71	建筑工程学院的平均成绩									
72	电气工程学院的综合分数总和									

图4-29　函数计算案例

③ 选中 H2 单元格，单击“编辑栏”中的“fx”按钮，打开“插入函数”对话框，如图 4-30 所示，选择“AVERAGE”函数，单击“确定”按钮。打开如图 4-31 所示对话框，单击“Number1”，使用鼠标拖曳选择单元格区域 D2：G2，单击“确定”按钮。

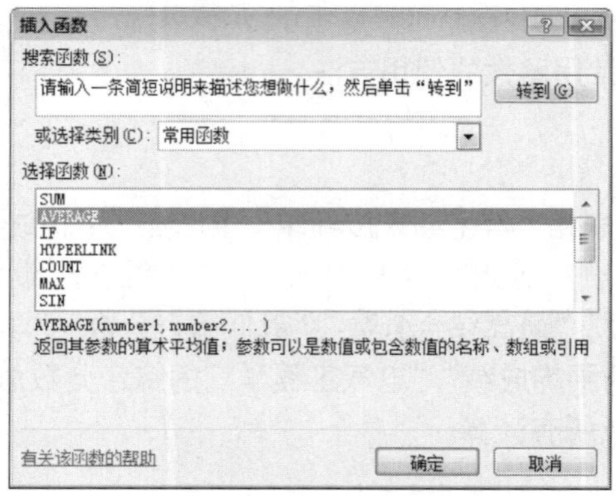

图4-30 “插入函数”对话框

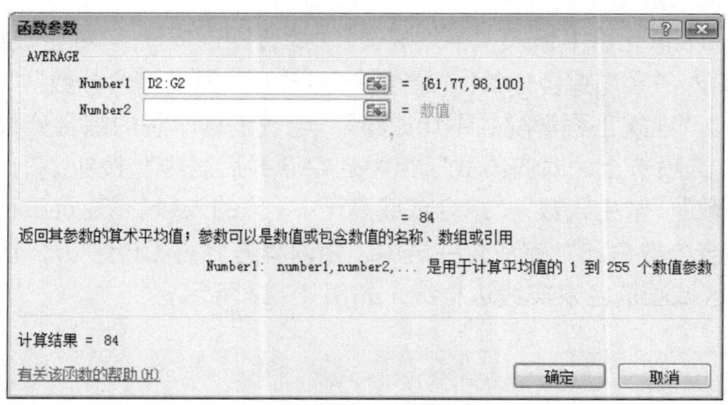

图4-31 AVERAGE函数

使用 H2 单元格的填充柄向下拖曳，复制函数，完成“平均成绩”列的运算。

④ 选定 I2 单元格，输入“=D2*0.3+E2*0.3+F2*0.2+G2*0.2”，如图 4-32 所示；单击 <Enter> 键。使用 I2 单元格的填充柄向下拖曳，复制公式，完成“综合评定成绩”列的运算。

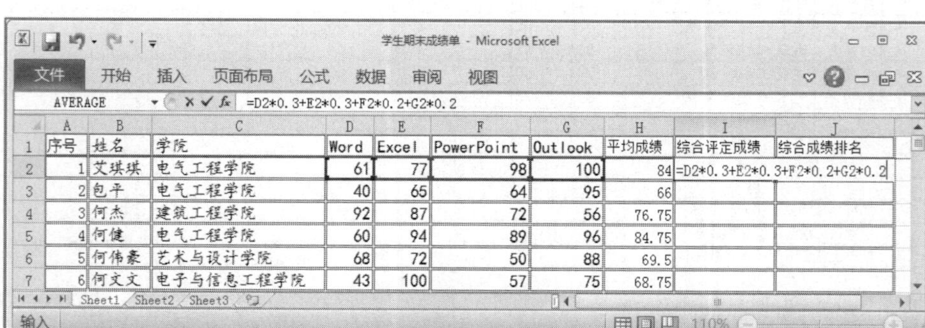

图4-32 综合评定成绩计算

⑤ 选中 J2 单元格，单击“编辑栏”中的“fx”按钮，在“插入函数”对话框中选择“全部”函数中的“RANK”函数（由于 RANK 一般默认不在常用函数中，使用过后才可能出现在常用函数中，因此要在“插入函数”对话框的“或选择类别”下拉列表中选择“全部”项，然后在“选择函数”中找到 RANK 函数），如图 4-33 所示。

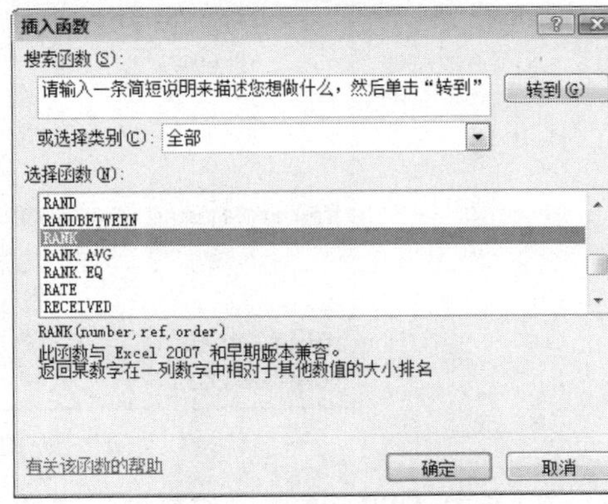

图4-33　选择RANK函数

在“Ref”编辑栏使用鼠标拖曳选择单元格区域“I2：I65”，由于在复制函数时必须保持原始数据区域 I2：I65 不变，因此使用“绝对引用”￥I￥2：￥I￥65。方法为在“Ref”输入框中选中“I2：I65”内容，按<F4>键，所选内容就会变为“绝对引用”，如图 4-34 所示，单击“确定”按钮。使用 J2 单元格的填充柄向下拖曳，复制函数，完成“综合成绩排名”列的运算。

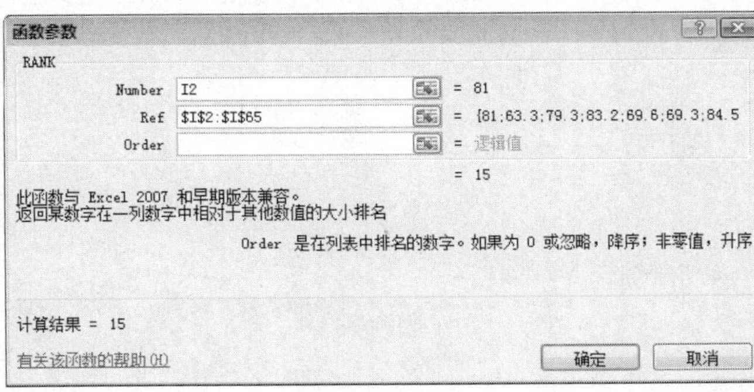

图4-34　RANK函数

⑥ 选中 D66 单元格，单击“编辑栏”中的“fx”按钮，在“插入函数”对话框中选择“AVERAGE”函数，单击“确定”按钮，打开如图 4-35 所示对话框，单击“Number1”，使用鼠标拖曳选择单元格区域 I2：I65，单击“确定”按钮。

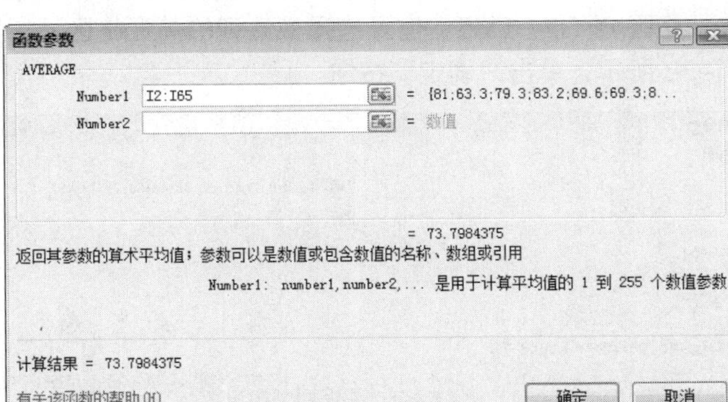

图4-35　AVERAGE函数

⑦ 选中 D67 单元格，单击“编辑栏”中的“fx”按钮，在“插入函数”对话框中选择“统计”函数组中的“MAX”函数，单击“确定”按钮后弹出“函数参数”对话框，单击“Number1”，使用鼠标拖曳选择单元格区域 I2：I65，如图 4-36 所示，单击“确定”按钮。

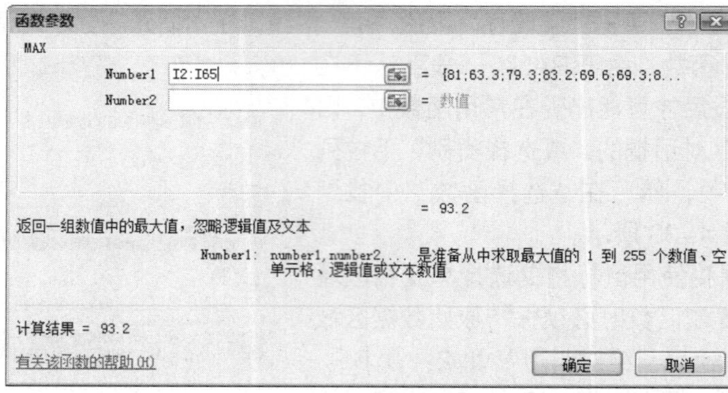

图4-36 MAX函数

⑧ 选中 D68，单击“编辑栏”中的“fx”按钮，在“插入函数”对话框中选择“统计”函数组中的“MIN”函数，单击“确定”按钮后弹出“函数参数”对话框，单击“Number1”，使用鼠标拖曳选择单元格区域 I2：I65，如图 4-37 所示，单击“确定”按钮。

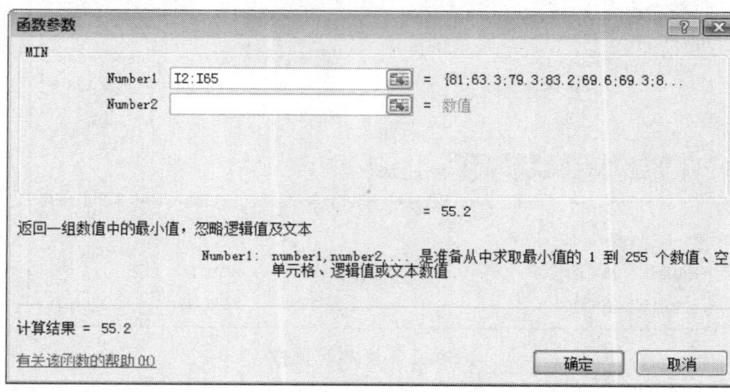

图4-37 MIN函数

⑨ 选中 D69 单元格，单击“编辑栏”中的“fx”按钮，在“插入函数”对话框中选择“统计”函数组中的“COUNT”函数，单击“确定”按钮后弹出“函数参数”对话框，单击“Number1”，使用鼠标拖曳选择单元格区域 D2：D65（也可选择其他列的单元格区域，如 A2：A65、B2：B65、……），如图 4-38 所示，单击“确定”按钮。

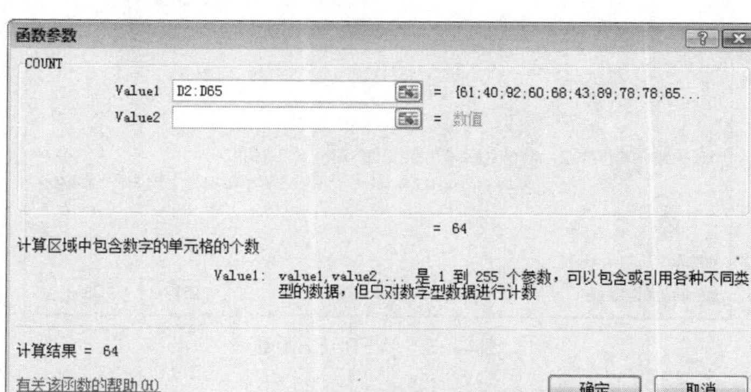

图4-38 COUNT函数

⑩ 选中 D70 单元格，单击“编辑栏”中的“fx”按钮，在“插入函数”对话框中选择“统

计”函数组中的“COUNTIF”函数，单击“确定”按钮后弹出“函数参数”对话框，单击“Range”，使用鼠标拖曳选择单元格区域 I2：I65，单击“Criteria”，输入“>=80”，这是进行统计的条件，即只统计“综合评定成绩”大于或等于 80 的单元格个数，如图 4-39 所示，单击“确定”按钮。

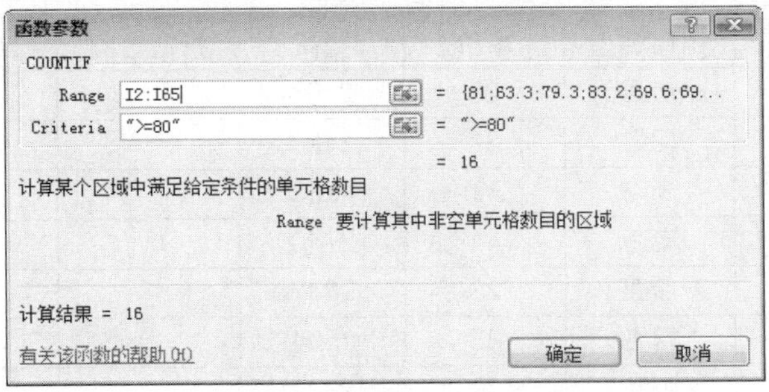

图4-39　COUNTIF函数

⑪ 选中 D71 单元格，单击“编辑栏”中的“fx”按钮，在“插入函数”对话框中选择“全部”函数中的“AVERAGEIF”函数，单击“确定”按钮，打开如图 4-40 所示对话框，单击“Range”，选择单元格区域“C2:C65”(即“学院”列)，单击“Criteria”，输入“建筑工程学院”(求平均的条件)，单击“Average-range”，选择单元格区域“I2:I65”(进行求平均的区域)，单击“确定”按钮。

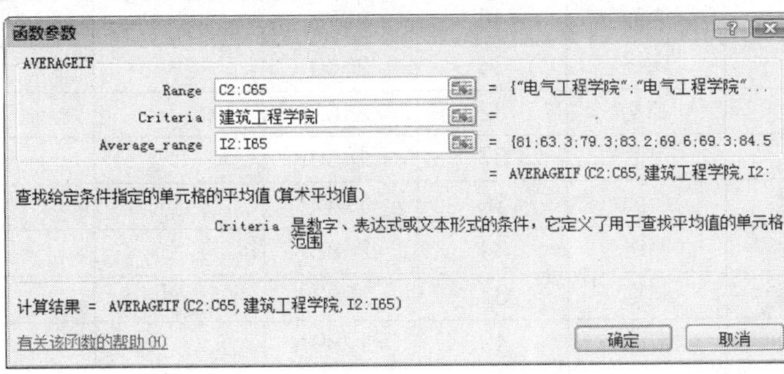

图4-40　AVERAGEIF函数

⑫ 选中 D72 单元格，单击“编辑栏”中的“fx”按钮，在“插入函数”对话框中选择“全部”函数中的“SUMIF”函数，单击“确定”按钮，打开如图 4-41 所示对话框，单击“Range”，选择单元格区域“C2:C65”(即“学院”列)，单击“Criteria”，输入“电气工程学院”(求和条件)，单击“Sum-range”，选择单元格区域“I2:I65”(进行求和区域)，单击“确定”按钮。

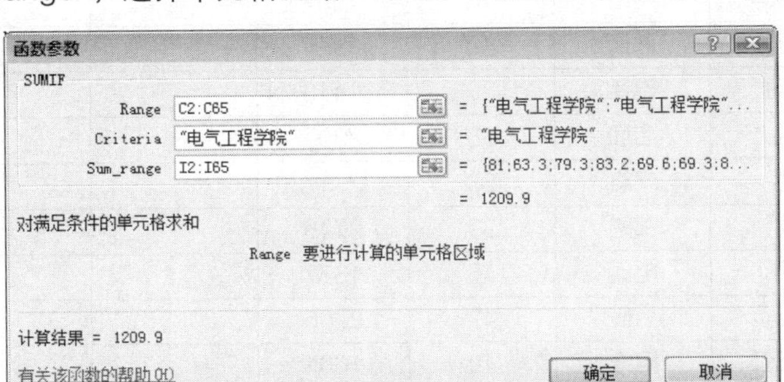

图4-41　SUMIF函数

⑬ 将文件以“学生期末成绩(函数与公式)”为文件名另存于桌面。

四、拓展训练

						折扣	5%
订单编号	业务人员	销售类型	单价	数量	折前金额	实际金额	备注
C01	陈思远	店面	28	2197			
C02	陈思远	网络	32	1497			
C03	陈思远	邮购	41	1288			
C04	陈思远	电话	44	2740			
C05	张小婷	店面	28	2847			
C06	张小婷	网络	33	1504			
C07	张小婷	邮购	30	2322			
C08	张小婷	电话	29	2829			
C09	林伟建	店面	31	2821			
C10	林伟建	网络	45	2830			
C11	林伟建	邮购	50	2379			
C12	林伟建	电话	31	2776			
C13	杨男	店面	40	2926			
C14	杨男	网络	34	2600			
C15	杨男	邮购	32	2462			
C16	杨男	电话	37	1850			
C17	陈思远	店面	36	1747			
C18	陈思远	网络	34	2688			
C19	陈思远	邮购	34	2203			
C20	陈思远	电话	49	1289			
C21	张小婷	店面	25	2571			
C22	张小婷	网络	26	2069			
C23	张小婷	邮购	48	2011			
C24	张小婷	电话	30	1818			
C25	林伟建	店面	40	2379			
C26	林伟建	网络	48	1557			
C27	林伟建	邮购	49	1944			
C28	林伟建	电话	30	1418			
C29	杨男	店面	38	2907			
C30	杨男	网络	33	2317			
C31	杨男	邮购	39	2746			
C32	杨男	电话	46	1377			
C33	陈思远	店面	42	2706			
C34	陈思远	网络	49	1601			
C35	陈思远	邮购	49	1449			
C36	陈思远	电话	42	2680			
C37	张小婷	店面	43	1850			

续表

						折扣	5%
订单编号	业务人员	销售类型	单价	数量	折前金额	实际金额	备注
C38	张小婷	网络	25	2532			
C39	张小婷	邮购	33	1562			
C40	张小婷	电话	28	2062			

上表为销售资料，首先根据销售资料创建工作簿，在 Sheet1 中输入上表数据，将 Sheet1 表名更改为“销售资料”。

经销商	实际销售额汇总	排名
陈思远		
张小婷		
林伟建		
杨　男		

在 Sheet2 中输入上表数据，将 Sheet2 表名更改为“按业务人员统计”。

销售类型	业务人员	实际金额汇总
网络	陈思远	
	张小婷	
	林伟建	
	杨　男	
销售类型为网络的订单数目		
输入订单编号	业务人员	销售类型
C30		

在 Sheet3 中输入上表数据，将 Sheet3 表名更改为“按销售类型统计”。

在“销售资料”工作表完成下列工作。

1. 计算 F3:F82 单元格数值，其中折前金额=单价*数量。
2. 计算 G3:G82 单元格数值，使得“实际金额=折前金额*（1–折扣）”。（注意：折扣使用 H1 单元格的 5%）。
3. H 列“备注”下方单元格，使用 IF 函数判断“实际金额”大于 80 000 元时，在“备注”列单元格显示“畅销”字样，否则不显示字符。
4. 在 F83 单元格显示所有订单平均销售数量。
5. 在 G83 单元格显示所有订单总计实际销售数额。

在“按业务人员统计”工作表完成下列工作。

1. B2:B5 单元格使用 SUMIF 函数计算每位业务人员实际销售额汇总。
2. 使用 RANK 函数，利用“实际销售额汇总”列进行各业务人员排名。

在“按销售类型统计”工作表完成下列工作。

1. C2:C5 单元格使用 SUMIF 函数计算销售类型为“网络”的业务人员的实际销售额总计(显示小数位数为 1 位)。

2. 在 C7 单元格使用 COUNTIF 函数计算销售类型为“网络”的订单数量。

3. 运用定义名称，使用 VLOOKUP 函数，在 B10 及 C10 单元格查询 A10 单元格内容所对应的业务人员和销售类型。

实训三　学生成绩统计与分析——图表制作

一、实训目的和要求

1. 熟练掌握图表的设计制作。
2. 掌握通过图表对数据进行直观分析。

二、实训内容

1. 在实训一创建的表格中选择“姓名”“Word”“Excel”“PowerPoint”和“Outlook”列，制作“柱形”图表（只选 10 名学生数据）。
2. 移动图表至新工作表。
3. 在图表中添加模拟运算表。
4. 编辑图表。
5. 切换行列。
6. 更改图表类型。
7. 通过图表的结果对学生成绩进行直观的分析。

三、实训步骤

① 打开“学生期末成绩单”。

② 选择单元格区域“B1:B11，D1:G11”，如图 4-42 所示。本例中选择的是不连续的数据区域，要借助<Ctrl>键。

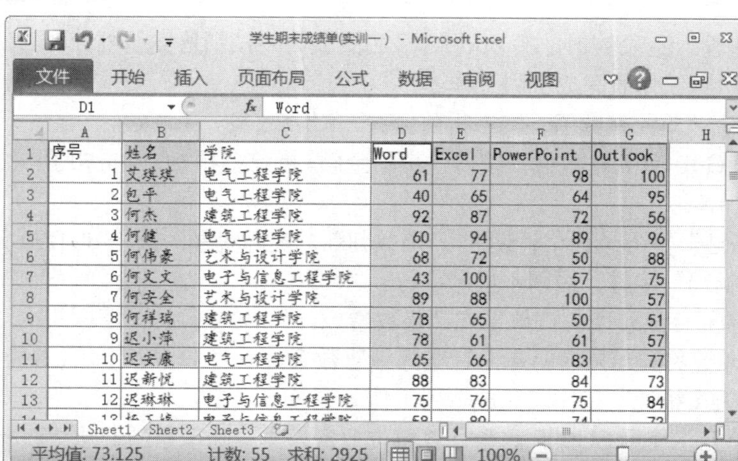

图4-42　图表设置步骤一（选择数据区域）

③ 单击“插入”选项卡上“图表”组中“柱形图”按钮，在下拉列表中选择二维柱形图中的“簇状柱形图”，如图 4-43 所示。

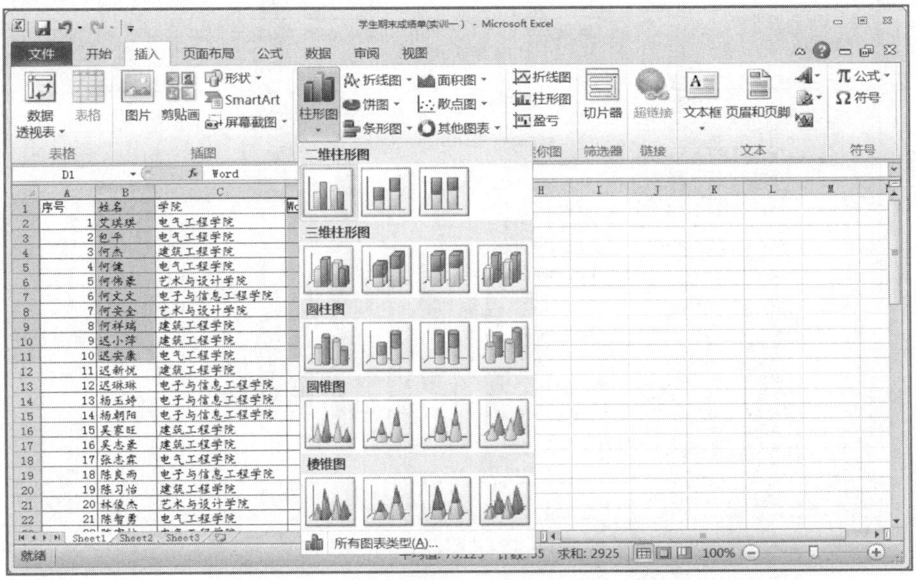

图4-43　图表设置步骤二（选择图表类型）

显示出建立的图表，效果如图 4-44 所示。簇状柱形图出现的同时，在窗口顶部出现“图表工具”。

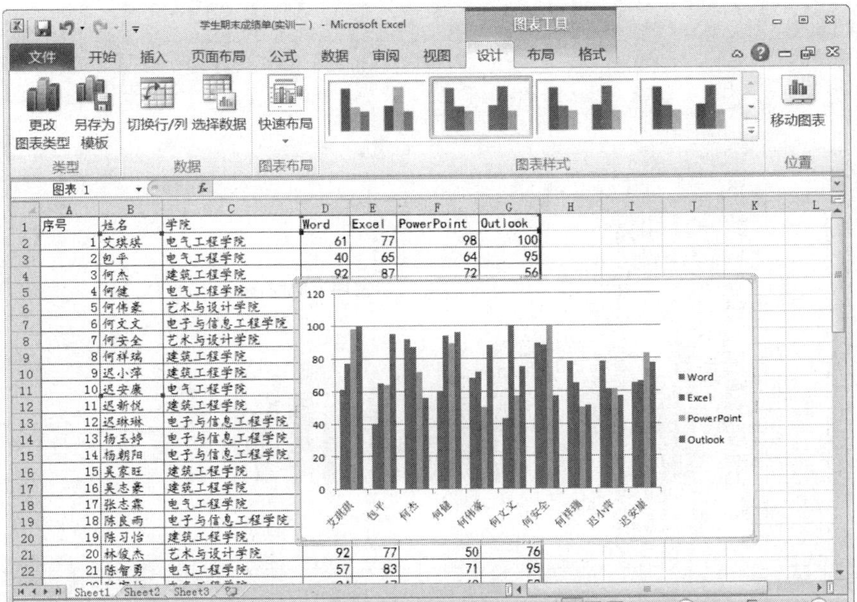

图4-44　图表初始效果

④ 在“图表工具”中选择“布局”选项卡，在“布局”选项卡的“标签”组中单击“图表标题”按钮，在下拉列表中选择“图表上方”命令，如图 4-45 所示。

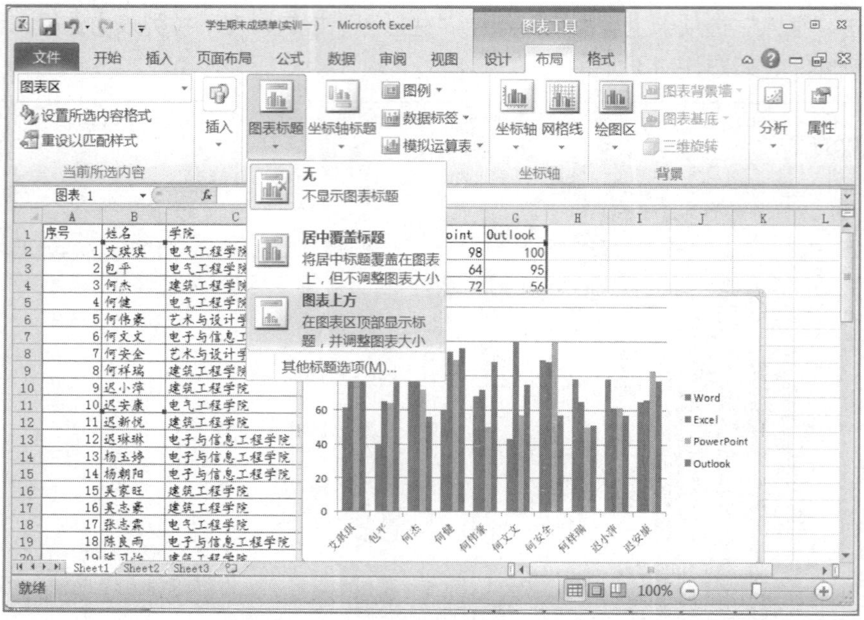

图4-45 “图表工具”图

图表的上方出现“图表标题”框。将“图表标题”定为“学生期末成绩图”，如图 4-46 所示。

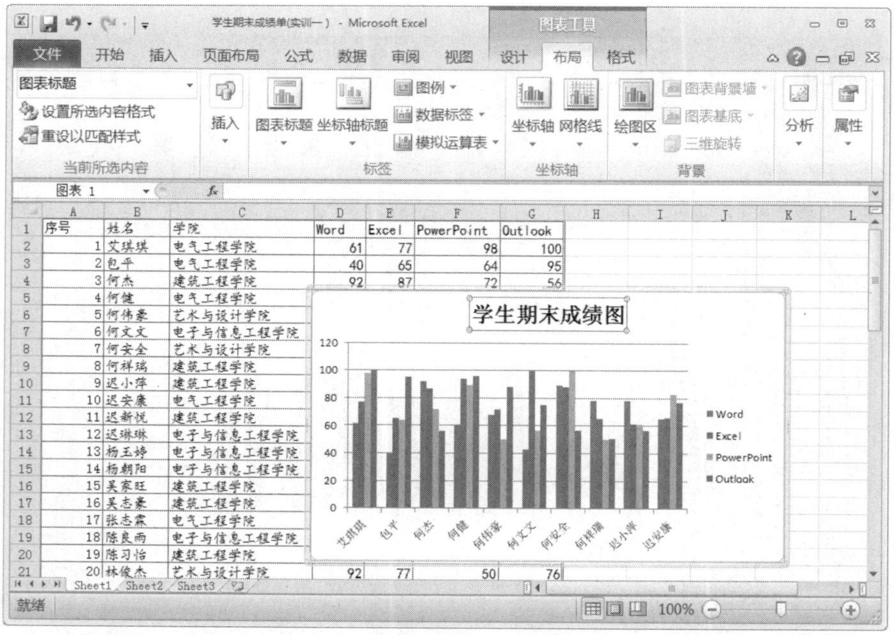

图4-46 图表设置步骤三（图表标题）

⑤ 单击“布局”选项卡的“标签”组中的“坐标轴标题”按钮，设置主要横坐标标题位置在坐标轴下方，如图 4-47 所示。

设置横坐标标题名为“学生姓名”，如图 4-48 所示。

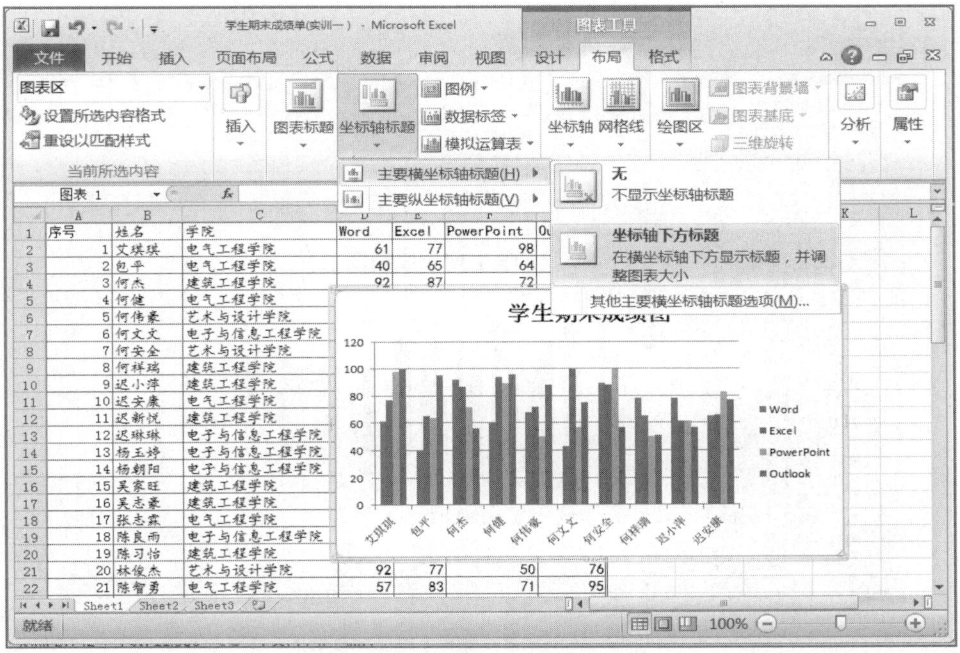

图4-47　选择“横坐标”位置

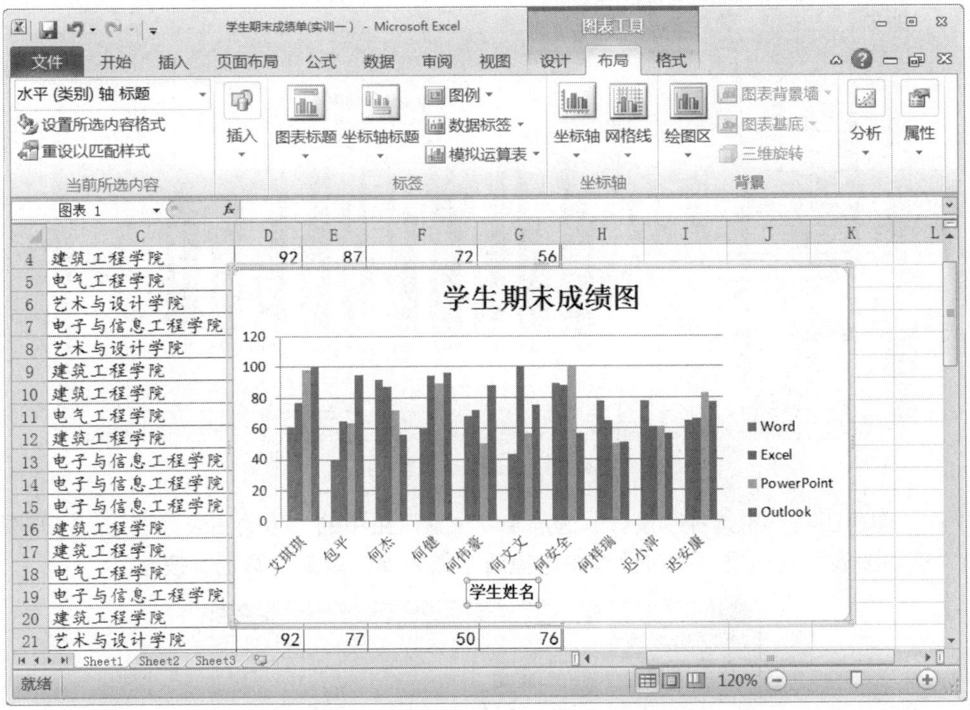

图4-48　图表设置步骤四（横坐标标题）

⑥ 用同样方式设置纵坐标标题为“分数”，结果如图 4-49 所示。

⑦ 单击图表，用鼠标拖曳图表右下角边框改变图表大小，使姓名文字不再倾斜，效果如图 4-50 所示。

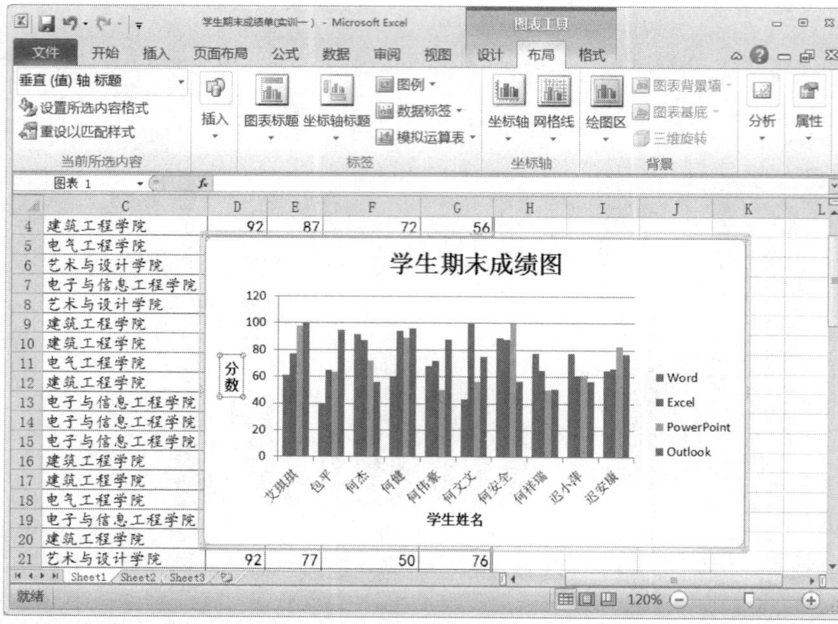

图4-49　图表设置步骤五（纵坐标标题）

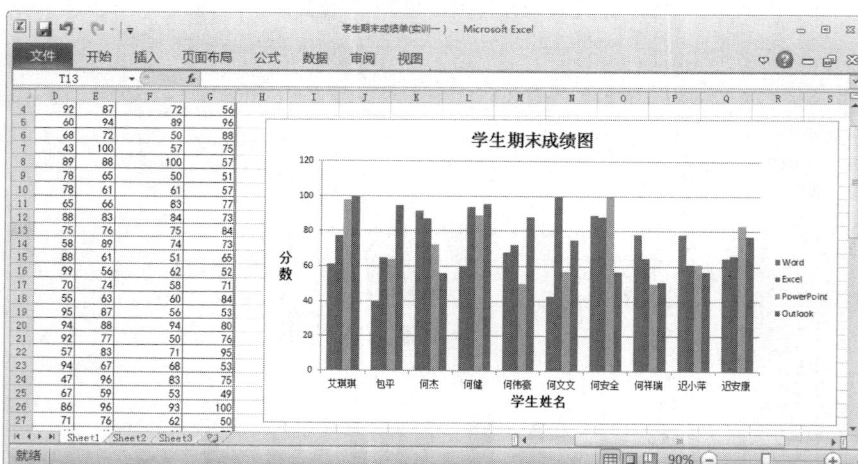

图4-50　图表大小调整效果

⑧ 在“图表工具”中选择“设计”选项卡“位置”组中的“移动图表”按钮，打开图 4-51 所示的“移动图表”对话框，在对话框中选择新工作表项，单击“确定”按钮。

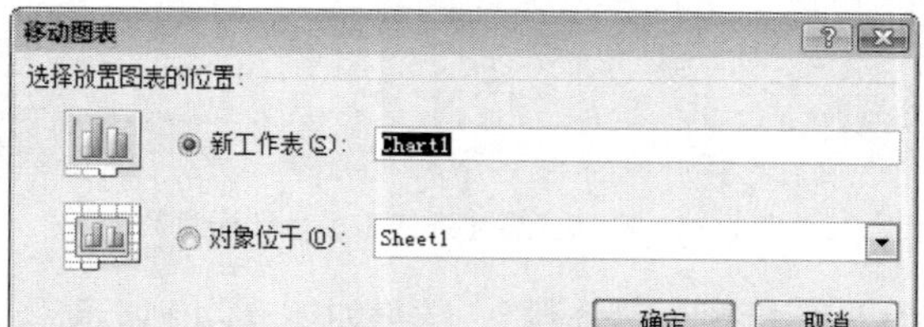

图4-51　“移动图表”对话框

在 Sheet1 工作表前出现 Chart1 标签，图表如图 4-52 所示。

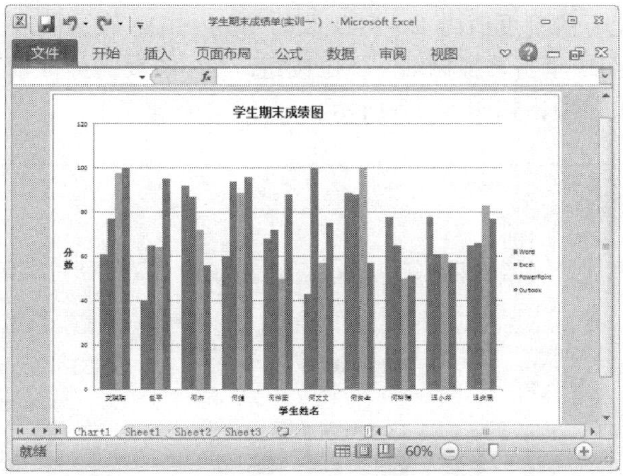

图4-52　Chart1图表

⑨ 在“图表工具”中选择“布局”选项卡，在“标签”组中单击“模拟运算表”下拉按钮，在级联菜单中选择“显示模拟运算表”项，如图 4-53 所示。

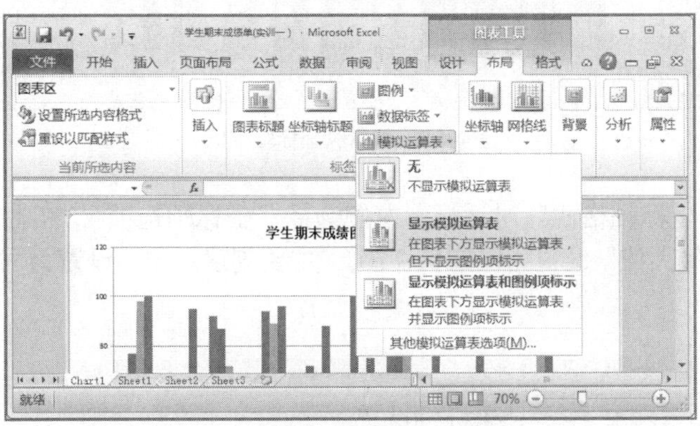

图4-53　选择“显示模拟运算表”

此时在图表姓名下方出现模拟运算表，效果如图 4-54 所示。

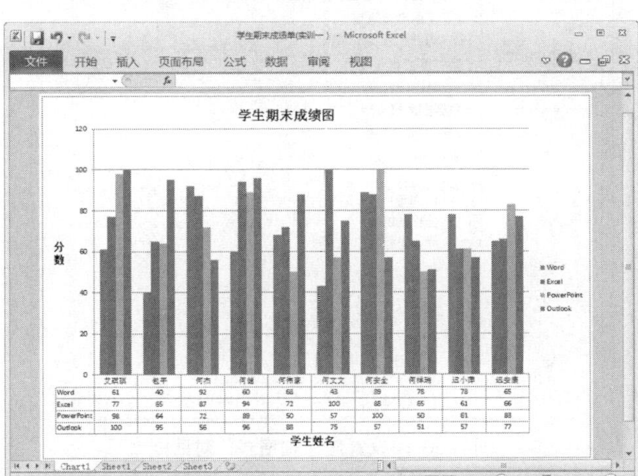

图4-54　显示模拟运算表后图表效果

⑩ 本步骤是将纵坐标的刻度值由 0～120 改为 30～110。在“图表工具”中选择“布局”选项卡，在“坐标轴”组中单击“坐标轴”下拉按钮，在“主要纵坐标轴”项的级联菜单中选择“其他主要纵坐标轴选项”项，如图 4-55 所示。

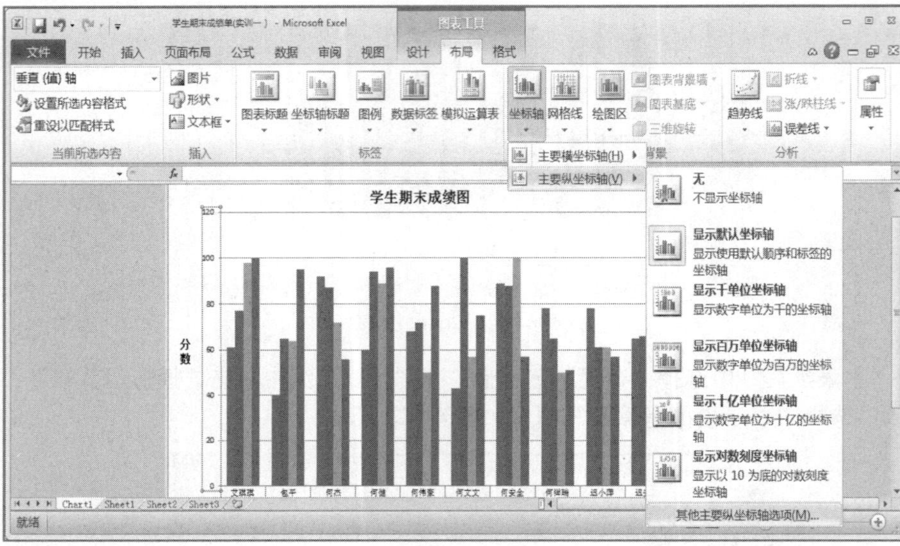

图4-55　编辑纵坐标轴菜单

此时出现“设置坐标轴格式”对话框，左侧选择“坐标轴选项”，在右窗口中将“最小值”设置为固定值 30，“最大值”设置为固定值 110，“主要刻度单位”设置为固定值 20，如图 4-56 所示。

图4-56　“设置坐标轴格式”对话框

单击“关闭”按钮，效果如图 4-57 所示。

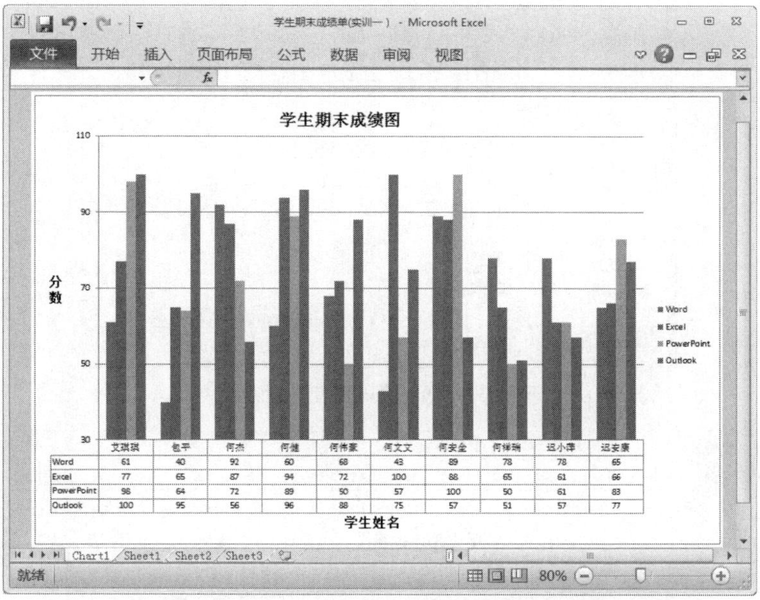

图4-57　坐标轴刻度调整后效果

⑪ 在“图表工具”中选择“设计”选项卡，在“数据”组中单击“切换行/列”按钮，效果如图 4-58 所示。

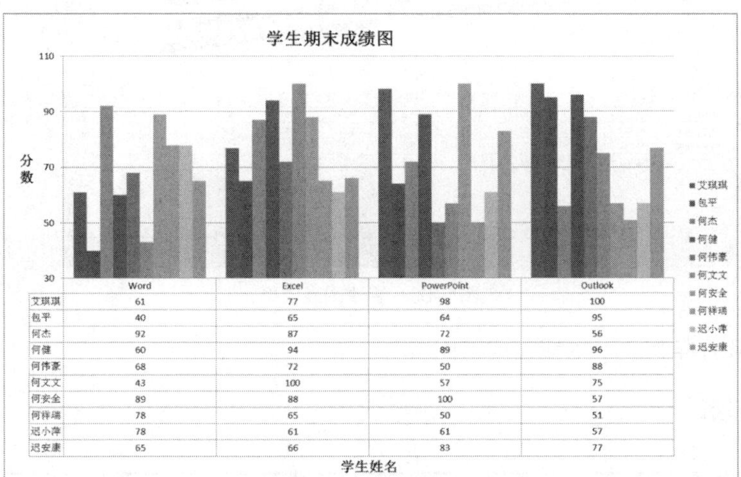

图4-58　图表结果

⑫ 在“图表工具”中选择“设计”选项卡，在“数据”组中单击“切换行/列”按钮，将图恢复原样。

⑬ 在“图表工具”中选择“设计”选项卡“类型”组中的“更改图表类型”按钮，打开如图 4-59 所示的“更改图表类型”对话框，在对话框的左侧选择图表大类，右侧可选图表子类。在左侧选“条形图”，右侧选“堆积水平圆柱图“，单击“确定”按钮。

此时图表效果如图 4-60 所示。

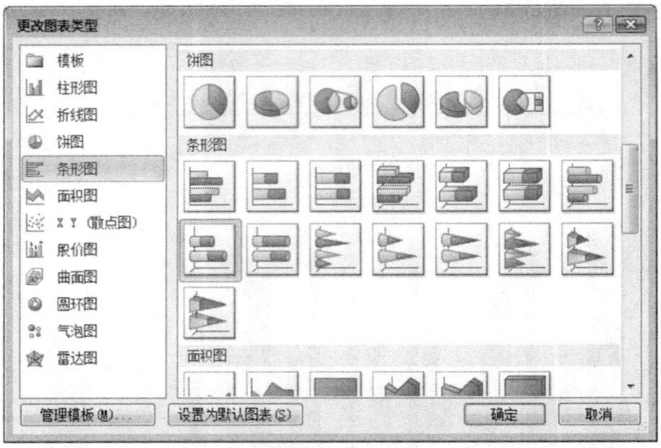

图4-59 “更改图表类型”对话框

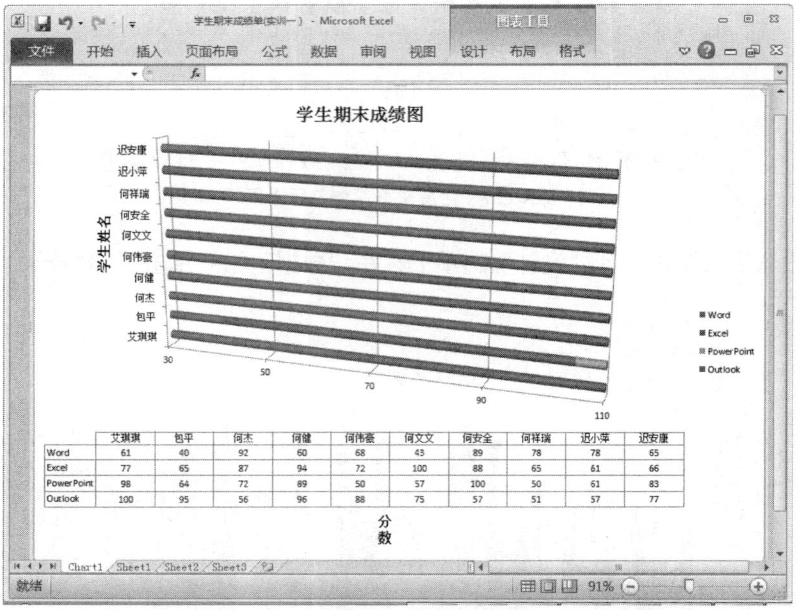

图4-60 更改图表效果

⑭ 将工作簿另存为“学生期末成绩图表”。

四、拓展训练

近五年销售额（万元）							
年份	东北	华北	西北	华中	华东	华南	西南
2013 年	284	272	292	213	238	171	107
2014 年	160	120	226	147	214	124	287
2015 年	193	105	261	204	251	107	269
2016 年	152	134	282	263	181	226	203
2017 年	214	223	177	118	149	181	136

制作图表对上表中的数据进行分析。

要求：

1. 创建销售额工作簿。

2. 对东北、华北、华东、华南、西南五个地区后四年的数据制作堆积圆柱图。在图表中加入模拟运算表，同时要在圆柱上显示数值。

3. 对西北地区近五年的数据制作三维饼图，将 2015 年数据从饼图中分离。在饼图中标示出各年度在五年的总计销售额中所占的百分比。

4. 对华中地区近五年的数据制作迷你折线图。

实训四　学生成绩统计与分析——数据管理

一、实训目的和要求

掌握电子表格数据的管理方法，如排序、筛选、分类汇总和数据透视表等。

二、实训内容

1. 对“学生期末成绩单”中的数据进行筛选，首先筛选出电子与信息工程学院和电气工程学院的学生，再进一步筛选出综合评定成绩超过 80 分的学生。

2. 对“学生期末成绩单”中的数据进行多重排序。

3. 制作数据汇总表（以学院为分类条件）。

4. 制作数据透视表（按学院查男女生的平均综合评定成绩）。

三、实训步骤

1. 打开“学生期末成绩单”

在 H1、I1 单元格中输入“平均成绩”和“综合评定成绩”，“平均成绩”为四项平均分，“综合评定成绩中“Word”“Excel”和“PowerPoint”各占 30%，“Outlook”占 10%（占比与实训二不同，要注意）。快速完成这两项的计算。在“学院”前插入一列“性别”，前 32 人性别为“女”，后 32 人性别为“男”。将所有数据单元格框线重新画上黑色单实线。新插入一张工作表，将工作表“Sheet1”中的数据全部复制到“Sheet2”“Sheet3”和“Sheet4”中，将“Sheet4”工作表移动到“Sheet3”工作表后。选择“Sheet1”。

2. 筛选

选择数据区域 A1:J65 的任意位置（要求当前位置一定在有数据区），在“数据”选项卡“排序和筛选”组，如图 4-61 所示，单击“筛选”按钮。

在 A1：J1 各单元格右侧均出现筛选按钮，如图 4-62 所示。

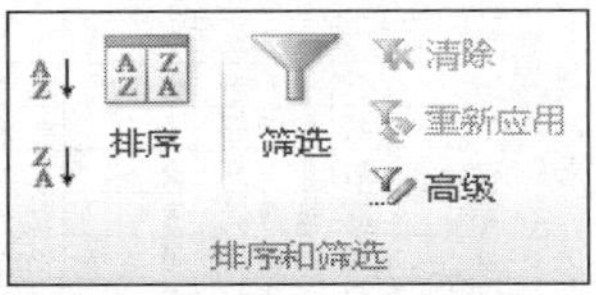

图4-61　排序和筛选组

3. 通过选择值或搜索进行筛选

单击“学院”列的筛选按钮，在下拉列表中选择“文本筛选”下的“等于”命令，打开“自定义自动筛选方式”对话框，在对话框中进行相应设置，如图 4-63 所示，单击“确定”按钮完成筛选操作。筛选结果如图 4-64 所示。

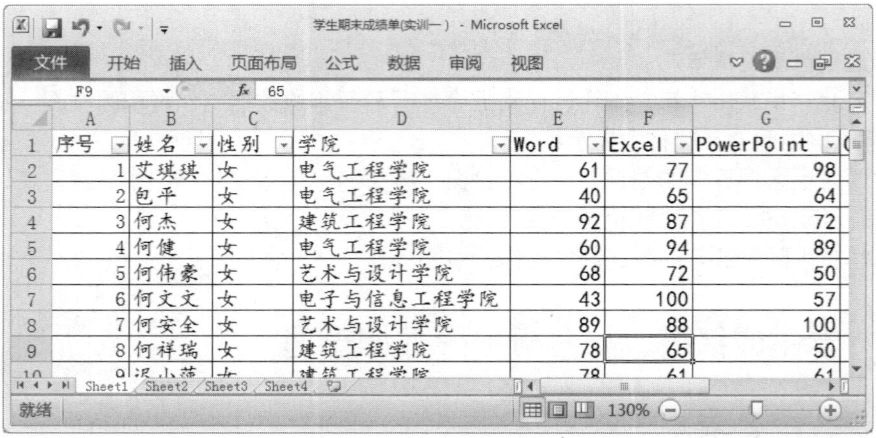

图4-62 自动筛选

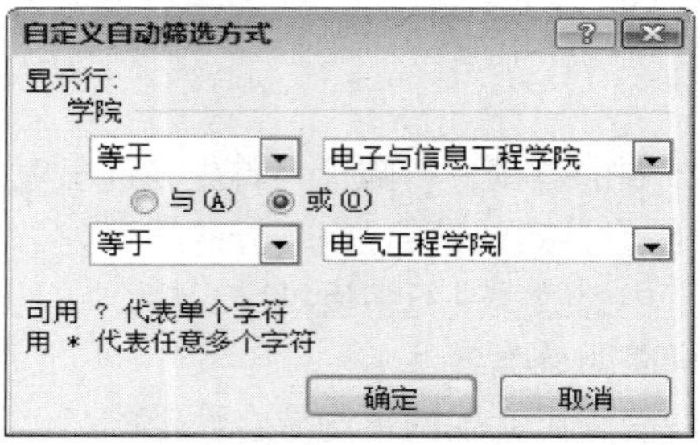

图4-63 自动筛选

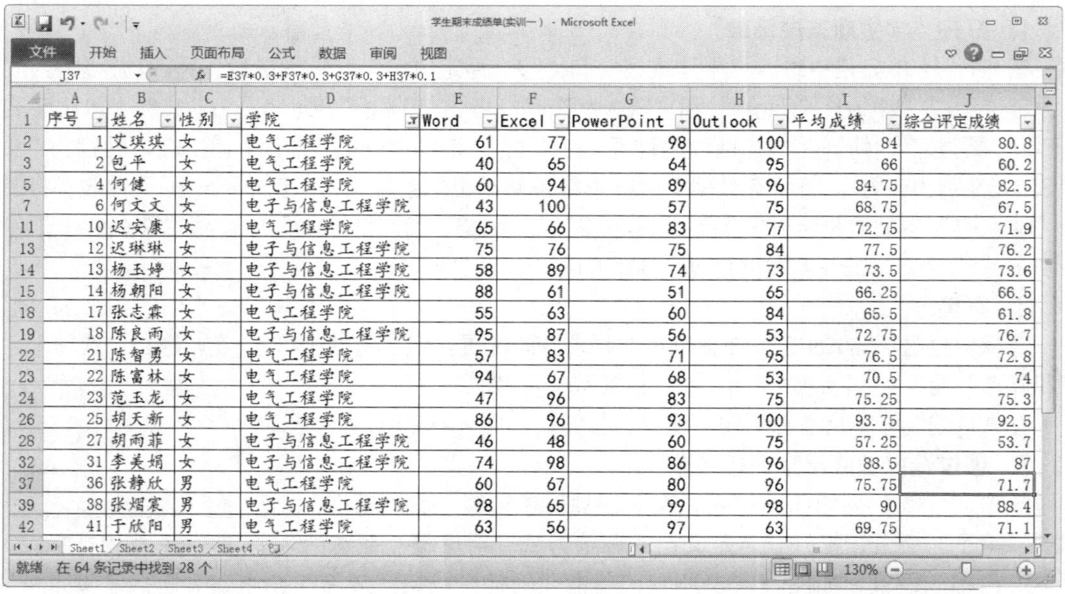

图4-64 自动筛选结果

要取消对“学院”的筛选，单击图 4-60 中的清除项即可。

4. 自定义筛选

从“综合评定成绩”列的筛选中，选择“数字筛选”下的“大于或等于”项，如图 4-65 所示，在对话框中进行相应设置，单击“确定”按钮完成筛选操作。筛选结果如图 4-66 所示。

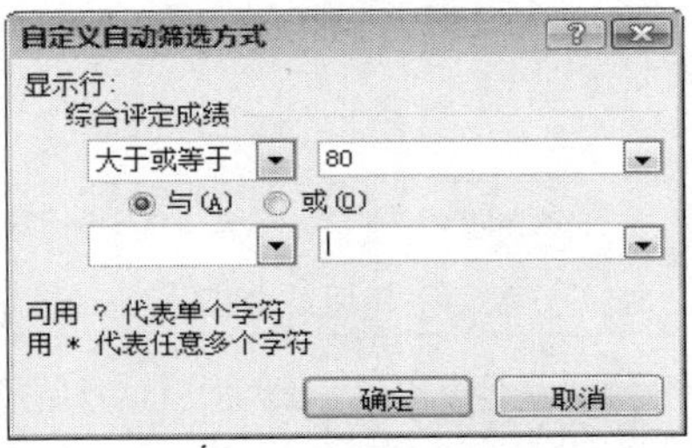

图4-65 自动筛选

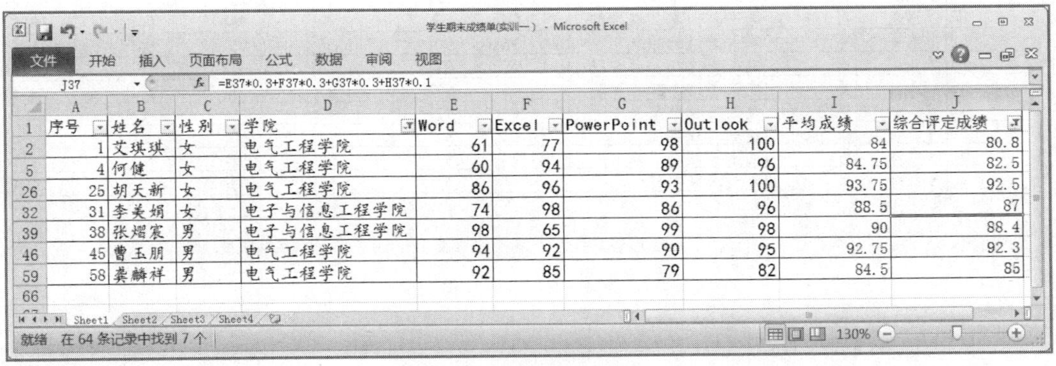

图4-66 自动筛选结果

5. 重命名

双击“Sheet1”工作表标签，将表名更改为“筛选结果”。

6. 多重排序

选定“Sheet2”工作表，当前位置定位于有效数据区域 A1:J65 内，在“数据”选项卡上的“排序和筛选”组中，如图 4-61 所示，单击“排序”按钮。打开“排序”对话框，如图 4-67 所示。

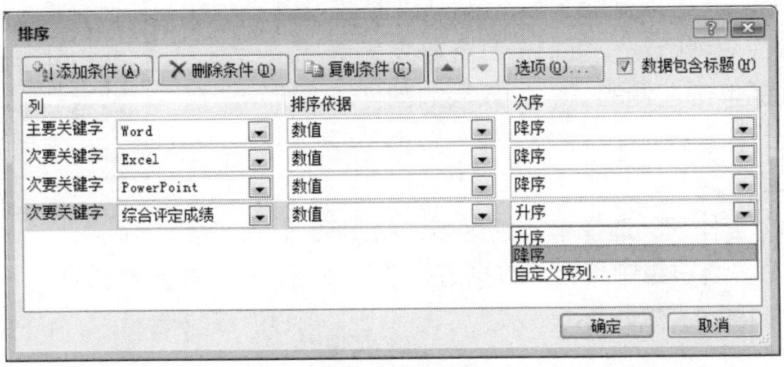

图4-67 “排序”对话框

在主要关键字下拉菜单中选择主关键字“Word”，排序方式选择“降序”；单击“添加条件”按钮，在次关键字下拉菜单中选择“Excel”，排序方式选择“降序”，再次单击“添加条件”按钮，在次关键字下拉菜单中选择“PowerPoint”，排序方式选择“降序”，再次单击“添加条件”按钮，在次关键字下拉菜单中选择“综合评定成绩”，排序方式选择“降序”；单击“确定”按钮，完成排序操作。将表名“Sheet2”改为“排序表”，结果如图4-68所示。

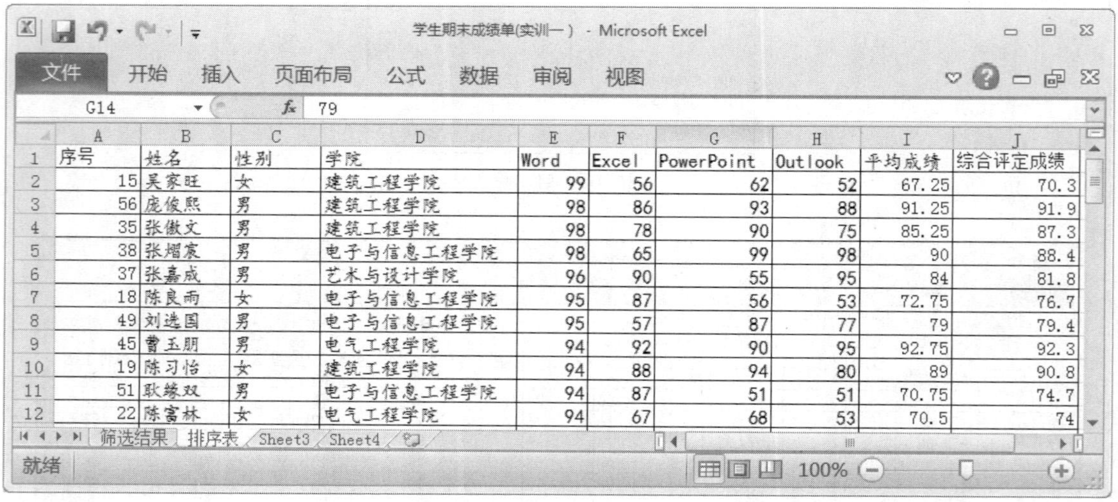

	序号	姓名	性别	学院	Word	Excel	PowerPoint	Outlook	平均成绩	综合评定成绩
2	15	吴家旺	女	建筑工程学院	99	56	62	52	67.25	70.3
3	56	庞俊熙	男	建筑工程学院	98	86	93	88	91.25	91.9
4	35	张傲文	男	建筑工程学院	98	78	90	75	85.25	87.3
5	38	张媚宸	男	电子与信息工程学院	98	65	99	98	90	88.4
6	37	张嘉成	男	艺术与设计学院	96	90	55	95	84	81.8
7	18	陈良雨	女	电子与信息工程学院	95	87	56	53	72.75	76.7
8	49	刘选国	男	电子与信息工程学院	95	57	87	77	79	79.4
9	45	曹玉朋	男	电气工程学院	94	92	90	95	92.75	92.3
10	19	陈习怡	女	建筑工程学院	94	88	94	80	89	90.8
11	51	耿缘双	男	电子与信息工程学院	94	87	51	51	70.75	74.7
12	22	陈富林	女	电气工程学院	94	67	68	53	70.5	74

图4-68 排序结果

7. 数据汇总表

选择“Sheet3”工作表，对“学院”列排序。升降序均可。在“数据”选项卡上的“分级显示”组中，单击“分类汇总”，打开“分类汇总”对话框，在“分类汇总”对话框中，分类字段中选择“学院”；汇总方式选择“平均值”；在选定汇总项中选择“Word”和“综合评定成绩”两项，选中“汇总结果显示在数据下方”项，如图4-69所示。单击“确定”按钮，完成汇总操作。

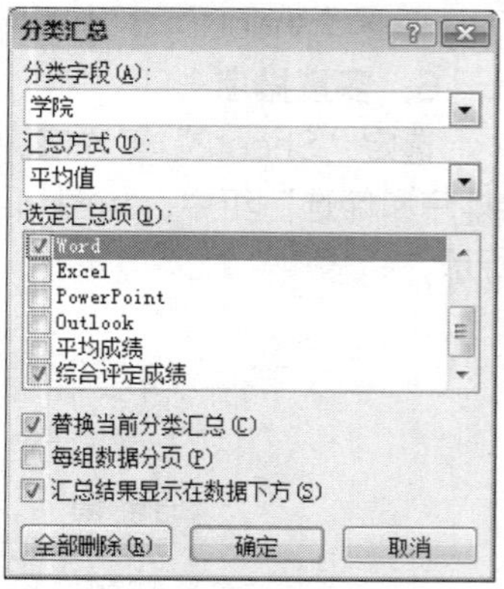

图4-69 数据汇总

将表名“Sheet3”改为“汇总表”，结果如图4-70所示。

“分类汇总”结果还可以分级显示列表，以便您可以显示和隐藏每个分类汇总的明细行。直接单击列标号左侧的1、2、3，就可看到效果，直接单击左侧的“2”，效果如图4-71所示。自己单击“1”试试。

8. 数据透视表

选择“Sheet4”工作表，选择单元格区域“A2:J65”，在“插入”选项卡上“表格”选项组中单击“数据透视表”按钮，在“数据透视表”下拉列表中选择“数据透视表”命令，如图4-72所示。

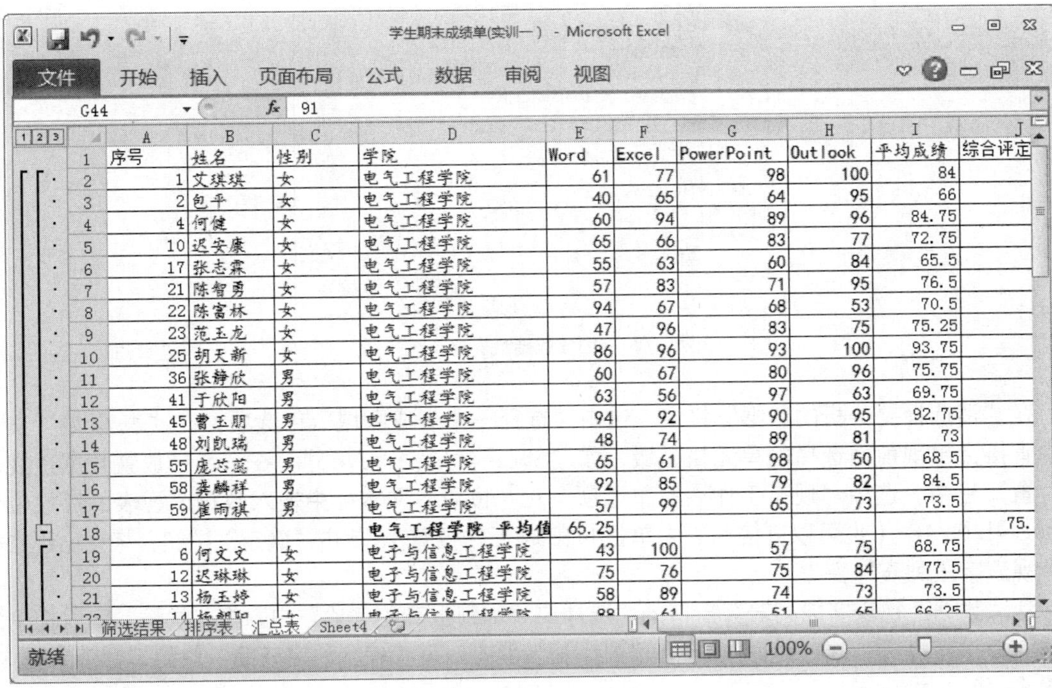

图4-70　汇总结果

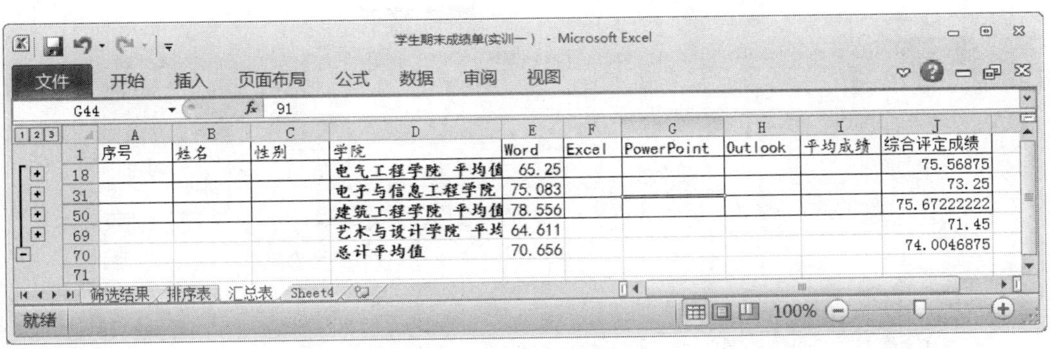

图4-71　“2”级汇总结果

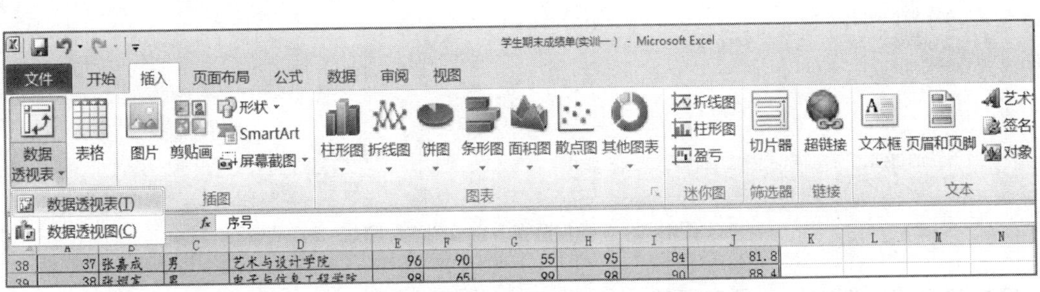

图4-72　选择“数据透视表”命令

打开“创建数据透视表”对话框，如图 4-73 所示。

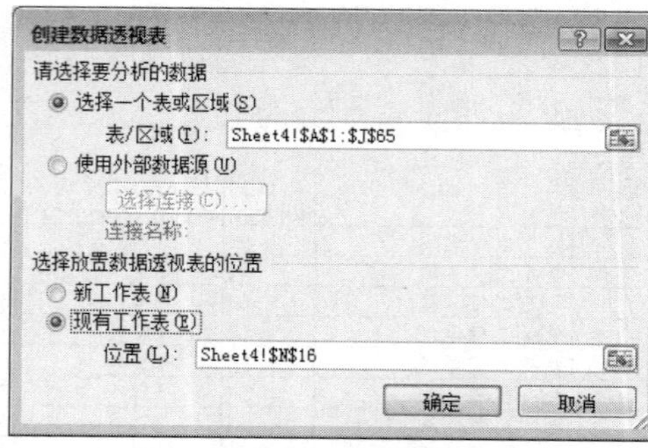

图4-73 “创建数据透视表”对话框

在“请选择要分析的数据”栏中，选中“选择一个表或区域”单选项，在“表/区域”文本框中直接会出现前面选择的单元格区域，如“Sheet4!¥A¥1:¥J¥65”。在“选择放置数据透视表的位置”栏中，选中“现有工作表”单选项，在“位置”文本框中输入数据透视表的存放位置“Sheet4!¥N¥16”（也可以直接在表中单击 N16 单元格位置）。单击“确定”按钮，将会出现“数据透视表字段列表”窗口。

从“数据透视表字段列表”窗口的“选择要添加到报表的字段”中，将“学院”字段拖曳到“行标签”框内，将“性别”字段放到“列标签”框内，将“综合评定成绩”放到“数值”框内，如图 4-74 所示。

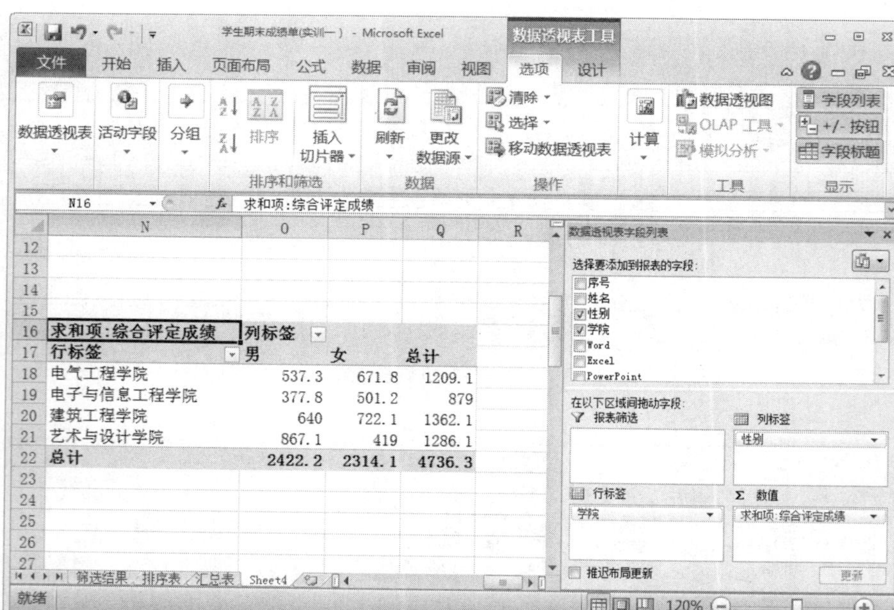

图4-74 “数据透视表字段列表”窗口

单击“数值”框内的“求和项基本工资”按钮，在弹出的菜单中选择“值字段设置”命令，如图 4-75 所示。

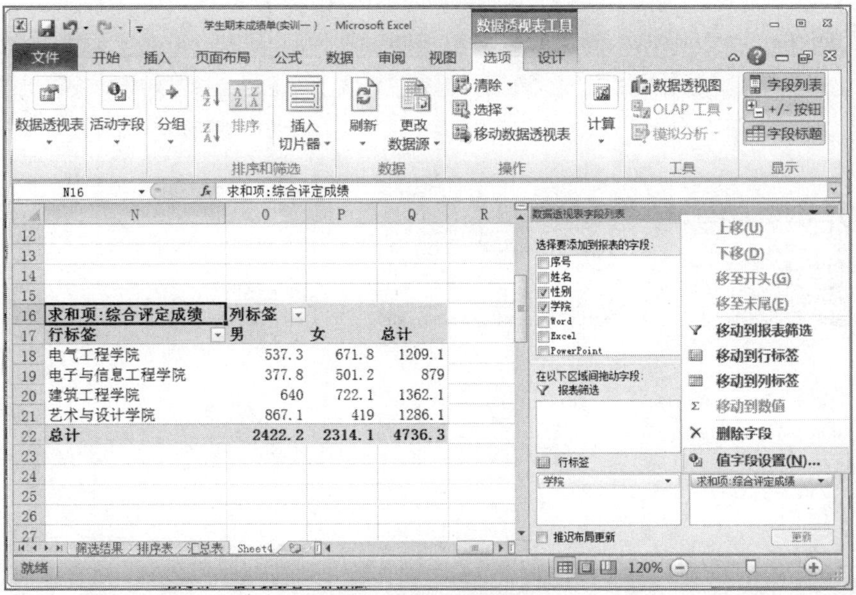

图4-75　选择“值字段设置”命令

打开“值字段设置”对话框，如图 4-76 所示，在“计算类型”框选择“平均值”，单击“确定”按钮。关闭“数据透视表字段列表”窗口，完成数据透视表的建立。

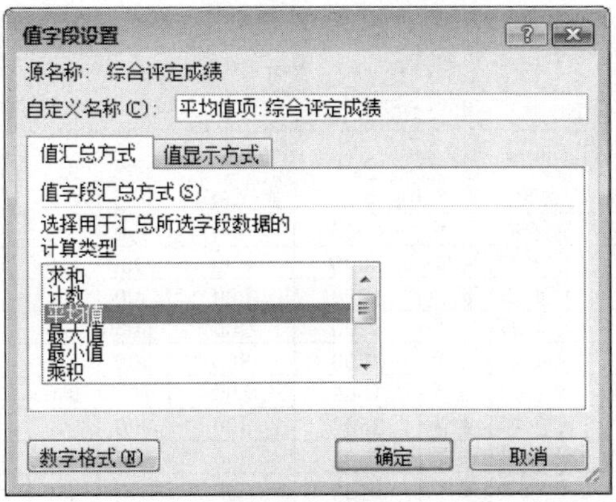

图4-76　“值字段设置”对话框

将表名“Sheet4”改为“透视表”，效果如图 4-77 所示。

9．保存工作簿

将工作簿另存为“学生期末成绩数据处理表”。

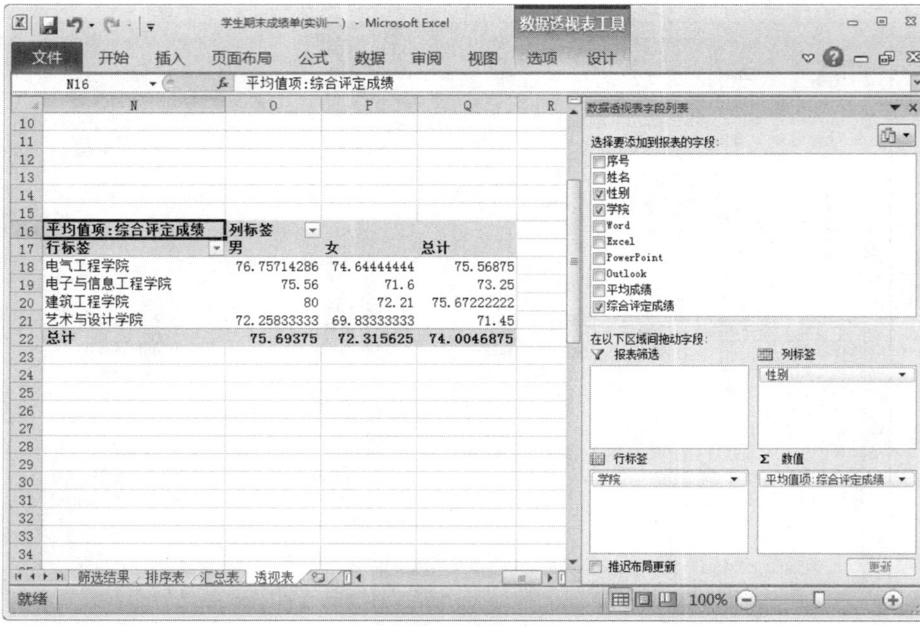

平均值项:综合评定成绩	列标签		
行标签	男	女	总计
电气工程学院	76.75714286	74.64444444	75.56875
电子与信息工程学院	75.56	71.6	73.25
建筑工程学院	80	72.21	75.67222222
艺术与设计学院	72.25833333	69.83333333	71.45
总计	75.69375	72.315625	74.0046875

图4-77 “数据透视表”效果图

四、拓展训练

独立完成制作图 4-78 所示的“职工工资表”，并对表中数据进行如下数据处理。

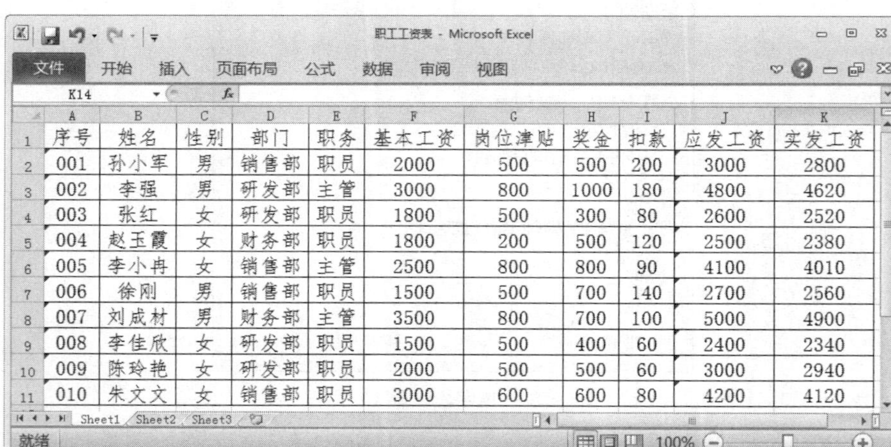

序号	姓名	性别	部门	职务	基本工资	岗位津贴	奖金	扣款	应发工资	实发工资
001	孙小军	男	销售部	职员	2000	500	500	200	3000	2800
002	李强	男	研发部	主管	3000	800	1000	180	4800	4620
003	张红	女	研发部	职员	1800	500	300	80	2600	2520
004	赵玉霞	女	财务部	职员	1800	200	500	120	2500	2380
005	李小冉	女	销售部	主管	2500	800	800	90	4100	4010
006	徐刚	男	销售部	职员	1500	500	700	140	2700	2560
007	刘成材	男	财务部	主管	3500	800	700	100	5000	4900
008	李佳欣	女	研发部	职员	1500	500	400	60	2400	2340
009	陈玲艳	女	研发部	职员	2000	500	500	60	3000	2940
010	朱文文	女	销售部	职员	3000	600	600	80	4200	4120

图4-78 职工工资表

1. 对“职工工资表”中的数据进行筛选，首先筛选出销售部和研发部中的职工，再进一步筛选出实发工资超过 3000 元的职工。

2. 对“职工工资表”中的数据进行多重排序（首先按基本工资降序，其次按岗位津贴升序，实发工资降序）。

3. 制作数据汇总表（以性别为分类条件）。
4. 制作数据透视图（按部门查各种职务的平均基本工资）。

综合实训一 公众阅读情况分析

一、实训目的和要求

熟练掌握工作表的建立、数据的输入、工作表的编辑与排版，使用公式与函数对表内数据进行处理，使用排序、筛选和图表对工作表数据进行分析。

二、实训内容

“公民阅读习惯调查”表

一、 基本情况

1. 性别
A. 男　　B. 女

2. 年龄
A. 18 岁以下　　C. 31-45 岁　　E. 60 岁以上
B. 18-30 岁　　D. 46-60 岁

3. 受教育程度
A. 高中及以下　　B. 大学　　C. 硕士及以上

4. 工作类型
A. 学生　　C. 公司职员　　E. 务工人员　　G. 其他
B. 公务员　　D. 企业员工　　F. 退休、无业

二、 阅读习惯

1. 您喜欢阅读吗?
A. 非常喜欢　　C. 一般　　E. 不喜欢
B. 比较喜欢　　D. 不太喜欢

2. 您最喜欢读以下哪个类别的书籍?
A. 工具书（教辅、专业书）　　C. 社科类图书　　E. 其他
B. 文学/小说　　D. 自然科学类图书

3. 您每月平均阅读几本书?
A. 少于 1 本　　B. 1-2 本　　C. 3 本及以上

4. 您最常使用的阅读方式是?
A. 纸质阅读　　C. 电子读物　　E. 其他
B. 报纸/期刊　　D. 在线阅读

5. 您每月用于阅读的平均花销是多少?
A. 50 元以下　　C. 100-149 元
B. 50-99 元　　D. 150 元以上

1. 上表是一张公众阅读习惯调查表，随机采集 100 人的调查表数据，建成图 4–79 所示工作簿“公众阅读习惯调查数据.xlsx”。

2. 对工作表“公众阅读习惯调查数据”进行数据分析操作。

① 针对调查对象的基本信息分析其阅读习惯，基本信息至少应包括性别、年龄、受教育程度、工作类型（学生、公务员、公司职员、企业员工、务工人员、退休、无业等）。

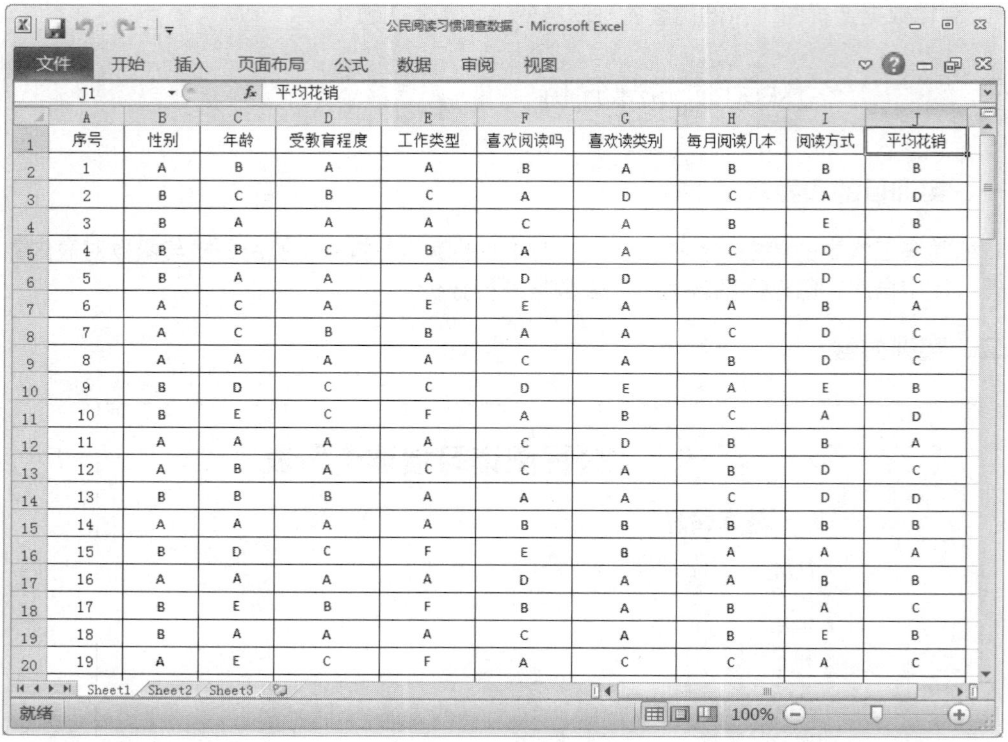

序号	性别	年龄	受教育程度	工作类型	喜欢阅读吗	喜欢读类别	每月阅读几本	阅读方式	平均花销
1	A	B	A	A	B	A	B	B	B
2	B	C	B	C	A	D	C	A	D
3	B	A	A	A	C	A	B	E	B
4	B	B	C	B	A	A	C	D	C
5	B	A	A	A	D	D	B	D	C
6	A	C	A	E	E	A	A	B	A
7	A	C	B	B	A	A	C	D	C
8	A	A	A	A	C	A	B	D	C
9	B	D	C	C	D	E	A	E	B
10	B	E	C	F	A	B	C	A	D
11	A	A	A	A	C	D	B	B	A
12	A	B	A	C	C	A	B	D	C
13	B	B	B	A	A	A	C	D	D
14	A	A	A	A	B	B	B	B	B
15	B	D	C	F	E	B	A	A	A
16	A	A	A	A	D	A	A	B	B
17	B	E	B	F	B	A	B	A	C
18	B	A	A	A	C	A	B	E	B
19	A	E	C	F	A	C	C	A	C

图4-79　公众阅读习惯调查数据

② 调查习惯至少应包含阅读时间（阅读的时间长度等）、阅读类别、阅读数量（如每月平均阅读的书）、读物介质（纸质读物、电子读物、在线阅读）、阅读费用支出和影响阅读的因素等。

三、实训步骤

1. 建立工作簿

（1）单击“开始”按钮，选择“所有程序”选项中“Microsoft Office 2010”级联菜单中的“Microsoft Excel 2010”命令。自动建立一个新文档，文件名默认为“工作簿 1.xlsx”。

（2）保存工作簿 1，将其命名为“公众阅读习惯调查数据.xlsx”。

① 单击“文件”按钮，在导航栏中选择“保存”命令，打开“另存为”对话框，如图 4-80 所示。

② 选择文件名的位置，在“文件名”编辑框中输入“公众阅读习惯调查数据”。

③ 单击“保存”按钮。

2. 编辑工作表

（1）将工作表 Sheet1 更名为“调查数据”，操作方法有以下两种。

① 在 Sheet1 的“工作表标签”上单击鼠标右键，在弹出的快捷菜单中选择“重命名”命令，工作表的标签文字反相显示，输入新的工作表名称“调查数据”。

② 双击“Sheet1”的工作表标签，工作表名反相显示，输入新的工作表名称“调查数据”。

图4-80 “另存为”对话框

（2）向表中输入数据。

3. 简单数据统计（所有数据输入位置如不加说明，一律按图中所示位置完成）

（1）统计男女生人数。选择“Sheet2”工作表，在 A1:A3 单元格分别输入表格标题“性别”“男”“女”，在 B1 单元格输入表格标题“人数”。

方法一

选中 B2 单元格，单击“编辑栏”中的“fx”按钮，打开“插入函数”对话框，如图 4-81 所示。

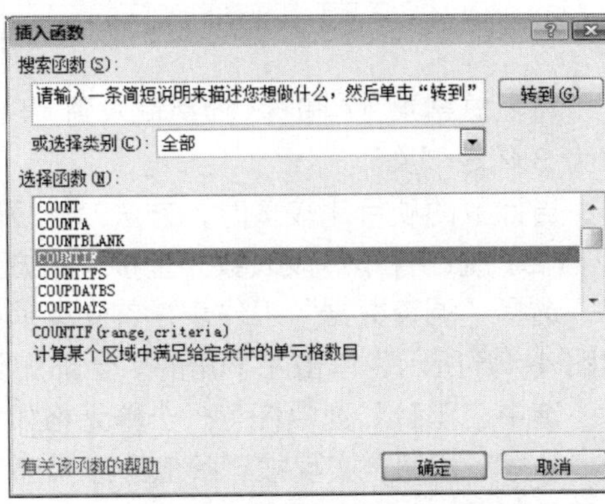

图4-81 “插入函数”对话框

选择“COUNTIF”函数。单击“确定”按钮，如图 4-82 所示，单击“Range”项，使用鼠标拖曳选择单元格区域“调查数据!B2:B101”，单击“Criteria”项，输入“A”，单击“确定”按钮。

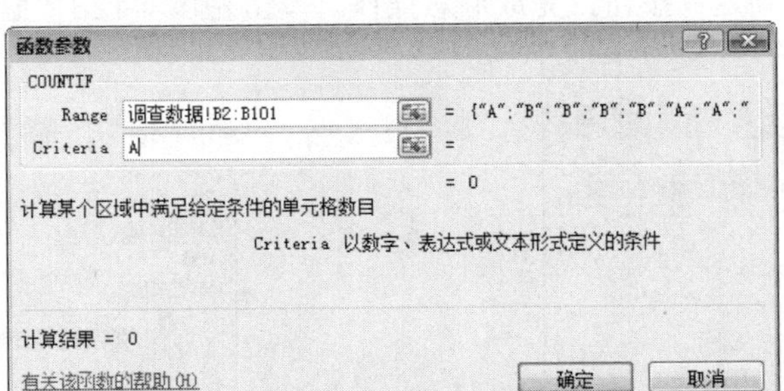

图4-82 “COUNTIF函数参数”对话框

选中 B3 单元格，单击“编辑栏”中的“fx”按钮，打开“插入函数”对话框。选择“COUNTIF”函数。单击“确定”按钮，单击“Range”项，使用鼠标拖曳选择单元格区域“调查数据!B2:B101”，单击“Criteria”项，输入“B”，单击“确定”按钮，统计结果如图 4-83 所示。

方法二

选择“调查数据”工作表，选中性别列中任意一个单元格（如 B5），在“数据”选项卡上的“排序和筛选”组中，单击“升序”按钮，实现按“性别”值升序排序。在“数据”选项卡上的“分级显示”组中，单击“分类汇总”。打开“分类汇总”对话框，在“分类汇总”对话框中，分类字段中选择“性别”；汇总方式选择“计数”；在选定汇总项中选择“性别”项，选中“汇总结果显示在数据下方”项，单击“确定”按钮。完成汇总操作。单击左侧“123” 显示级别中的“2”，结果显示如图 4-84 所示。

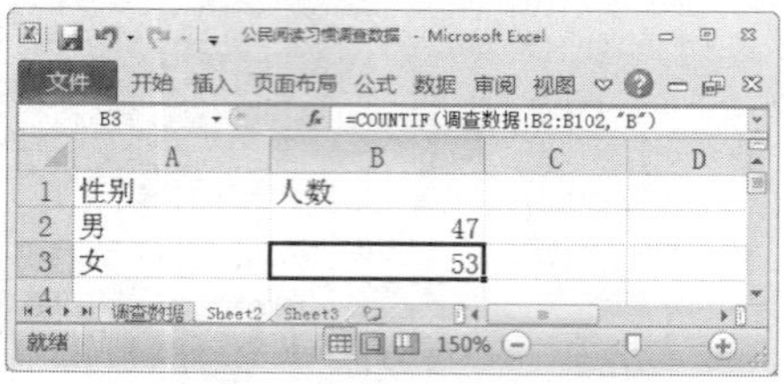
图4-83　统计结果

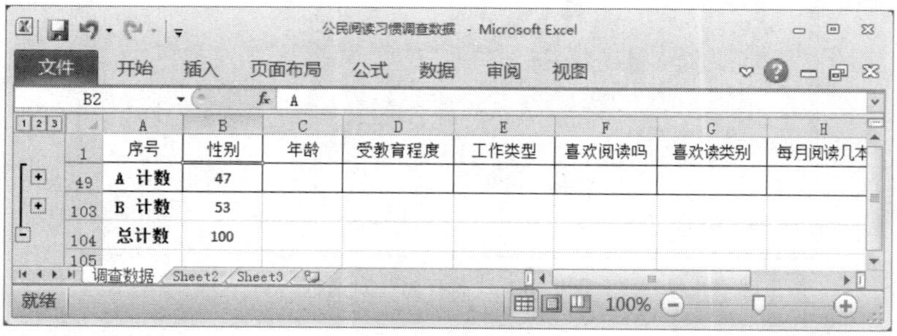
图4-84　汇总结果

将汇总结果 47 和 53 分别输入到“Sheet2”中的 B2 和 B3 单元格中。值为 A 代表“男”，值为 B 代表“女”。

当计数的项目比较多时，方法二速度更快。

（2）统计各年龄段人数。直接采用方法二。

选择“调查数据”工作表，首先取消按“性别”的分类汇总，方法为打开分类汇总对话框，如图 4-85 所示，单击左下角的“全部删除”按钮。

选中“年龄”列中任意一个单元格如 C4，在“数据”选项卡上的“排序和筛选”组中，单击“升序”按钮，实现按年龄值升序排序。在“数据”选项卡上的“分级显示”组中，单击“分类汇总”。打开“分类汇总”对话框，在“分类汇总”对话框中，分类字段中选择“年龄”；汇总方式选择“计数”；在选定汇总项中选择“年龄”项，选中“汇总结果显示在数据下方”项，如图 4-86 所示，单击“确定”按钮，完成汇总操作。单击左侧“123”显示级别中的“2”，结果显示如图 4-87 所示。

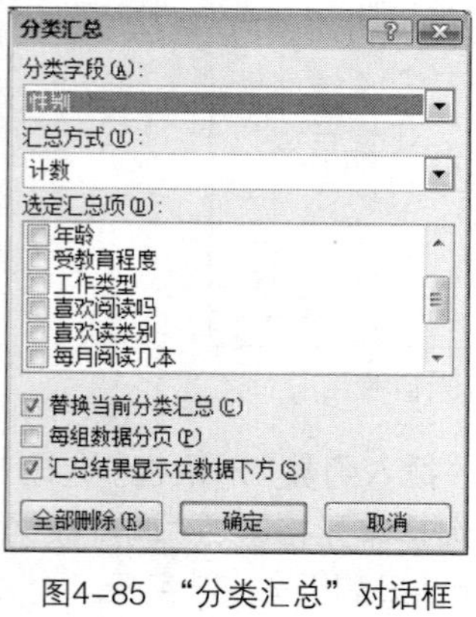
图4-85 “分类汇总”对话框

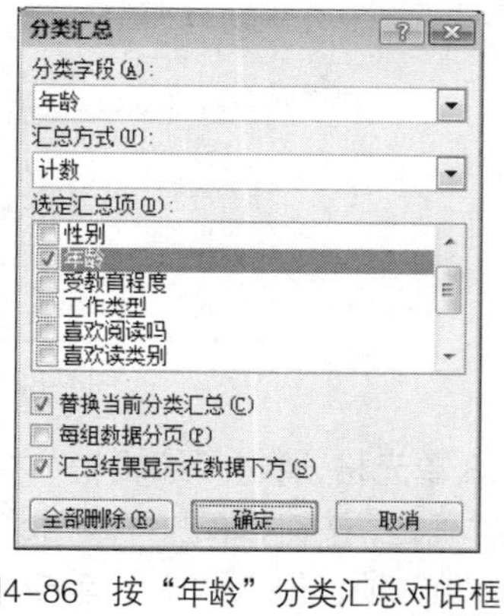
图4-86　按“年龄”分类汇总对话框

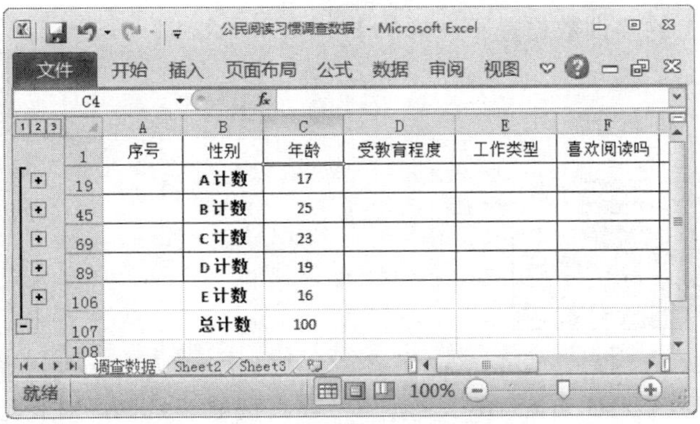

图4-87 按“年龄”分类汇总结果

选择“Sheet2”工作表根据汇总结果直接输入数据，如图 4-88 所示。

（3）按“受教育程度”统计人数。

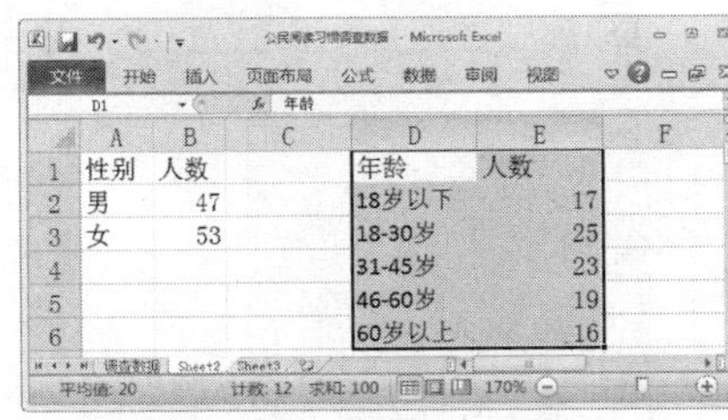

图4-88 各“年龄”段人数

选择“调查数据”工作表，首先取消原有的分类汇总，选中“受教育程度”列中任意一个单元格（如 D4），在“数据”选项卡上的“排序和筛选”组中，单击“升序”按钮，实现按“受教育程度”值升序排序。在“数据”选项卡上的“分级显示”组中，单击“分类汇总”。打开“分类汇总”对话框，在“分类汇总”对话框中，分类字段选择“受教育程度”；汇总方式选择“计数”；在选定汇总项中选择“受教育程度”项，选中“汇总结果显示在数据下方”项，单击“确定”按钮。完成汇总操作。单击左侧“123”显示级别中的“2”，结果显示如图 4-89 所示。

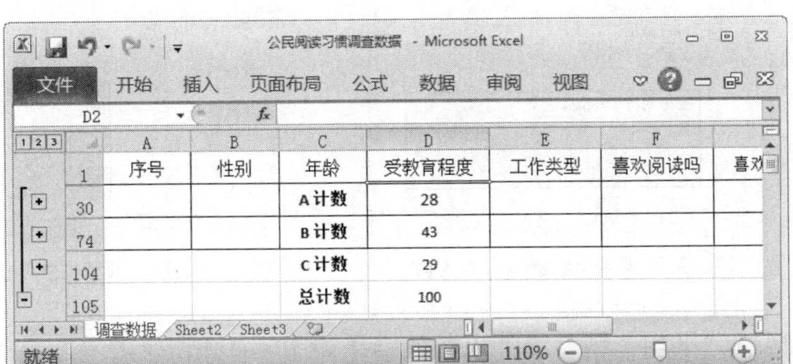

图4-89 按“受教育程度”分类汇总结果

选择“Sheet2”工作表根据汇总结果直接输入数据，如图 4-90 所示。

（4）自己完成按“工作类型”统计人数，结果如图 4-91 所示（不能直接按图输入数据，因为你的原始数据和书上的实训数据是不一样的）。

下面按阅读习惯进行统计，选择“Sheet2”工作表，在 A10 单元格输入“阅读习惯”。

（5）自己完成按“喜欢程度”统计人数，结果如图 4-92 所示（不能直接按图输入数据，因为你的原始数据和书上的实训数据是不一样的）

（6）自己完成按“喜欢类别”统计人数，结果如图 4-93 所示（不能直接按图输入数据，因

为你的原始数据和书上的实训数据是不一样的）

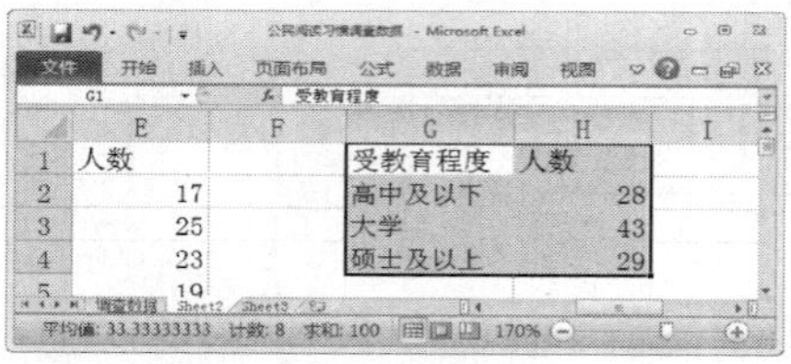

图4-90 按“受教育程度”分类人数

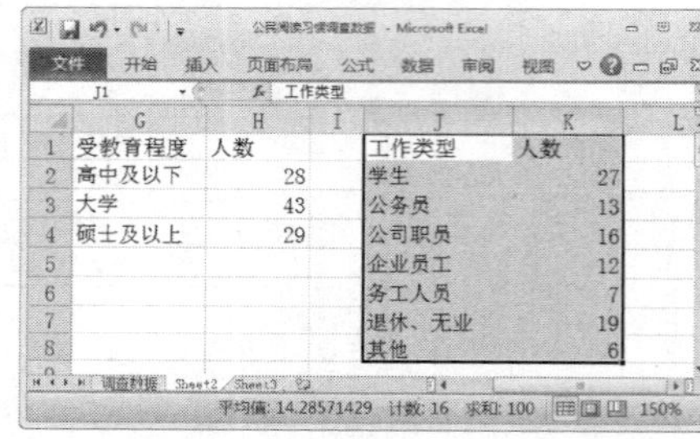

图4-91 按“工作类型”分类人数

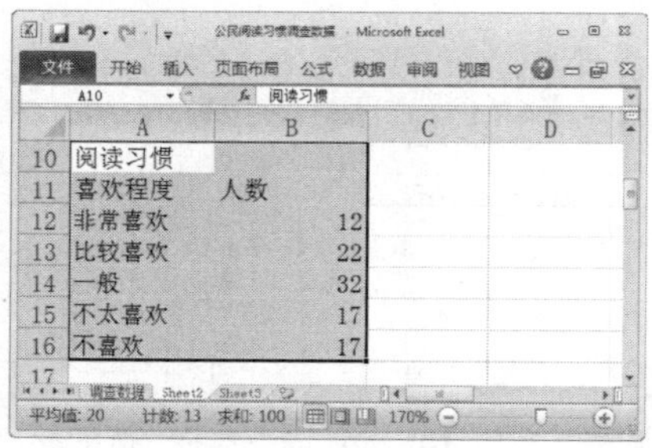

图4-92 按 “喜欢程序”分类人数

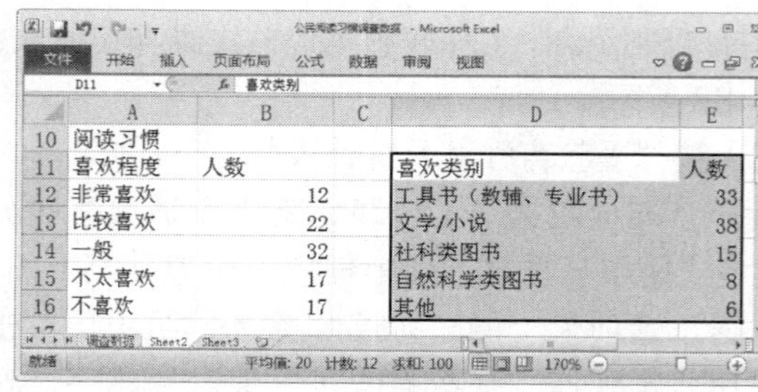

图4-93 按“喜欢类别”分类人数

（7）自己完成按“每月平均阅读数量”统计人数，结果如图 4-94 所示。

（8）自己完成按“最常使用的阅读方式”统计人数，结果如图 4-95 所示。

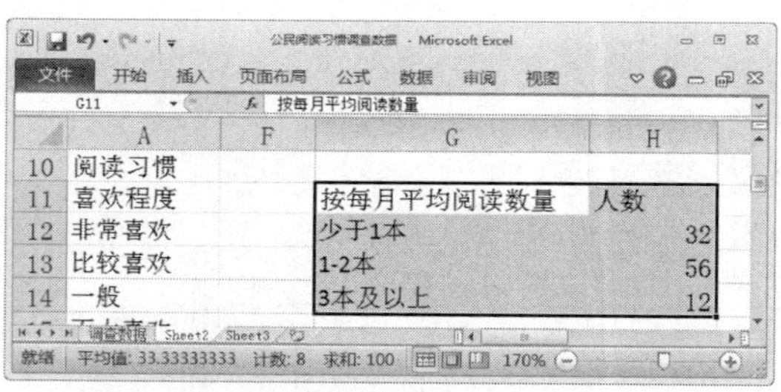

图4-94 按“按每月平均阅读数量”分类人数

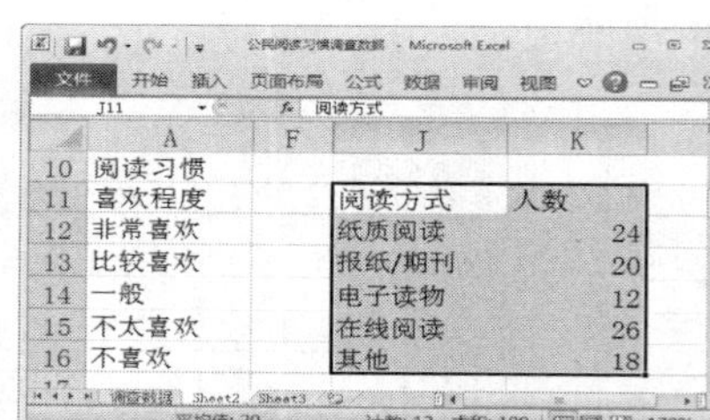

图4-95 按“阅读方式”分类人数

（9）自己完成按“平均花销”统计人数，结果如图 4-96 所示。

4. 简单数据分析

（1）用三维饼图分析被调查对象各年龄段人数所占的百分比。

选择“Sheet2”工作表，选中 D1：E6 区域，单击“插入”选项卡上“图表”组中“饼图”按钮，在下拉列表中选择三维饼图中的“三维饼图”，如图 4-97 所示。

显示出建立的图表，效果如图 4-98 所示。三维饼图出现有同时，在窗口第二行上出现“图表工具”选项卡。

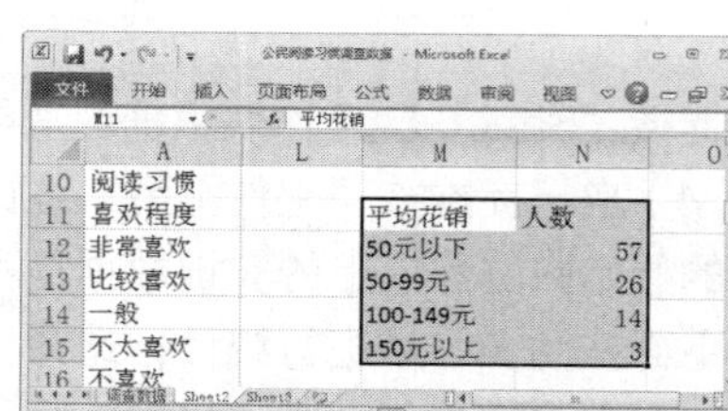

图4-96 按“平均花销”分类人数

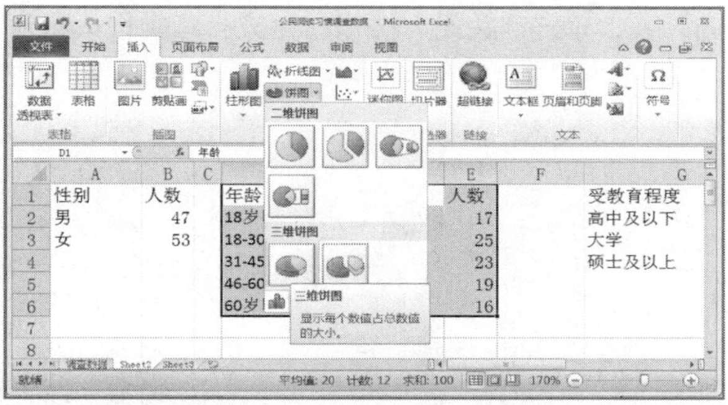

图4-97 选择三维饼图

图4-98 三维饼图

此时三维饼图中没有各年龄段所占百分比，在“图表工具”中选择“布局”选项卡，在“布局”选项卡的“标签”组中单击“数据标签”按钮，在下拉列表中选择“其他数据标签选项”命令，如图 4-99 所示。

图4-99 “数据标签”菜单

出现图 4-100 所示的设置数据标签格式对话框。

在设置数据标签格式对话框中，“标签选项”中选择“标签包括”中的“百分比”项、“标签位置”中的“数据标签内”项，单击“关闭”按钮。完成各年龄段人数所占的百分比操作，结果显示如图 4-101 所示。

图4-100 “设置数据标签格式”对话框

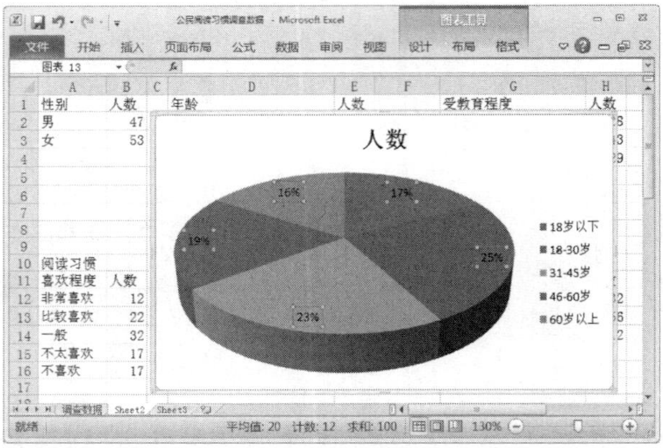

图4-101 各年龄段所占百分比三维饼图

（2）用三维饼图分析被调查对象按喜欢程度所占的百分比。将饼图单独放置在一个工作表中，并将“非常喜欢”的人群从饼图中分离。

选择“Sheet2”工作表，选中 A11：B16 区域，单击“插入”选项卡上“图表”组中“饼图”按钮，在下拉列表中选择三维饼图中的“三维饼图”，将会出现三维饼图。

在“图表工具”中选择“布局”选项卡，在“布局”选项卡的“位置”组中单击“移动图表”按钮，出现移动图表对话框。在对话框中选择“新工作表”项，并在其后文本框中输入表名为“喜欢程度图”，如图 4-102 所示。单击“确定”按钮。

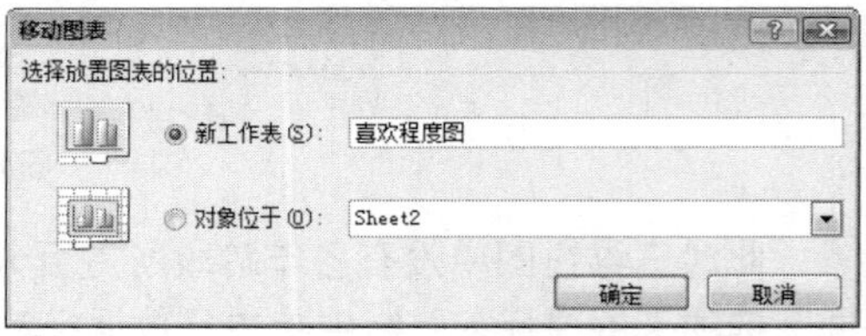

图4-102 “移动图表”对话框

效果如图 4-103 所示。可以看到在第一个表页后出现了一个名为“喜欢程度图”的表页。

按（1）在图中添加百分比标签的方法完成百分比标签设定。单击三维饼图，使三维饼图处于选中状态，再单击代表“非常喜欢”的区域，鼠标指向“非常喜欢”的区域，按住鼠标左键拖曳，使其与其他部分分离，效果如图 4-104 所示。

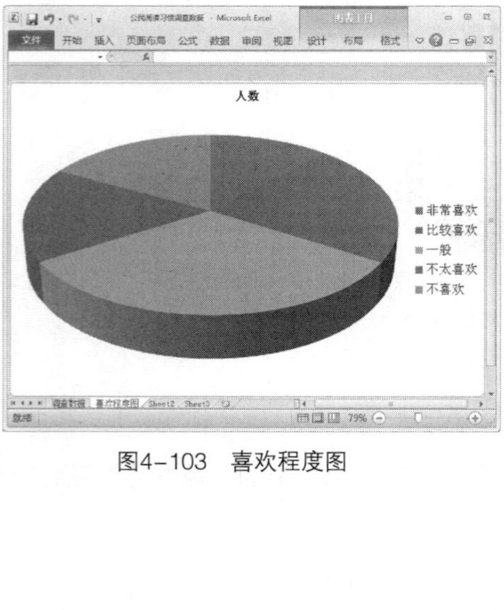

图4-103 喜欢程度图

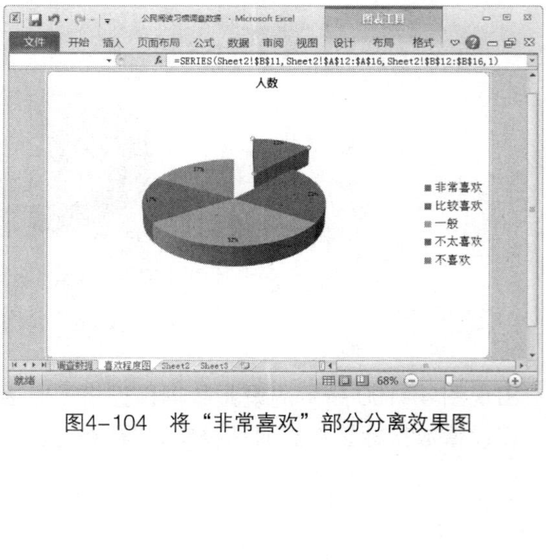

图4-104 将“非常喜欢”部分分离效果图

5. 利用数据透视表完成复杂数据分析（前面的数据统计与简单分析也可以用此方法完成）

（1）建立一张新表页用簇状柱形图表示按“性别”分“年龄”段每种“喜欢阅读”程度所占的人数。

选中“调查数据”表页中全部数据，单击“插入”选项卡上“表格”组中“数据透视表”按钮，在下拉列表中选择 “数据透视表”，如图 4–105 所示。

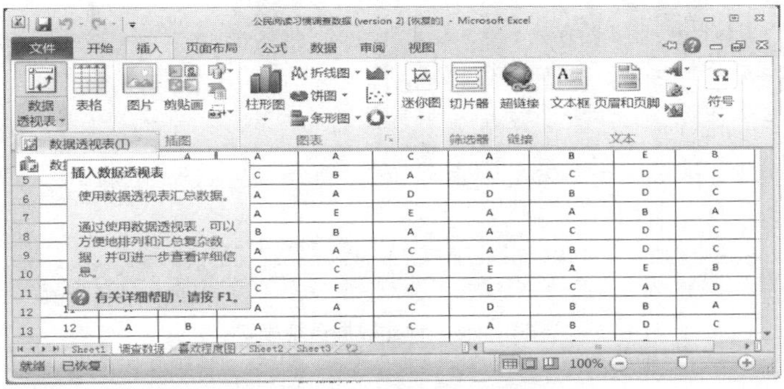

图4–105 选择创建数据透视表

将会出现图 4–106 所示的页面。

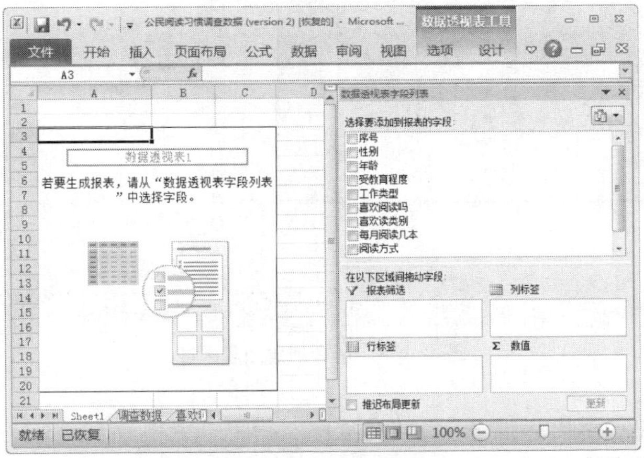

图4–106 创建数据透视表一

在窗口右侧，数据透视表字段列表中，根据需要首先将“性别”拖曳到“行标签”内，其次将“年龄”也拖曳到“行标签”内，再将“喜欢阅读吗”拖曳到“列标签”内，最后将“喜欢阅读吗”拖曳到“数值”内，如图 4–107 所示。

此时可以看到各项都是用字母表示的，不够明确，根据公众阅读习惯调查表的表述，“A”代表“非常喜欢”，“B”代表“比较喜欢”，“C”代表“一般”，“D”代表“不太喜欢”，“E”代表“不喜欢”，可以将字母改写成相应文字，选中 A4:F16 区域，准备制作图表，如图 4–108 所示。

单击“插入”选项卡上“图表”组中“柱形图”按钮，在下拉列表中选择二维柱形图中的“簇状柱形图”，如图 4–109 所示。

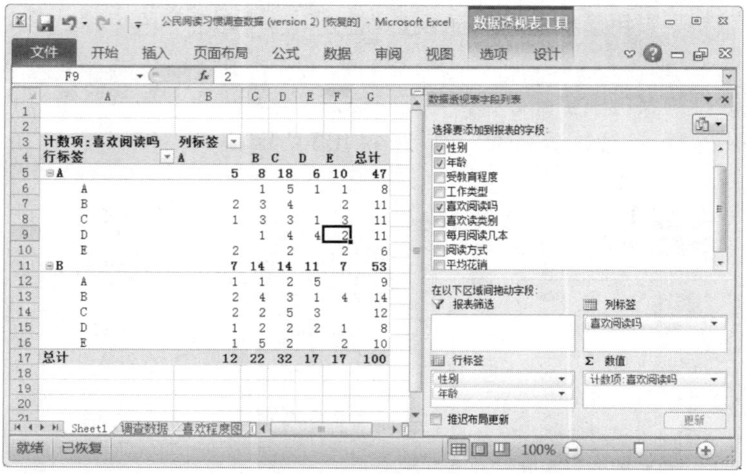

图4-107　创建数据透视表二

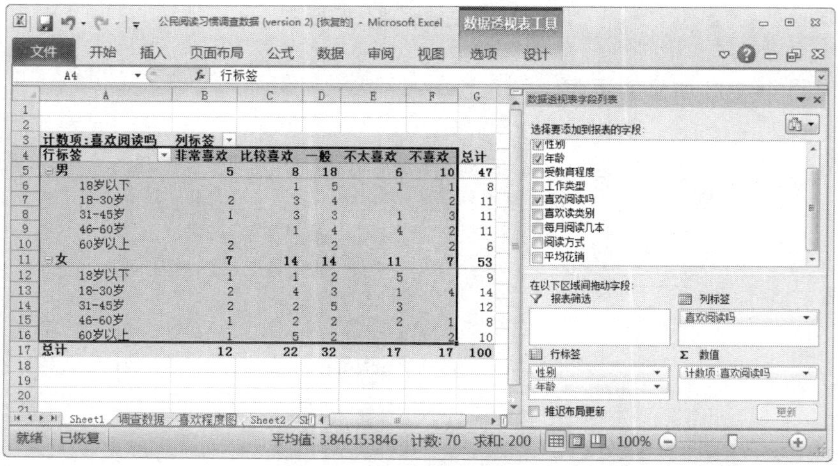

图4-108　选择创建图表区域

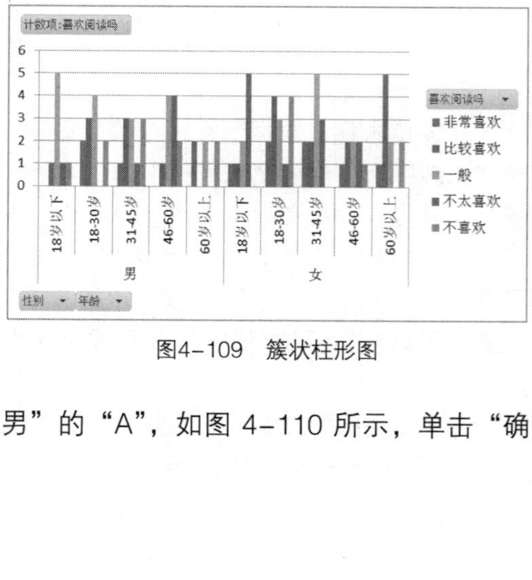

图4-109　簇状柱形图

（2）用三维柱形图表示出男性按“受教育程序”分类的各种“喜欢读类别”所占人数。

选中“调查数据”表页，单击“插入”选项卡上“表格”组中“数据透视表”按钮，在下拉列表中选择“数据透视表”。

在窗口右侧，数据透视表字段列表中，根据需要首先将“性别”拖曳到“报表筛选”内（准备筛选出性别为男的数据），其次将“受教育程序”也拖曳到“行标签”内，再将“喜欢读类别”拖曳到“列标签”内，最后将“喜欢读类别”拖曳到“数值”内。在 B1 单元格后单击下拉按钮，选择代表“男”的“A”，如图 4-110 所示，单击“确定”按钮。

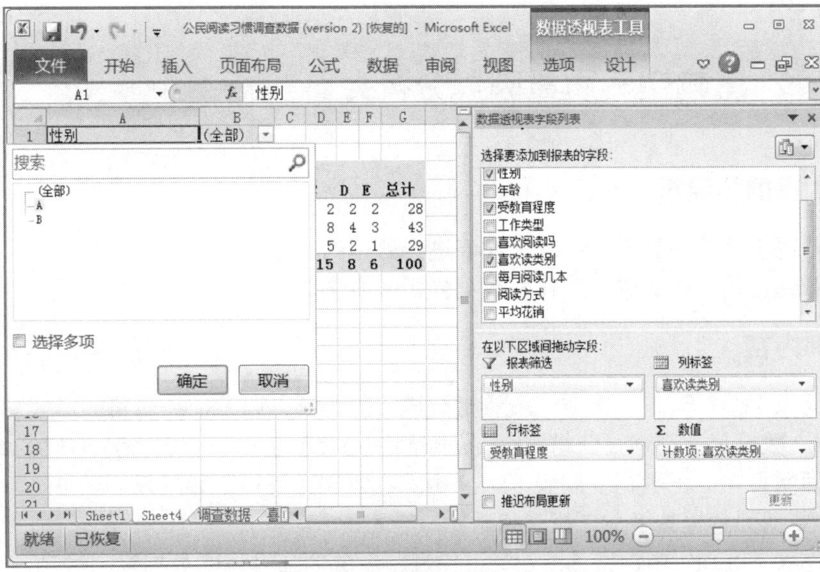

图4-110　筛选性别为“男”数据

将字母替换成相应文字，选中 A4:F7 区域，单击“插入”选项卡上“图表”组中“柱形图”按钮，在下拉列表中选择“圆柱图”中的“簇状圆柱图”，郊果如图 4-111 所示。

可以自行在图中添加图表标题和行列标题。

（3）选择一种适合的图表，表示出性别为“女”的各种“工作类别”人群“阅读方式”所占的百分比。

选中“调查数据”表页，单击“插入”选项卡上“表格”组中“数据透视表”按钮，在下拉列表中选择“数据透视表”。

在窗口右侧，数据透视表字段列表中，根据需要首先将“性别”拖曳到“报表筛选”内，其次将“工作类别”也拖曳到“行标签”内，再将“阅读方式”拖曳到“列标签”内，最后将“阅读方式”拖曳到“数值”内。在 B1 单元格后单击下拉按钮，选择代表“女”的“B”，单击“确定”按钮。

将字母替换成相应文字，选中 A4:F11 区域，单击“插入”选项卡上“图表”组中“柱形图”按钮，在下拉列表中选择“圆柱图”中的“百分比堆积圆柱图”，效果如图 4-112 所示。

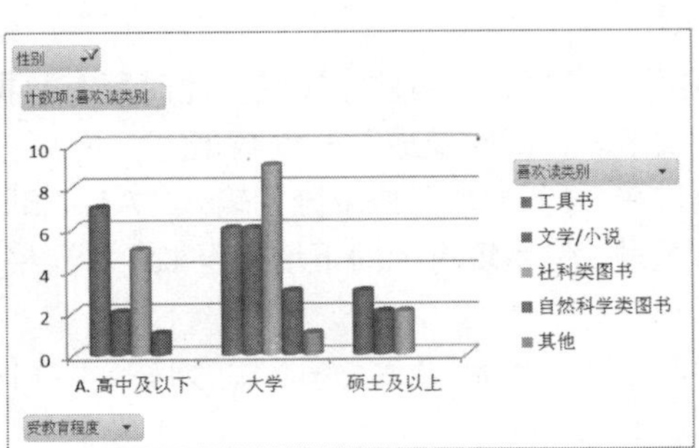

图4-111　簇状圆柱图

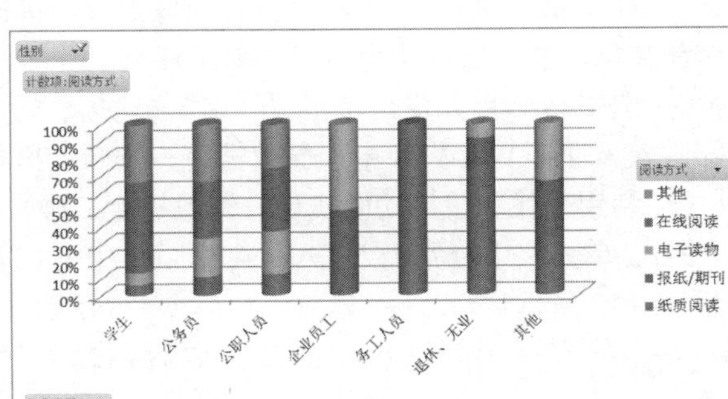

图4-112　百分比堆积圆柱图

6. 保存文件

综合实训二 影响空气质量因素分析

一、实训目的和要求

1. 掌握从网上下载数据在 Excel 工作表进行处理的方法。
2. 熟练掌握应用 Excel 进行工作表数据分析的方法。

二、实训内容

1. 以“北京 2017 年 3 月份空气质量指数详情”为例，以 Excel 表格的形式列出 3 月份的空气质量数据。数据从下面网页获得：http://lishi.tianqi.com/pm25/beijing_201703.html。

2. 从上面网页中，把数据复制到 Excel 中。在复制过程中，如果复制到 Excel 中的数据变成一列数据，要把列数据转换成二维表格数据。

3. 在工作表 Sheet2 中，把 Sheet1 工作表中生成的二维表格数据复制过来，要求 Sheet2 工作表中的数据不再随 Sheet1 工作表中的数据而改变；并适当对表格内容进行美化。

4. 在工作表 Sheet2 中，使“质量状况”列中的文字，用条件格式实现不同的颜色填充。

5. 在工作表 Sheet2 中，用公式统计相关数据。

6. 在工作表 Sheet2 中，根据日期和 AQI 指数，使用图表展示北京 2017 年 3 月份空气质量指数走势，要求选用恰当的图表类型并设置格式。

7. 在工作表 Sheet2 中，根据不同空气质量状况所发生的天数占全月的比例，创建图表，要求选择恰当的图表类型并设置格式。

8. 数据筛选。按要求利用自动筛选和高级筛选两种方式完成数据筛选。

三、实训步骤

1. 网上下载数据

① 打开网址 http://lishi.tianqi.com/pm25/beijing_201703.html。

② 将北京 2017 年 3 月份空气质量指数详情数据选中复制下来。

2. 网上下载数据送入表中

① 启动 Microsoft Excel 2010。在“开始”菜单中选择“所有程序”命令，在弹出的菜单中单击“Microsoft Office”图标，并在级联菜单中选择“Microsoft Excel 2010”命令。自动建立一个新文档，文件名默认为“工作簿 1.xlsx”。

② 选中 A1 单元格，单击“开始”选项卡“剪贴板”组中的“粘贴”按钮。此时所有数据全部进入 A 列 A1：A224 中。原数据是一个 8×28 的二维表，此时变成了一维数据。

③ 利用查找和替换功能实现一维数据变二维数据。在 B1：I1 单元格中分别输入“A1–A8”，在 B2：I2 单元格中分别输入“A9–A16”，选中 B1：I2 区域，使用填充柄向下填充至 I28 单元格，如图 4–113 所示。

在查找和替换对话框中的查找内容后输入“A”，替换为后输入“=A”，如图 4–114 所示。

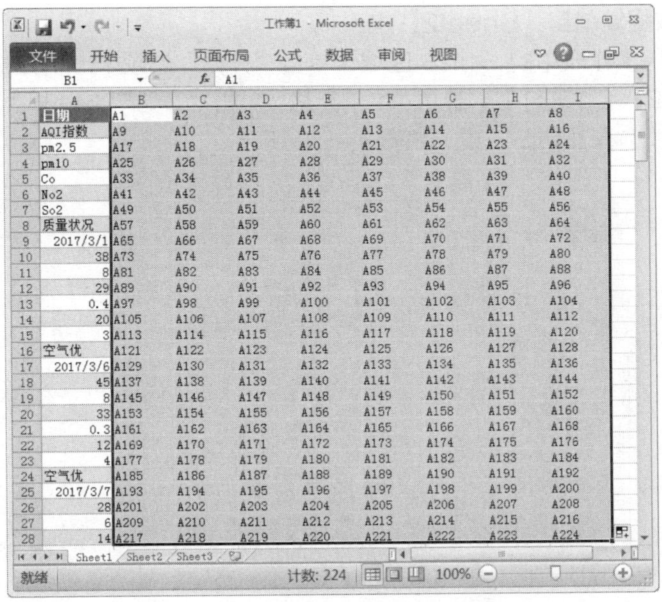

图4-113　将A1-A224填充到B1：I28区域

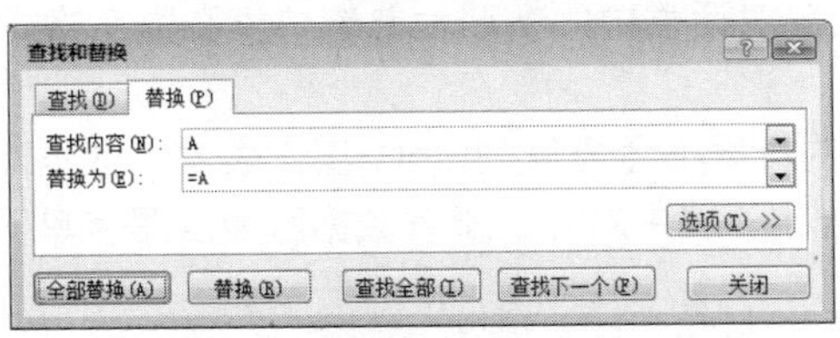

图4-114　“查找和替换”对话框

单击“全部替换”按钮，将会出现替换完成对话框，单击“确定”按钮。完成替换。效果如图 4-115 所示。

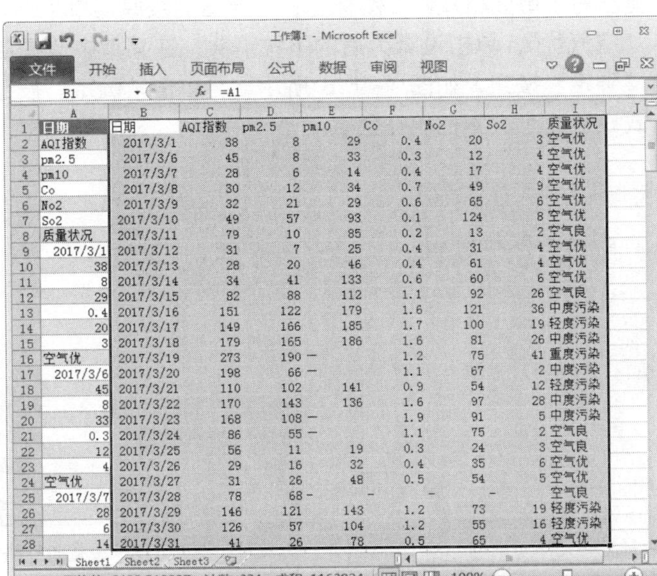

图4-115　替换完成效果

3. 将二维表数据复制到“Sheet2”中

选择“Sheet1”工作表中的 B1:I28 区域，单击“开始”选项卡“剪贴板”组中的“复制”按钮，选择“Sheet2”工作表标签，选中 A1 单元格，单击“开始”选项卡“剪贴板”组中的“粘贴”下拉菜单中的“选择性粘贴”项，如图 4–116 所示。

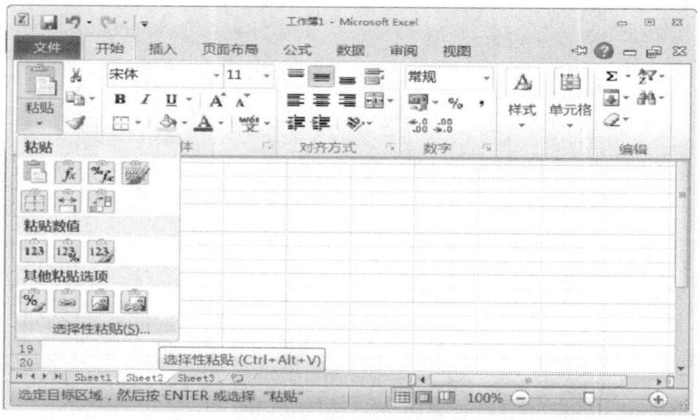

图4–116　选中“选择性粘贴”项

在出现的“选择性粘贴”对话框中的粘贴栏单选“值和数字格式”项，如图 4–117 所示，单击“确定”按钮。

此时 Sheet2 工作表中的数据不会再随 Sheet1 工作表中的数据而改变。将 Sheet2 工作表中的表头文字设为楷体、14 号字、居中对齐，所有数据区域画黑色单实线，A、H 列列宽设为 13，中间各列列宽为 10。

4. 设置条件格式

在工作表 Sheet2 中，“质量状况”列中的文字，用条件格式实现不同颜色填充。选择 H2:H28 区域，在“开始”选项卡上的“样式”组中，单击“条件格式”的下拉按钮，在下拉列表中将鼠标指针悬停在“突出显示单元格规则”图标上，在弹出的级联菜单中选择“等于”命令。在前面的文本框中输入“空气优”，单击设置为后的下拉箭头，在菜单中选择自定义格式。选择一个喜欢的颜色，单击“确定”按钮，如图 4–118 所示。再单击“确定”按钮。完成第一种数据的设置。用同样的方式设置 5 个文本的填充色。

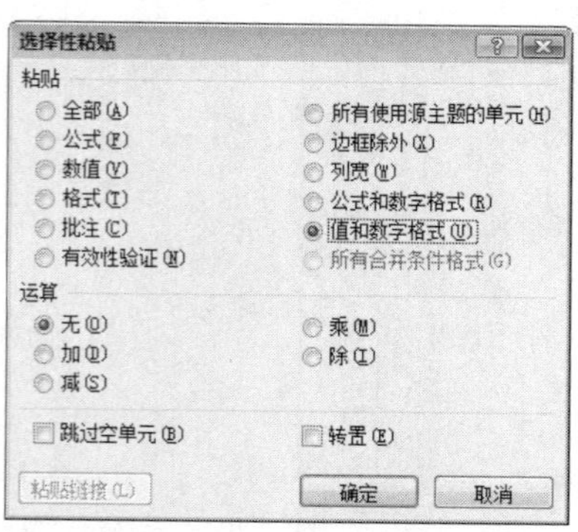

图4–117　“选择性粘贴”对话框

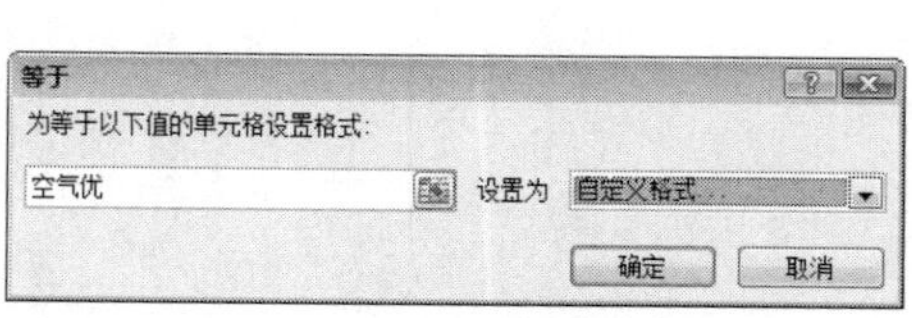

图4–118　设置条件格式

完成设置后效果如图 4–119 所示。

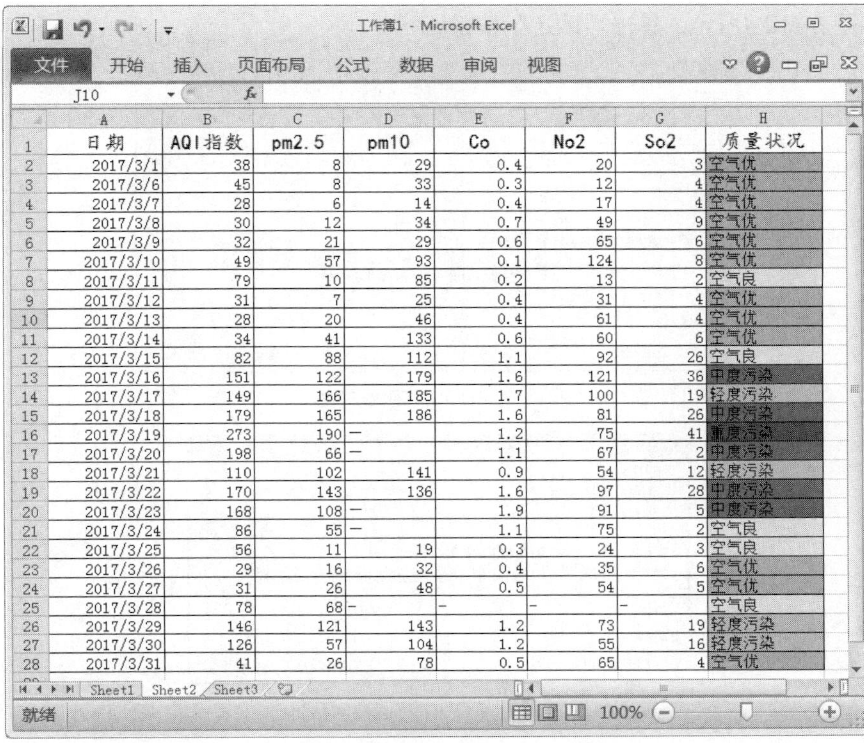

	A	B	C	D	E	F	G	H
1	日期	AQI指数	pm2.5	pm10	Co	No2	So2	质量状况
2	2017/3/1	38	8	29	0.4	20	3	空气优
3	2017/3/6	45	8	33	0.3	12	4	空气优
4	2017/3/7	28	6	14	0.4	17	4	空气优
5	2017/3/8	30	12	34	0.7	49	9	空气优
6	2017/3/9	32	21	29	0.6	65	6	空气优
7	2017/3/10	49	57	93	0.1	124	8	空气优
8	2017/3/11	79	10	85	0.2	13	2	空气良
9	2017/3/12	31	7	25	0.4	31	4	空气优
10	2017/3/13	28	20	46	0.4	61	4	空气优
11	2017/3/14	34	41	133	0.6	60	6	空气优
12	2017/3/15	82	88	112	1.1	92	26	空气良
13	2017/3/16	151	122	179	1.6	121	36	中度污染
14	2017/3/17	149	166	185	1.7	100	19	轻度污染
15	2017/3/18	179	165	186	1.6	81	26	中度污染
16	2017/3/19	273	190	—	1.2	75	41	重度污染
17	2017/3/20	198	66	—	1.1	67	2	中度污染
18	2017/3/21	110	102	141	0.9	54	12	轻度污染
19	2017/3/22	170	143	136	1.6	97	28	中度污染
20	2017/3/23	168	108	—	1.9	91	5	中度污染
21	2017/3/24	86	55	—	1.1	75	2	空气良
22	2017/3/25	56	11	19	0.3	24	3	空气良
23	2017/3/26	29	16	32	0.4	35	6	空气优
24	2017/3/27	31	26	48	0.5	54	5	空气优
25	2017/3/28	78	68	–	–	–	–	空气良
26	2017/3/29	146	121	143	1.2	73	19	轻度污染
27	2017/3/30	126	57	104	1.2	55	16	轻度污染
28	2017/3/31	41	26	78	0.5	65	4	空气优

图4-119　条件格式设置效果图

5．在工作表 Sheet2 中，用公式统计相关数据

① 在 Sheet2 工作表中，按图 4-120 所示将所需数据输入到相应单元格。

	A	B	C	D	E
29					
30	北京2017年空气质量数据统计				
31	3月共统计到天数				
32	质量状况	天数			
33	空气优			3月AQI指数最高	
34	空气良			3月AQI指数最低	
35	轻度污染			3月AQI指数平均值	
36	中度污染			空气质量优良占总天数的百分比	
37	重度污染				
38	严重污染				

图4-120　输入数据内容

在 A30 单元格输入“北京 2017 年空气质量数据统计”，将 A30：E30 单元格合并居中，A31 单元格输入“3 月共统计到天数”，将 B31：E31 单元格合并居中，A32 单元格输入“空气质量”……，并画表格线。

② 选中 B31 单元格，单击“编辑栏”中的“fx”按钮，选择“常用”函数中的“COUNT”函数，在函数对话框中，单击“Number1”，使用鼠标拖曳选择单元格区域 C2：C28（任意一列从第 2 行选到第 28 行均可，如 B2：B28），如图 4-121 所示，单击“确定”按钮。

③ 选中 B33 单元格，单击“编辑栏”中的“fx”按钮，选择“COUNTIF”函数，在函数对话框中，单击“Range”，使用鼠标拖曳选择单元格区域 H2：H28，利用“F4”按键将 H2：H28（相对引用）变为¥H¥2：¥H¥28（绝对引用），在“Criteria”后文本框中输入“A33”，A33 为相

对引用，如图4-122所示，单击“确定”按钮。

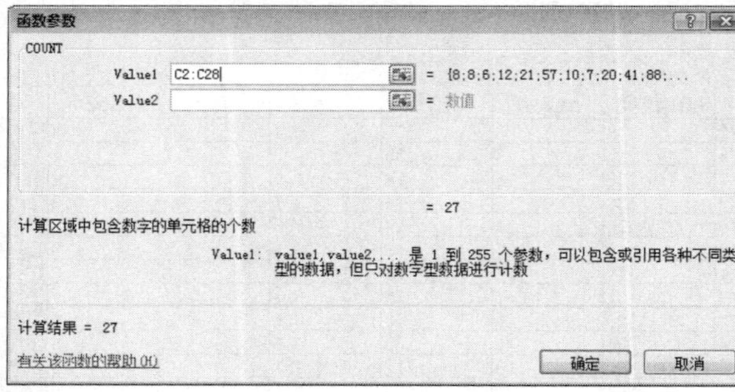

图4-121　COUNT函数对话框

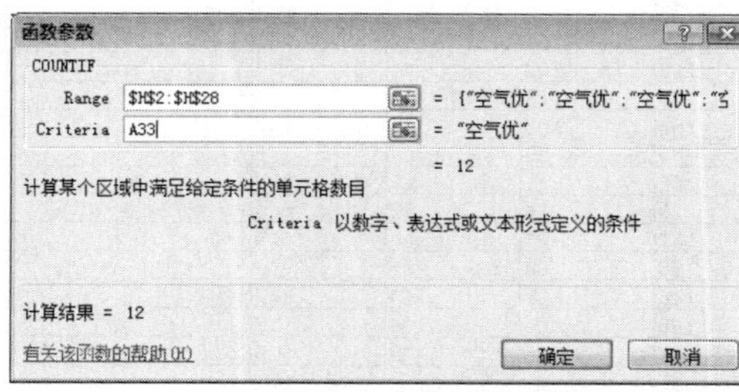

图4-122　COUNTIF函数对话框

选中B33单元格，鼠标指向填充柄向下拖曳，完成B34：B38区域的计算，如图4-123所示。

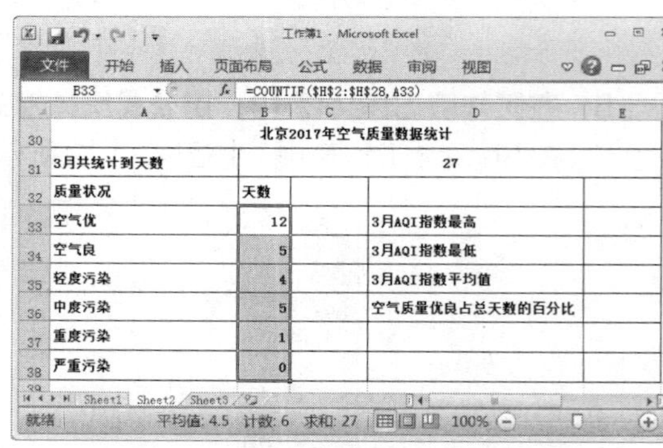

图4-123　B34：B38区域的计算

④ 选中E33单元格，单击“编辑栏”中的“fx”按钮，选择“常用”函数中的“MAX”函数，在函数对话框中，单击“Number1”，使用鼠标拖曳选择单元格区域B2：B28，如图4-124所示，单击“确定”按钮。

⑤ 选中E34单元格，单击“编辑栏”中的“fx”按钮，选择“常用”函数中的“MIN”函数，在函数对话框中，单击“Number1”，使用鼠标拖曳选择单元格区域B2：B28，单击“确定”按钮。

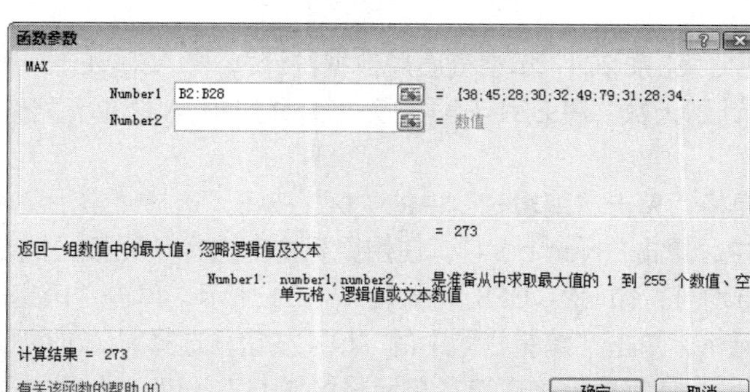

图4-124　MAX函数对话框

⑥ 选中 E35 单元格，单击“编辑栏”中的“fx”按钮，选择“常用”函数中的“AVERAGE”函数，在函数对话框中，单击“Number1”，使用鼠标拖曳选择单元格区域 B2：B28，单击“确定”按钮。

⑦ 选中 E36 单元格，在单元格中输入“=（B33+B34）/B31”，将单元格数据格式设为%格式，效果如图 4-125 所示。

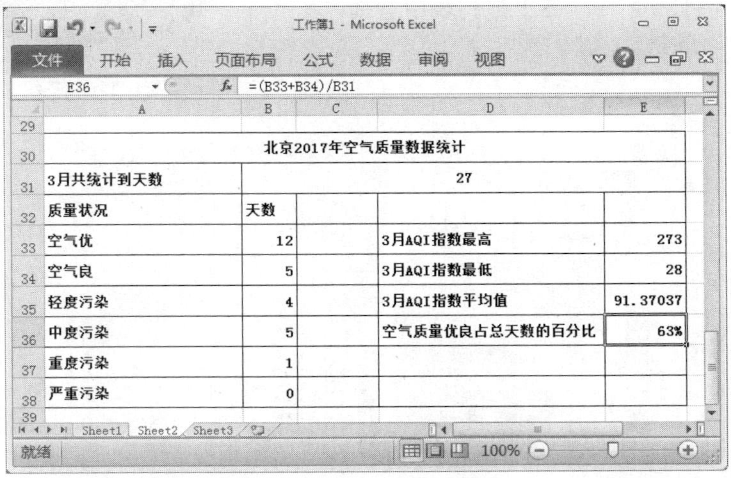

北京2017年空气质量数据统计				
3月共统计到天数	27			
质量状况	天数			
空气优	12		3月AQI指数最高	273
空气良	5		3月AQI指数最低	28
轻度污染	4		3月AQI指数平均值	91.37037
中度污染	5		空气质量优良占总天数的百分比	63%
重度污染	1			
严重污染	0			

图4-125　计算完成效果

6. AQI 指数趋势图

在工作表 Sheet2 中，根据日期和 AQI 指数，使用图表表示北京 2017 年 3 月份空气质量指数走势，要求选用恰当的图表类型并设置格式。

选中 A1：B28 区域，单击“插入”选项卡上“图表”组中“折线图”按钮，在下拉列表中选择二维折线图中的“折线图”，效果如图 4-126 所示。

将 AQI 指数图放置在 A45：D60 区域，效果如图 4-127 所示。

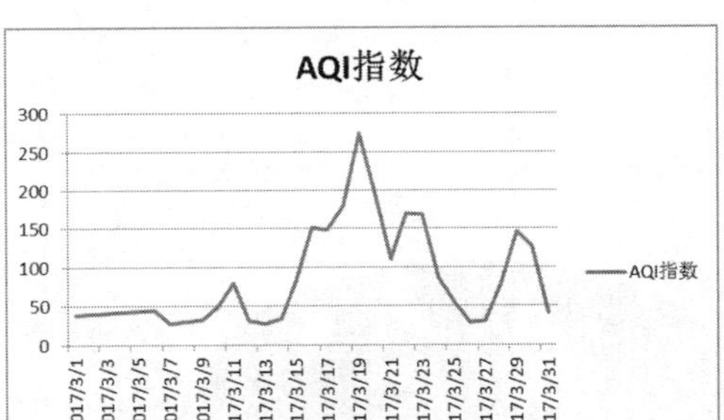

图4-126　折线效果图

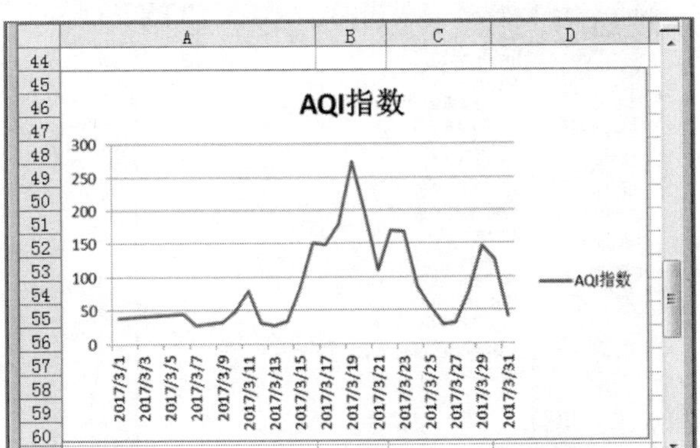

图4-127　AQI指数趋势图放置位置图

7. 各种空气质量所占百分比

在工作表 Sheet2 中，根据不同空气质量状况所发生的天数所占全月的比例，创建图表，要求选择恰当的图表类型并设置格式。

选中 A32：B38 区域，单击“插入”选项卡上“图表”组中“饼图”按钮，在下拉列表中选择三维饼图中的“三维饼图”，效果如图 4-128 所示。

三维饼图出现的同时，在窗口第二行上出现“图表工具”选项卡。此时三维饼图中没有各空气质量天数所占百分比，在“图表工具”中选择“布局”选项卡，在“布局”选项卡的“标签”组中单击“数据标签”按钮，如图 4-129 所示。在下拉列表中选择“其他数据标签选项”命令。

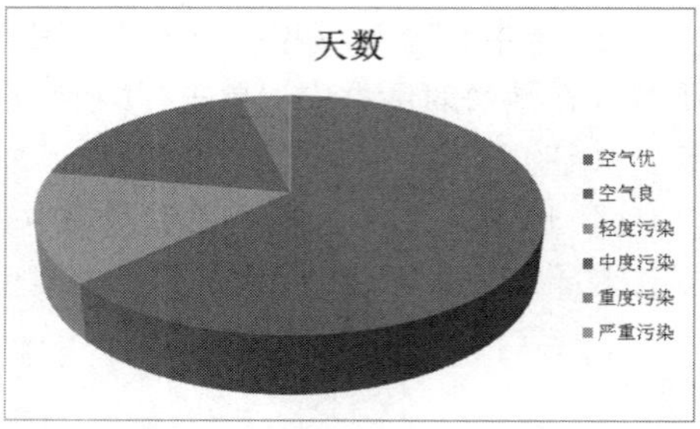

图4-128　三维饼图效果图

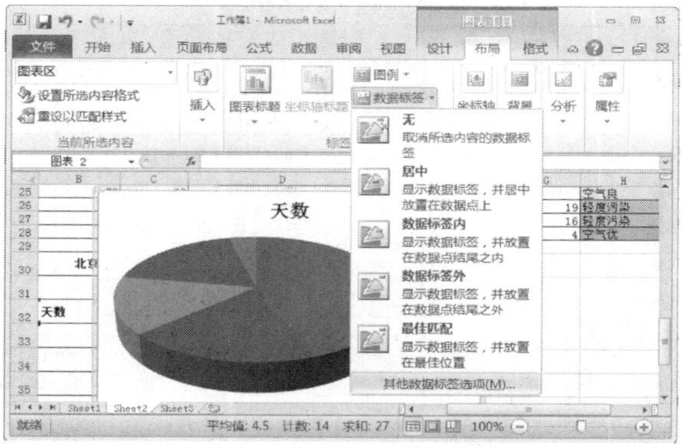

图4-129　设置数据标签菜单

此时会出现图 4-130 所示的设置数据标签格式对话框。

在设置数据标签格式对话框中，标签选项中选择标签包括中的“百分比”项、标签位置中的“数据标签内”项，单击“确定”按钮。完成各空气质量天数所占的百分比操作。结果显示如图 4-131 所示。

图4-130　设置数据标签格式对话框

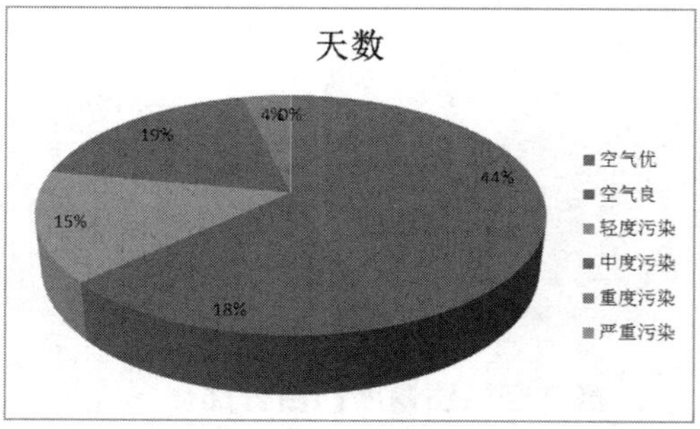

图4-131　空气质量百分比图

将空气质量天数三维饼图放置在 A65：D80 区域，效果如图 4-132 所示。

8. 数据筛选

① 将 Sheet2!A1：H28 区域数据复制到 Sheet3 工作表中。

② 利用自动筛选功能，筛选出 AQI 指数、PM2.5、PM10 均小于 30 的数据。

在 Sheet3 工作表中选择数据区域 A1:H28 的任意位置（要求当前位置一定在有数据区域），在“数据”选项卡“排序和筛选”组，如图 4-133 所示。

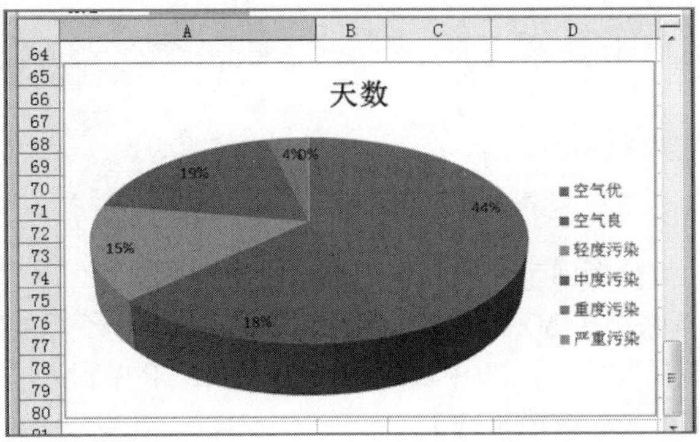

图4-132 空气质量图放置位置

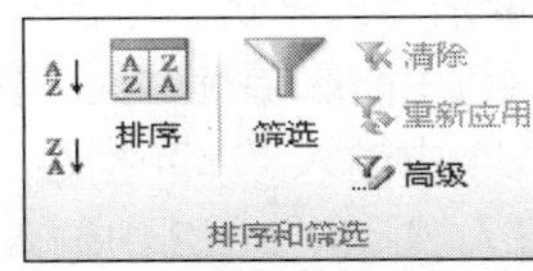

图4-133 排序和筛选组

单击“筛选”按钮，A1：H1 各单元格右侧均出现筛按钮，如图 4-134 所示。

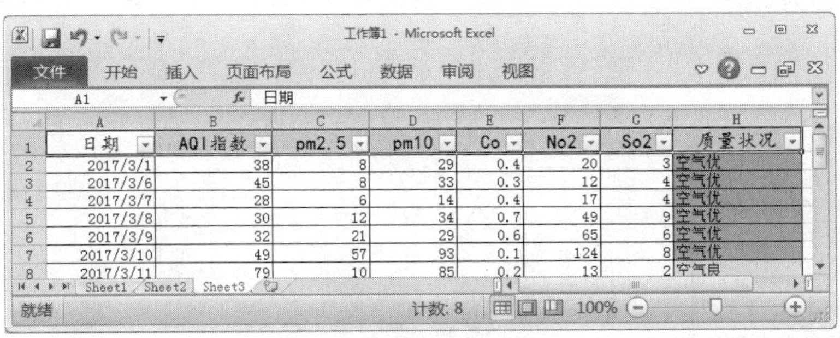

	A	B	C	D	E	F	G	H
1	日期	AQI指数	pm2.5	pm10	Co	No2	So2	质量状况
2	2017/3/1	38	8	29	0.4	20	3	空气优
3	2017/3/6	45	8	33	0.3	12	4	空气优
4	2017/3/7	28	6	14	0.4	17	4	空气优
5	2017/3/8	30	12	34	0.7	49	9	空气优
6	2017/3/9	32	21	29	0.6	65	6	空气优
7	2017/3/10	49	57	93	0.1	124	8	空气优
8	2017/3/11	79	10	85	0.2	13	2	空气良

图4-134 自动筛选

通过选择值或搜索进行筛选。单击“AQI 指数”列的筛选按钮，在下拉列表中选择“数字筛选”下的“小于”命令，如图 4-135 所示。

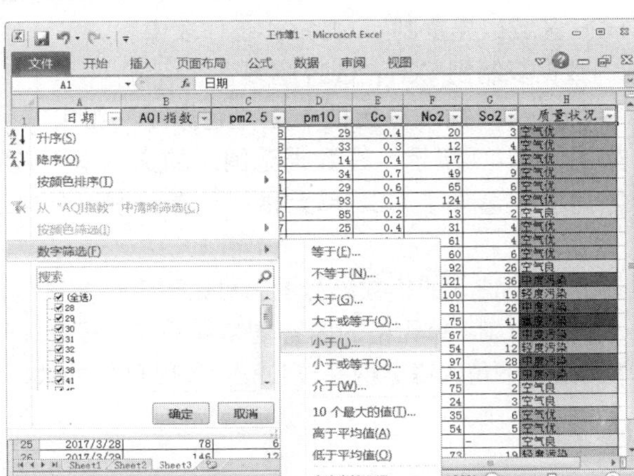

图4-135 数字筛选菜单

打开“自定义自动筛选方式”对话框，如图 4-136 所示，在对话框中进行相应设置，单击“确定”按钮完成筛选操作。

同样的方式继续 PM2.5 列和 PM10 列的筛选，结果如图 4-137 所示。

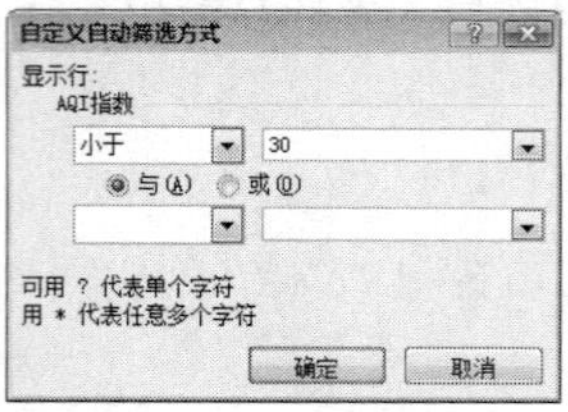

图4-136　自动筛选

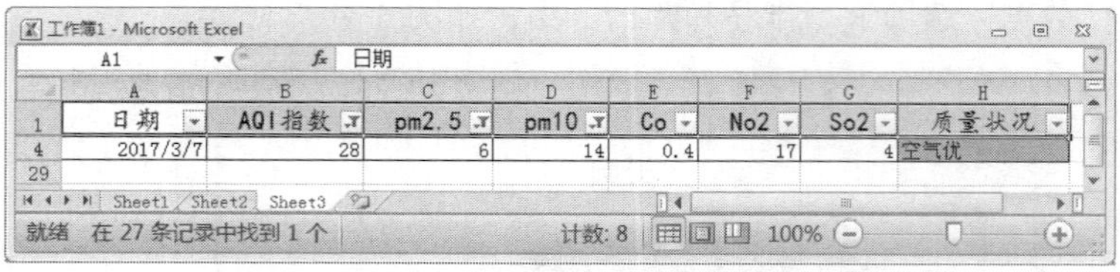

图4-137　自动筛选结果

要取消对的筛选，单击图 4-132 中的清除项即可，现在取消筛选。

③ 利用高级筛选功能，筛选出 AQI 指数小于 50、PM2.5 小于 40、PM10 小于 40 的数据。

在 J1 中输入“AQI 指数”、K1 中输入“PM2.5”，L1 中输入“PM10”，在 J2 中输入“<50”、K2 中输入“<40”，L2 中输入“<40”(准备高级筛选条件)。

在“数据”选项卡“排序和筛选”组，单击“高级”按钮，出现“高级筛选”对话框。在列表区域选择 A1：H28，条件区域选择 J1：L2，如图 4-138 所示，单击“确定”按钮。效果如图 4-139 所示。

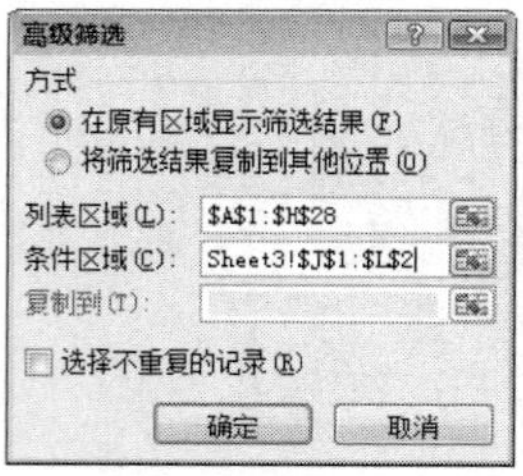

图4-138　“高级筛选”对话框

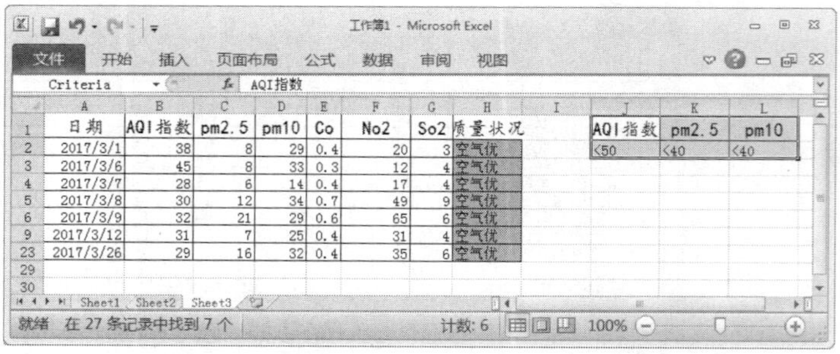

图4-139　高级筛选结果

9. 用迷你图表示 PM2.5、PM10、CO、NO2 和 SO2 的指标趋势图

① 将 Sheet2!A1：H28 区域数据复制到 Sheet4 工作表中。

② 将 C1：G1 区域的数据复制到 C31：G31 区域。

③ 选中 C32 单元格，单击“插入”选项卡上“迷你图”组中“折线图”按钮，将会出现创建迷你图对话框，如图 4-140 所示，在数据范围后的文本框中选择 C2：C28 区域，在位置范围后的文本框中因为已经选择了 C32 单元格的位置，所以会自动出现“￥C￥3”，单击“确定”按钮。

在 C32 单元格中立刻出现 PM2.5 的指数趋势图，可以用上述方法创建其他 4 个指标的迷你图。也可以像复制数据一样，将 C32 单元格的内容复制到 D32、E32、F32 和 G32 单元格中。当然，也可以利用 C32 单元格右下角的填充柄完成 D32：G32 区域的数据填充，效果如图 4-141 所示。

10. 保存文件

文件名为“3 月北京空气质量分析”。

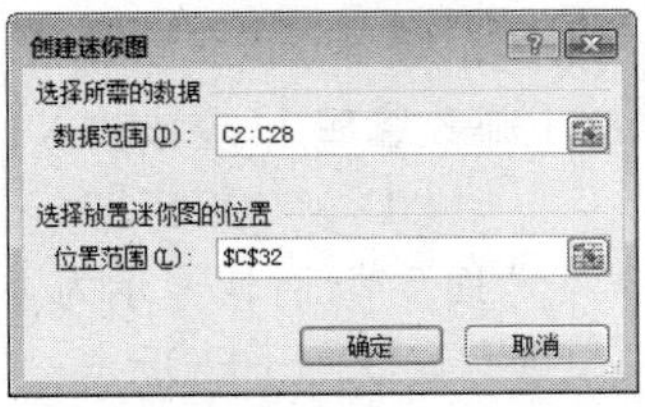

图4-140　创建迷你图对话框

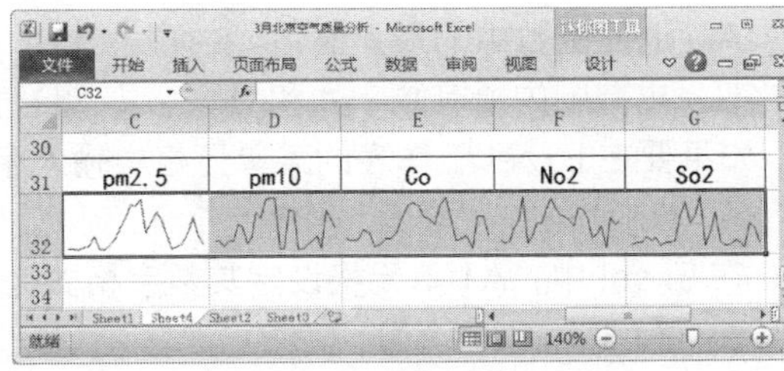

图4-141　五指标迷你图效果

习题

一、选择题

1. Excel 工作表中，当前单元格的填充句柄在其（　　）。

A. 左下角　　B. 右上角　　C. 右下角　　D. 左上角

2. 在 Excel 中，利用填充柄可以将数据复制到相邻单元格中，若选择含有数值的左右相邻的两个单元格，向右拖动填充柄，则数据将以（　　）填充。

A. 等差数列　　B. 左单元格数值

C. 右单元格数值　　D. 等比数列

3. Excel 属于（　　）软件。

A. 图形图像　　B. 网络通信

C. 电子表格　　D. 文字处理

4. 不能启动 Excel 应用程序的方法（　　）。

A. 鼠标右键单击已有的 Excel 文件，选择“打开”

B. 选择“开始”菜单中的“程序”中的 Excel 快捷方式

C. 鼠标右键单击“计算机”

D. 鼠标左键双击已有 Excel 文件

5. 在 Excel 中，若要使某单元格显示 0.3，则应在单元格内输入（　　）。

A. “6/20”　　B. =6/20　　C. 6/20　　D. ‘6/20’

6. 在 Excel 中，下面哪个函数是用来实现求和计算的（　　）。

A. AVERAGE　　B. SUM `

C. MAX　　D. MIN

7. 在 Excel 2010 中，一个工作表有（　　）列。

A. 260　　B. 300

C. 200　　D. 16384

8. 在 Excel 中，若要对某工作表重新命名，可以采用（　　）。

A. 双击表格标题行　　B. 双击工作表标签

C. 单击表格标题行　　D. 单击工作表标签

9. Excel 中，撤销上一步操作的快捷键是（　　）。

A. Ctrl+Z　　B. Ctrl+Y

C. Ctrl+S　　D. Ctrl+P

10. 在 Excel 中有多个常用的简单函数，其中函数 SUM（范围）的功能是（　　）。

A. 返回函数中的最大值　　B. 求范围内所有数字的平均值
C. 求范围内所有数字的和　　D. 求范围内数据的个数

11. 如果要在 Excel 工作表的某单元格中输入字符串 000183（邮政编码），应该输入（　　）。
A. 000183'　　B. 183　　C. '000183　　D. "000183"

12. 在 Excel 中，A1 单元格设定其数字格式为整数，当输入"33.51"时，显示为（　　）。
A. 34　　B. 33.51　　C. 33　　D. ERROR

13. 在 Excel 中，若单元格引用随公式所在单元格位置的变化而改变，则称之为（　　）。
A. 相对引用　　B. 绝对引用
C. 混合引用　　D. 3-D 引用

14. 在 Excel 工作表中，若在单元格内输入公式，必须先输入（　　）。
A. 数值　　B. 函数
C. =　　D. 单元格名称

15. 在 Excel 工作表中，如要选取若干个不连续的单元格，可以（　　）。
A. 按住 Alt 键，依次单击所选单元格
B. 按住 Shift 键，依次单击所选单元格
C. 按住 Tab 键，依次单击所选单元格
D. 按住 Ctrl 键，依次单击所选单元格

16. Excel 按递增方式排序时，空格（　　）。
A. 总是排在数字的前面
B. 始终排在最后
C. 总是排在逻辑值的前面
D. 总是排在数字的后面

17. 在 Excel 中，下面不属于单元格引用符的是（　　）。
A. :　　B. 空格　　C. ,　　D. ;

18. 在 Excel 中，下面属于算术运算符的是（　　）。
A. %　　B. ￥　　C. &　　D. =

19. 下列有关 Excel 功能的叙述中，正确的是（　　）。
A. 在 Excel 中，工作表的名称由文件名决定
B. Excel 的图表必须与生成该图表的有关数据处于同一张工作表上
C. Excel 的一个工作簿中可包含多个工作表
D. Excel 将工作簿中的每一张工作表分别作为一个文件来保存

20. 在 Excel 中，某公式中引用了一组单元格，它们是（A3:B7，E2，F1:F5），该公式引用的单元格总数为（　　）。
A. 12　　B. 14　　C. 16　　D. 18

二、填空题

1. 单击工作表左上角的________，则整个工作表被选中。
2. Excel 2010 的 3 个主要功能是________、图表和数据库。
3. 分类汇总就是对数据清单按某字段进行分类，将________的连续记录作为一类，进行求和、平均、计数等汇总运算；分类汇总前必须对汇总字段进行________。
4. 在 Excel 2010 中的求和函数为________。
5. 在 Excel 2010 中工作簿文件默认扩展名为________。

6. 在 Excel 2010 工作表中，按下 Delete 键将清除被选区域中所有单元格的________。
7. 在 Excel 2010 中创建图表，首先要打开________选项卡，然后在“图表”组中操作。
8. 在 Excel 2010 中要想设置行高、列宽，应选用________选项卡中的“格式”命令。
9. 在 Excel 2010 中套用表格格式后，会出现________功能区选项卡。
10. 在 Excel 2010 中，在________选项卡可进行工作簿视图方式的切换。

三、判断题

1. 在 Excel 中，删除工作表中对图表有链接的数据，图表将自动删除相应的数据。（ ）
2. 输入数字时，Excel 自动将它沿单元格左边对齐。（ ）
3. 在 Excel 中，可同时打开多个工作簿。（ ）
4. Excel 具有复杂运算及分析功能。（ ）
5. Excel 中，直接处理的对象为工作表，若干工作表的集合称为工作簿。（ ）
6. Excel 中=（等号）是比较运算符。（ ）
7. 在 Excel 中，分类汇总操作之前可以不进行排序操作。（ ）
8. Excel 的数据类型分为数值型、字符型、日期时间型。（ ）
9. COUNT 函数用于计算区域中单元格个数。（ ）
10. Excel 中的清除内容操作是将单元格内容删除，包括其所在单元格的格式。（ ）

四、简答题

1. 什么是工作簿?
2. 什么是工作表?
3. 什么是单元格和活动单元格?
4. Excel 编辑栏的作用是什么?
5. 举例说明公式中对单元格的引用方式有哪些?

5 Chapter

第 5 章 PowerPoint 2010 演示文稿制作软件

实训一 “自我介绍”演示文稿制作

一、实训目的和要求

1. 熟练掌握演示文稿的建立与保存方法。
2. 熟练掌握设置字体、字形、字号、颜色等格式的方法。
3. 熟悉 PowerPoint 2010 的操作界面。
4. 熟练掌握快速应用内置主题功能。

二、实训内容

1. 利用 PowerPoint 2010 制作一个演示文稿，题目：自我介绍。

2. 制作包含 6 张幻灯片的演示文稿，包括基本情况、学习经历、对公司的向往、个人优点技能和致谢等方面内容，如图 5-1 所示。

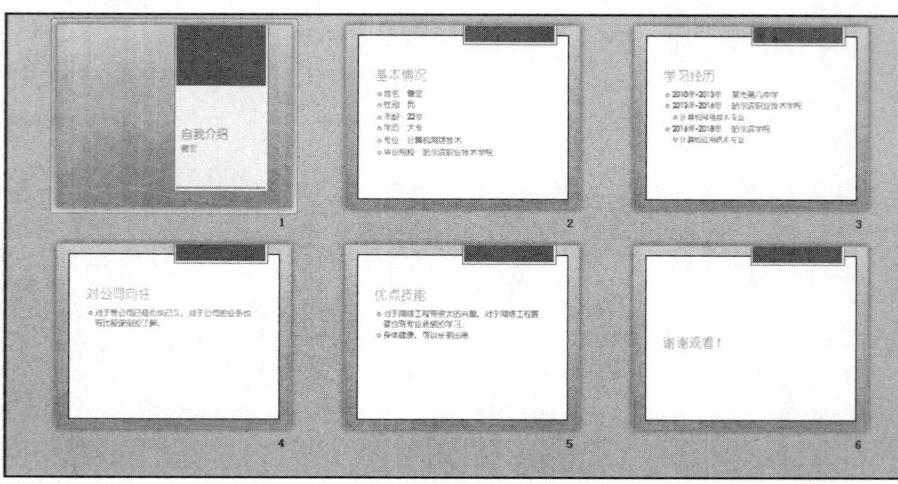

图5-1 “自我介绍”演示文稿效果图

3. 对幻灯片进行格式化设置。
4. 美化幻灯片。

三、实训步骤

1. 新建空演示文稿

在桌面上单击左下角的“开始”→“所有程序”→“Microsoft Office”→“Microsoft PowerPoint 2010”选项，可启动 Microsoft PowerPoint 2010 主程序，创建空 PowerPoint 文档。

2. 保存演示文稿

选择“文件”选项卡中“保存”命令，打开“另存为”对话框，文件名为“自我介绍”，文件类型为“演示文稿”。

3. 制作第 1 张幻灯片

① 单击标题栏，输入“自我介绍”，单击副标题栏，输入“曹宏”。

② 设置字体。

选中标题文字或标题所在的占位符，在“开始”选项卡“字体”组中单击“字体”按钮，打开“字体”对话框，设置字体格式为“楷体”“66 号”“红色”，如图 5-2 所示。以同样的方法设置副标题的字体格式为“华文行楷”“32 号”。

图5-2　第1张幻灯片效果

4. 制作第 2～8 张幻灯片

① 在“开始”选项卡“幻灯片”组中单击“新建幻灯片”下拉按钮，如图 5-3 所示。选择“标题和内容”主题。

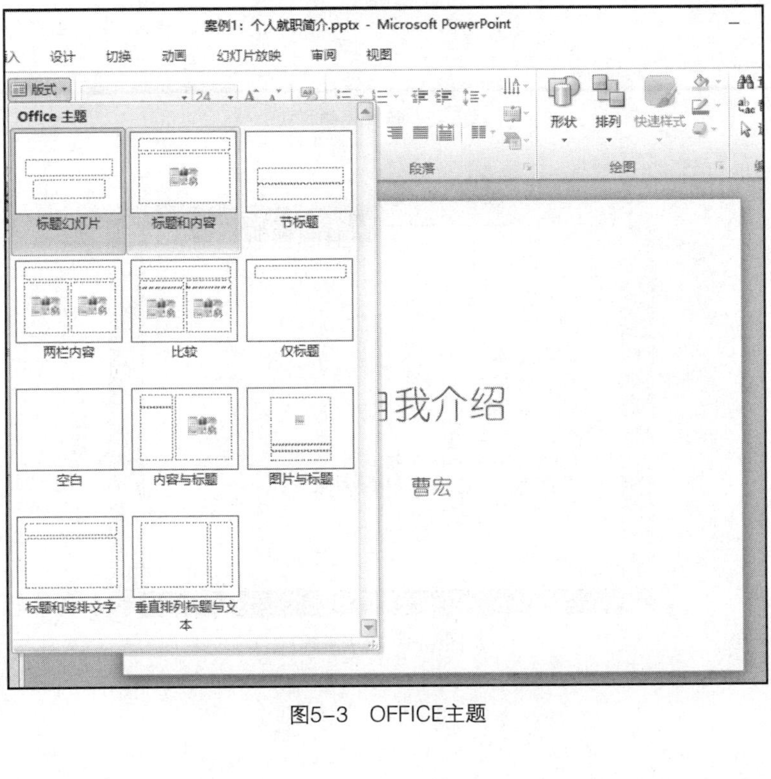

图5-3　OFFICE主题

② 按图 5–4 所示的样式输入相应内容。

③ 依照此方法依次建立第 3～8 页幻灯片。

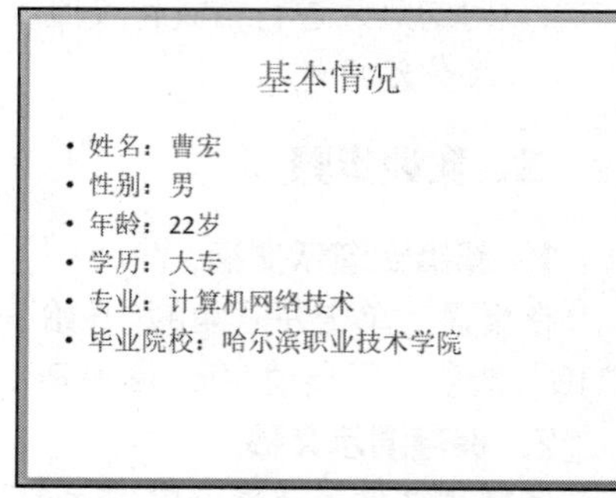

图5–4　第2张幻灯片效果

5. 快速应用内置主题

在幻灯片中，在“设计”选项卡“主题”组中单击“其他”下拉按钮，在展开的下拉菜单中选择适合的主题，如图 5–5 所示。

6. 应用主题

应用主题后的幻灯片效果如图 5–6 所示。

7. 保存

单击“保存”按钮。对演示文稿进行覆盖保存。

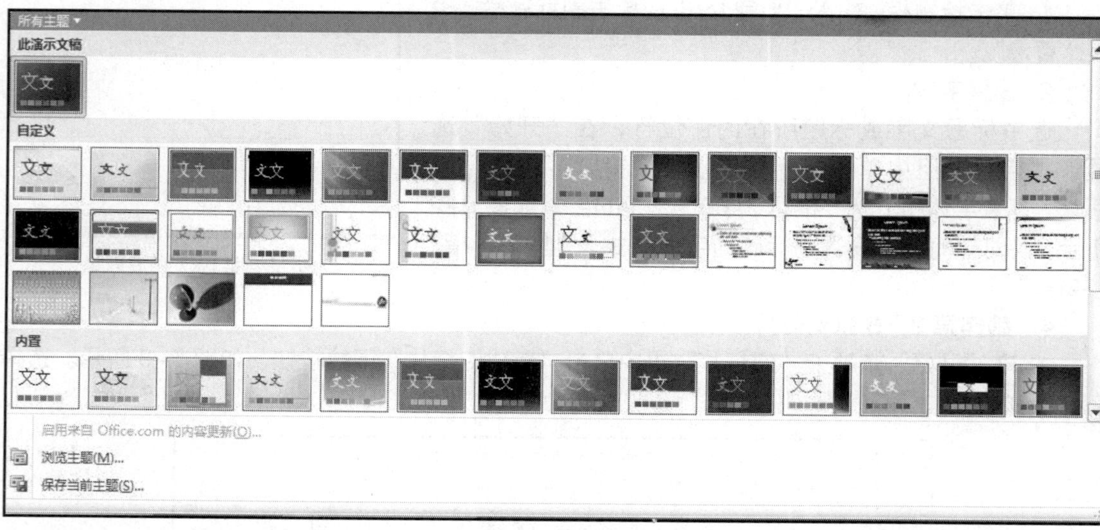

图5–5　选择主题样式

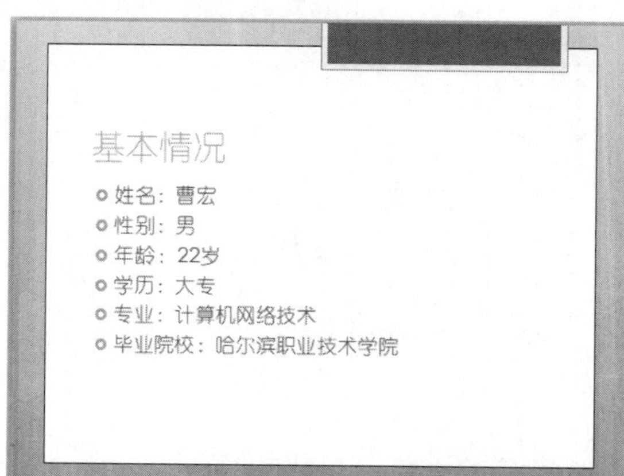

图5–6　应用主题

四、拓展训练

哈尔滨职业技术学院简介

根据从校园网查询的哈尔滨职业技术学院教学理念、专业设置、师资队伍、就业方向和社会服务能力等方面内容创建主题演示文稿。

实训二　“个人旅游相册”演示文稿制作

一、实训目的和要求

1. 熟练掌握模板应用的方法。
2. 熟练掌握插入艺术字的方法。
3. 熟练掌握插入形状的方法。
4. 熟练掌握插入图片的方法。

二、实训内容

1. 利用 PowerPoint 2010 制作一个演示文稿，题目：个人旅游相册。
2. 制作包含 8 张旅游照片的幻灯片演示文稿，如图 5-7 所示。

图5-7　“个人旅游相册”演示文稿效果图

三、实训步骤

1. 使用设计模板

① 新建空白演示文稿，单击保存命名为“个人旅游相册”。

② 单击“设计”选项卡，单击“主题”组右侧 按钮，在弹出的主题选项中选择“秋季”主题，如图 5-8 所示。

③ 单击“主题”组右侧“颜色”按钮，在弹出的下拉列表中选择“沉稳”选项，如图 5-9 所示。

图5-8　设计模板主题

2. 设置幻灯片背景样式

单击“设计”选项卡，选择单击右侧“背景样式”按钮，在弹出的下拉背景样式中选择“样式 1”，以白色为主要背景颜色，此时幻灯片的背景效果如图 5-10 所示。

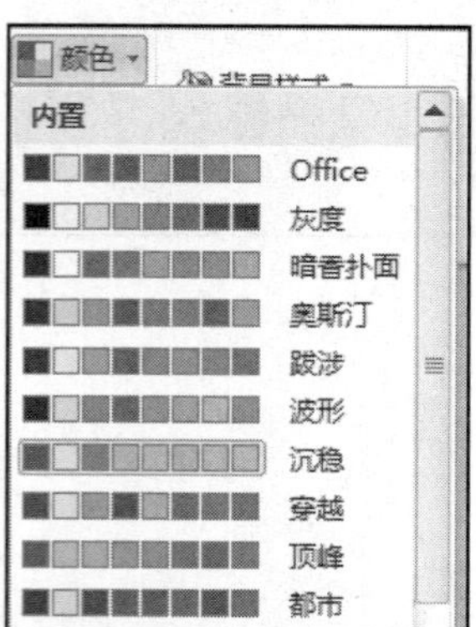

图5-9　修改设计模板颜色

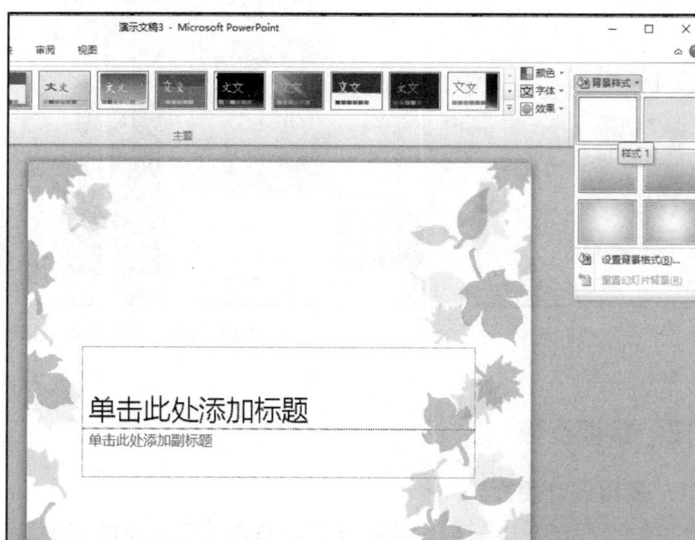

图5-10　设置背景样式

3. 制作幻灯片内容

① 单击首页标题占位符，在其中输入“个人旅游相册”，在副标题中输入“云南大理”。

② 新建一张空白幻灯片，单击“开始”选项卡中“幻灯片”组的“新建幻灯片”按钮，单击“版式”按钮，在弹出的版式中选择“空白”版式，如图 5-11 所示。

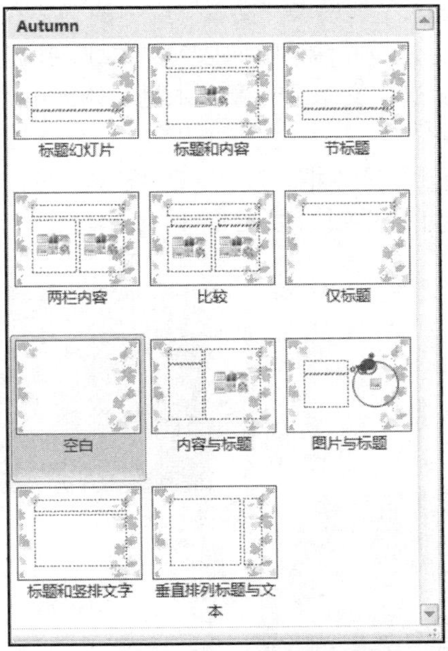

图5-11　修改幻灯片版式

③ 单击“插入”选项卡，选择单击“图像”组中的“图片”按钮，在弹出的“插入图片”对话框中，选择要插入的图片，然后单击“确定”按钮，如图 5-12 所示。

图5-12　插入图片

④ 选中插入的图片，移动鼠标至右下角的控制符，按住左键并移动鼠标缩小图片至适合大小，然后将图片移动到幻灯片的右上角。

⑤ 重复第③、④步骤，再插入一张图片，如图5-13所示。

⑥ 插入文本框，单击“插入”选项卡“文本”组中的“文本框”按钮，移动鼠标至幻灯片的右上半部分空白处，按住鼠标左键并移动鼠标插入文本框，并在文本框中输入“苍山”两个字。

⑦ 调整文本框文字格式，选中文本框设置文本框字体大小为“48”，字体样式为“黑体”“加粗”。

⑧ 复制文本框，选中“苍山”文本框，按住<Ctrl>键，按住鼠标左键并移动到幻灯片左下半部分空白位置，并修改文字为“洱海”，如图5-14所示。

图5-13 插入图片后效果

图5-14 插入文本框

⑨ 新建第3张幻灯片，插入一张新的雪山图片，调整图片大小占满整个幻灯片。然后单击“插入”选项卡 “插图”组中的“形状”按钮，在弹出的形状库中选择“矩形”，并在幻灯片的右上角处绘制一个矩形，如图5-15所示。

⑩ 用鼠标右键单击刚插入的“矩形”，在弹出的快捷菜单中选择“编辑文本”选项，并在“矩形”中录入“雪山美景”，修改字体格式为“48号”“黑体”“加粗”。

⑪ 选中“矩形”，单击“绘图工具格式”选项卡，分别单击“形状样式”组中的“形状填充”与“形状轮廓”，将矩形的填充颜色与填充线条都改成“无”，如图5-16所示。

图5-15 插入形状

图5-16 编辑形状

⑫ 新建第 4 张幻灯片，插入大理古城图片，选中图片后单击“图片工具格式”选项卡，单击“大小”组中的“裁剪”下拉按钮，移动鼠标到“裁剪为形状”命令，在弹出的级联菜单中选择“云状”。将剪切后的图形移动到左上方。

⑬ 单击“插入”选项卡“文本”组中的“艺术字”按钮，在弹出字库中选择“填充-绿色，强调文字颜色 1，金属棱台，映像”，如图 5-17 所示。

⑭ 新建一个空白幻灯片，插入“苗寨美女”图片，然后单击“图片工具格式”选项卡，单击“图片样式”组中的图片预设样式，选择“旋转，白色”选项，然后在图片的右侧添加文本为“苗寨美女”的艺术字，如图 5-18 所示。

图5-17 “大理古城”幻灯片

图5-18 “苗寨美女”幻灯片

⑮ 继续新建空白幻灯片，通过插入图片、文本框以及艺术字等方法完成“个人旅游相册”后续的部分内容。

四、拓展训练

我的家乡

根据从网上查询家乡的地理位置、历史、风俗民情，然后着重介绍重点景点、饮食文化、名人等方面内容，创建主题演示文稿。

实训三 制作“就业情况统计表”图表

一、实训目的和要求

1. 熟练掌握插入图表的方法。
2. 熟练掌握修饰图表的方法。

二、实训内容

1. 利用 PowerPoint 2010 制作一个演示文稿。
2. 制作插入图表的幻灯片，如图 5-19 所示。
3. 修饰图表。

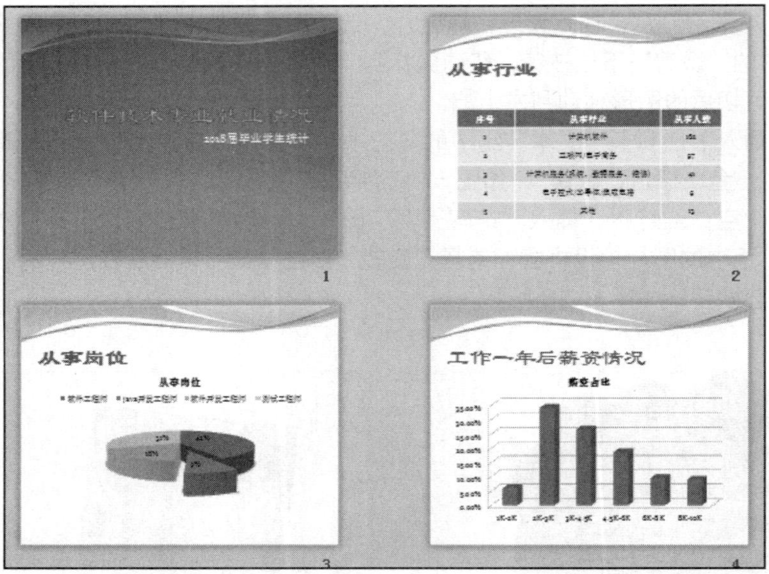

图5-19 “就业情况统计表”演示文稿效果图

三、实训步骤

1. 利用 PowerPoint 2010 制作一个演示文稿

启动 PowerPoint 2010，在“开始”选项卡“幻灯片”组中单击“新建幻灯片”按钮，选择“标题幻灯片”版式。

2. 设置设计主题样式

在“设计”选项卡“主题”组中单击“主题样式”的下拉按钮，选择“流畅”主题样式，然后在标题处输入“软件技术专业就业情况”，在副标题处输入“2017 届毕业学生统计”，如图 5-20 所示。

3. 编辑表格

① 新建空白幻灯片，版式为“标题和内容”，在标题处输入“从事行业”。

② 单击“插入”选项卡“表格”组中的“表格”按钮，插入一个 6 行 3 列的表格，并填入相关数据，调整表格的列宽以及行高，将表格中的文本调整为居中，如图 5-21 所示。

图5-20 “就业情况”首页

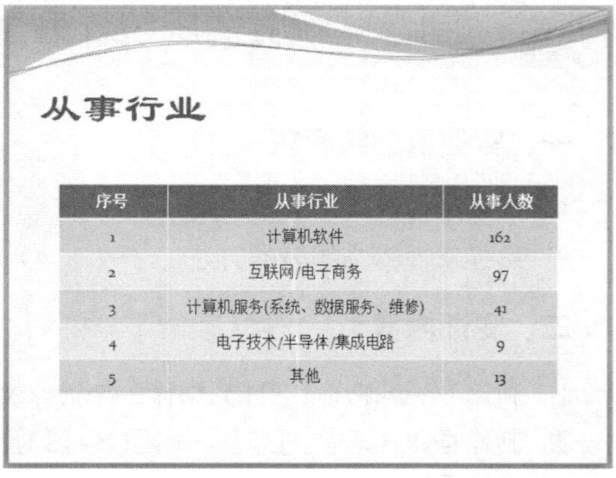

图5-21 插入表格

4. 插入图表

① 新建空白幻灯片，版式为“标题和内容”，在标题处输入“从事岗位”。

② 单击“插入”选项卡“插图”组中的“图表”按钮，打开“插入图表”对话框，选择“三维饼图”样式，单击“确定”按钮。此时在幻灯片中自动生成一张图表以及对应的 Excel 表格，如图 5-22 所示。

③ 编辑 Excel 数据，如图 5-23 所示。

④ 修改图表布局，编辑数据之后，饼状图表会根据数据重新更改数据。选中图表，单击“图表工具设计”选项卡“图表布局”组中的 ▾ 按钮，选择“布局 2”；单击“图表样式”中的“样式 20”，效果如图 5-24 所示。

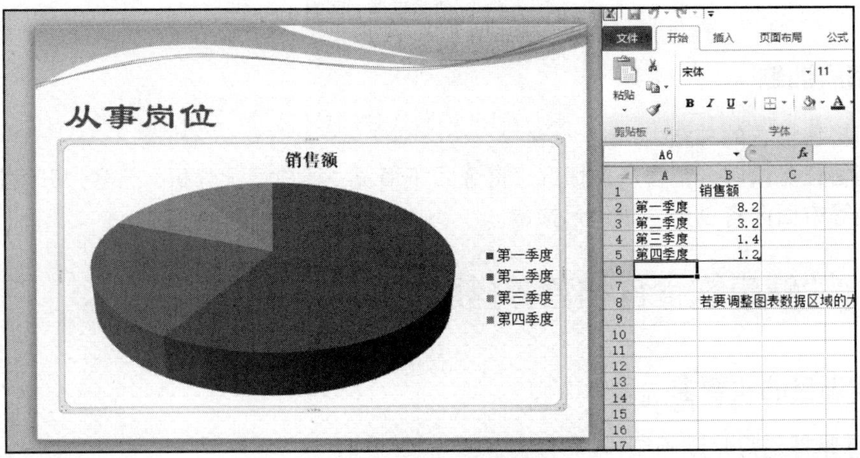

图5-22 插入图表后效果

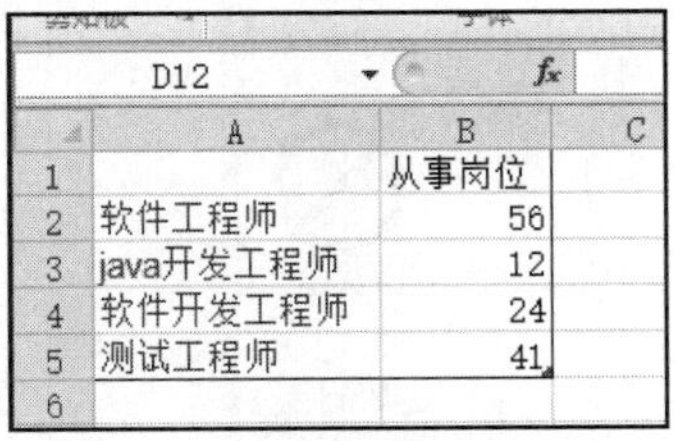

	A	B
1		从事岗位
2	软件工程师	56
3	java开发工程师	12
4	软件开发工程师	24
5	测试工程师	41

图5-23 “从事岗位”数据表

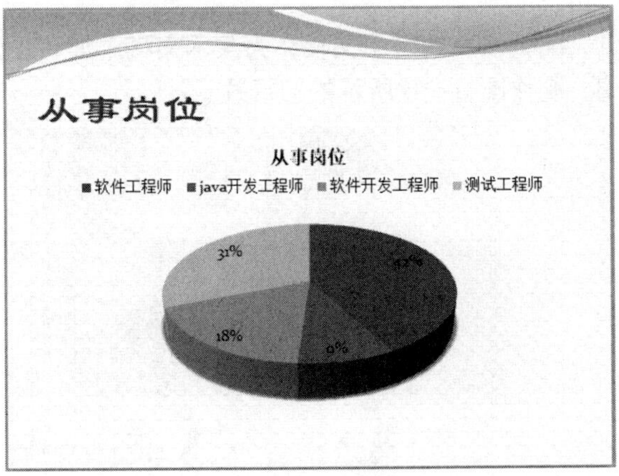

图5-24 “从事岗位”图表

⑤ 新建空白幻灯片，根据步骤（1）~ 步骤（4）插入一个簇状图表，如图 5-25 所示。

5. 保存演示文稿

以“就业情况统计表”为名，保存并退出。

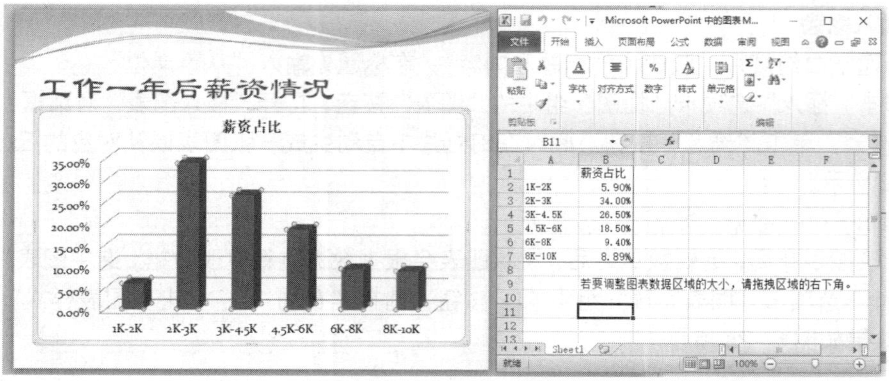

图5-25 “薪资情况”图表

四、拓展训练

某公司销售情况的总结

根据销售任务情况、销售产品情况、资金回笼情况、客户情况分析、新客户开发情况和销售存在的问题等方面内容创建主题演示文稿。

实训四 “健康饮食食物营养搭配”的动画制作

一、实训目的和要求

1. 熟练掌握幻灯片动画制作的方法。
2. 熟练掌握幻灯片切换的方法。

二、实训内容

1. 编辑已有的演示文稿，为演示文稿添加动画以及幻灯片切换样式。
2. 制作图 5-26 所示的幻灯片。

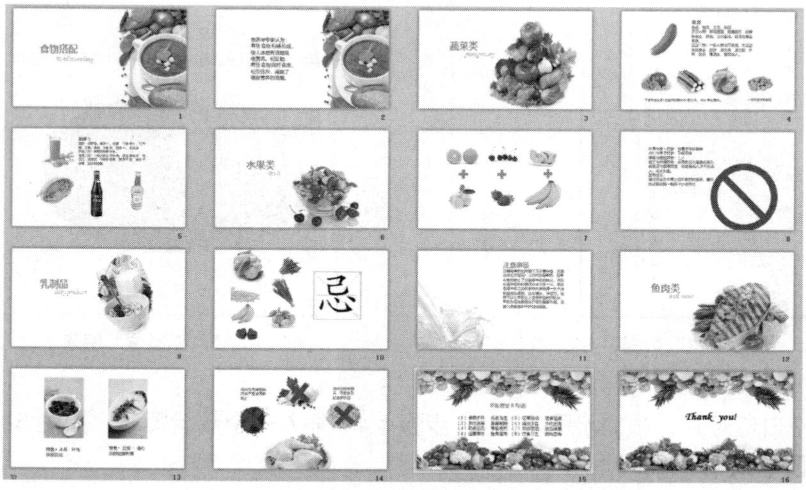

图5-26 “健康饮食食物营养搭配”演示文稿效果图

三、实训步骤

1. 设置幻灯片切换

① 启动 PowerPoint 2010，打开题为“健康饮食食物营养搭配”的演示文稿。打开“切换”选项卡，单击“切换到此幻灯片”组中的按钮，选择“华丽”型中的“棋盘”选项，如图 5-27 所示。

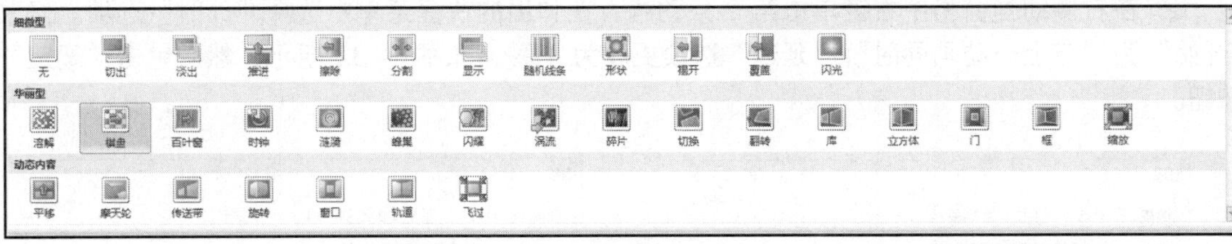

图5-27　幻灯片切换样式

② 修改“计时”组中的“持续时间”为 10 秒，然后单击“全部应用”按钮。此时可以单击左侧“预览”组中的“预览”按钮查看效果。

2. 设置幻灯片“打字机”动画效果

① 打开第 2 张幻灯片，选中文本框，单击“动画”选项卡“动画”组中的“出现”动画样式，如图 5-28 所示。

图5-28　“出现”动画样式

② 单击“高级动画”组中“动画窗格”按钮，在操作界面的右侧会打开动画编辑窗格，右键单击动画窗格中的动画条目，选择“效果选项”，如图 5-29 所示。

③ 弹出的对话框中，在“效果”选项卡中，将“声音”选项修改为“打字机”，“动画文本”选项修改为“按字母”，“字母之间延迟秒数”修改为 0.2 秒，如图 5-30 所示。

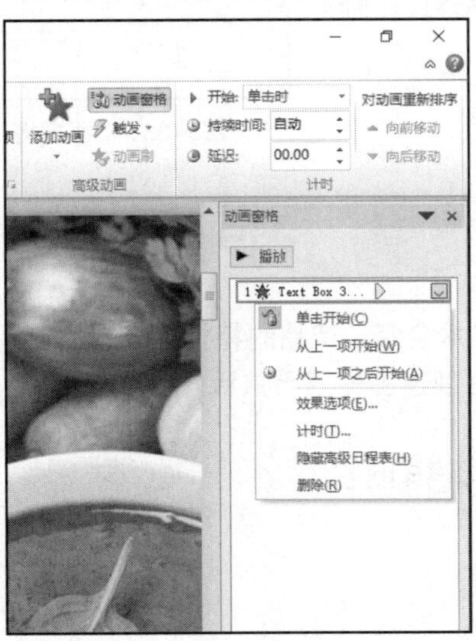

图5-29　动画窗格

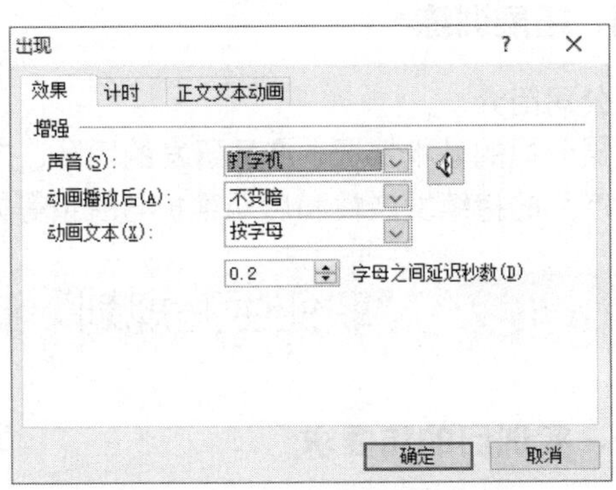

图5-30　“出现”效果选项卡

④ 修改“计时”选项卡中“开始”选项为“与上一动画同时”，然后单击“确定”按钮，如图 5-31 所示。此时“打字机”效果便设置完成，可单击“预览”按钮查看。

3. 设置幻灯片对象“进入”动画效果

① 打开第 14 张幻灯片，选中“芝麻”图片，单击“动画”选项卡“动画”组中的“擦除”动画。选中“红叉”图片，选择“缩放”动画。与之相对应的文本框选中“劈裂”动画。

② 在右侧动画窗格中右键单击第 2 条动画，在弹出的快捷菜单中选择“计时”选项。修改“开始”为“与上一动画同时”，“延迟”选项更改为 1 秒，如图 5-32 所示，然后单击“确定”按钮。

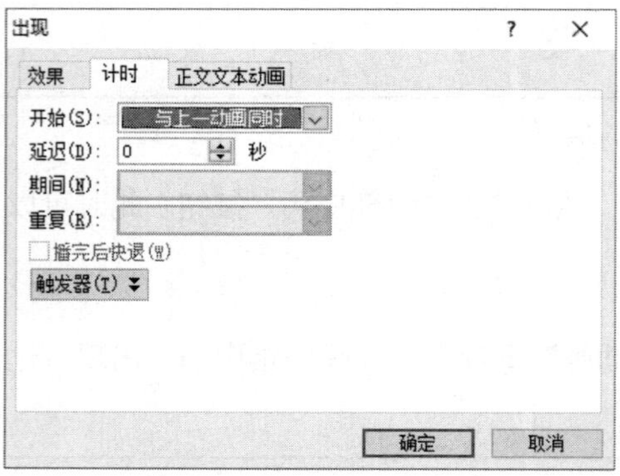

图5-31 “出现”计时选项卡

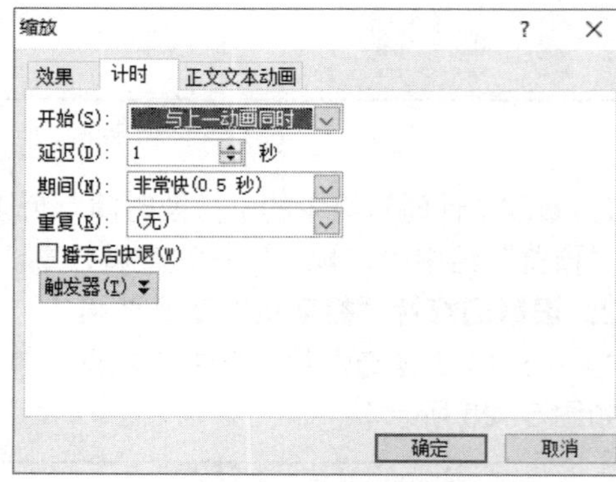

图5-32 “缩放”计时选项卡

③ 在右侧动画窗格中右键单击第 3 条动画，使用同样的方式修改动画开始时间为“与上一动画同时”，延迟 2 秒钟。

④ 重复步骤①～步骤③，设置幻灯片内其他图片以及文本框的动画，幻灯片右侧的动画窗格中显示内容，如图 5-33 所示。

图5-33 动画窗格

4. 添加动画

通过以上几种方式给其它幻灯片添加动画，注意幻灯片中的动画不宜过多，主要起画龙点睛的作用。

5. 保存

保存演示文稿。

四、拓展训练

某公司简介

根据公司的基本情况、产品研发的团队、产品的技术含量、产品的特性、产品的使用范围和效果、产品的持续发展性和后期维护与展望等方面内容创建主题演示文稿。

综合实训一 “职业生涯规划”演示文稿制作

一、实训目的和要求

规划个人职业生涯，设计并制作演示文稿。

二、实训内容

1. 利用 PowerPoint 2010 制作完成设计个人职业生涯规划的内容。
2. 制作至少包含 9 张幻灯片的演示文稿，并设计版式和内容，效果如图 5-34 所示。

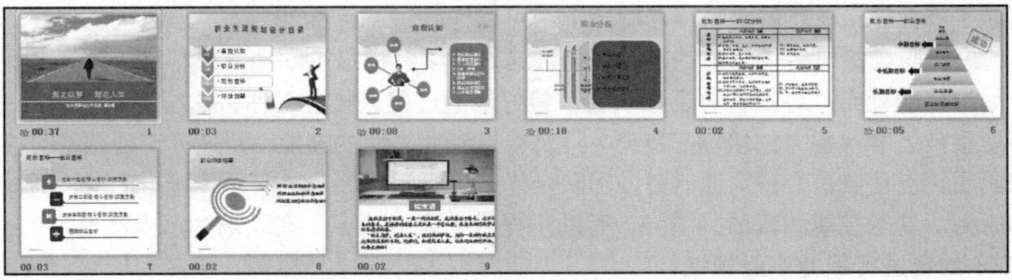

图5-34　“职业生涯规划”演示文稿效果图

3. 美化幻灯片。

三、实训步骤

（一）了解职业生涯规划

1. 职业生涯规划的定义

根据中国职业规划师协会的定义，大学生职业生涯规划是指学生在大学期间进行系统的职业生涯规划的过程。它包括大学期间的学习规划、职业规划、职业生涯规划。有无规划会直接影响到大学期间的学习生活质量，更直接影响到求职就业，甚至未来职业生涯的成败。从狭义职业生涯规划的角度来看，此阶段主要是职业的准备期，主要目的在于为未来的就业和事业发展做好准备。

2. 职业生涯设计的具体步骤

（1）认清自我

择业首先要认识自我，了解自己的性格、气质以及能力、兴趣、特长，给自己恰当的认知和定位，搞清适合干什么，能干什么，从而确定大致的选择方向和范围。

其次，必须明确职业价值观，即确定自己在职业中最看重什么。通过工作，是为了赚钱，还是希望有良好的发展空间，或是为将来的长远发展积累经验和技能。在清楚阶段性目的和价值取向之后，才会有一个相对明确的求职方向和目标。

（2）解读职业

对自己想从事的职业要进行深入综合的分析，了解该职业所需的专业训练、能力、年龄、性格特点等要求，职业的性质、工作环境、福利待遇以及发展空间和就业竞争机会。除此之外，还要清楚公司文化和人文环境。这样就不会在费尽心思找到工作后，因为与自己的期望相差甚远而放弃工作机会。

某机构上千份案例数据显示，职场新人总是在频繁地更换工作单位，许多人或以薪资作参考，或以环境舒适度为指标，很少有人从行业发展现状、优劣势、发展前景预测等出发，理性而全面地思考问题，最终导致个人得不到长远发展。

（3）准确定位

大学生求职难的真正原因在于，不能为自己确立一个清晰的职业定位，给自己制定一个大学生职业规划。我们应该先解决这个根本问题，然后再寻求专业包装以获得更好的职位。

解决这个问题的根本就在于周全的思考并制定出自己的职业生涯规划。

（4）锁定目标

通过前面 3 个步骤后，需要根据自己的特点和现实条件，确立生涯目标。也就是说，顺利找到职业定位后，需要对自己过往的实习经历或工作经验进行认真的疏理，在此基础上，便能够锁定你的就业范围，比如在哪些行业什么职位上，自己的能力将得到最大最顺利的展现和发挥。当你的求职目标变得“有的放矢”时，求职行动就会变得更加有成效。

（5）确定方案

确认了就业范围，还需要为自己制定一个可操作的短期目标计划。对于缺乏工作经历的大学生，找到进入职场的机会是当前的首要任务。这时要学会积极主动地寻求帮助，用好身边的人脉资源，尽早接触社会，寻找各类工作机会，最好能通过熟人推荐工作，这样的成功率往往最大。同时要注重自己学习能力的培训与提升，不单单是专业领域的技能，而是多个领域都可能用到的技能和素质，包括自信心、沟通能力、团队合作、分析问题、解决问题、挫折应对、时间管理等方面的能力，这些技能和素质的增强，有助于提升求职成功率、在职场的适应程度等。

（二）如何进行职业生涯规划

第一步，客观地认识自我、准确职业定位（自我认知）。

第二步，评估就业机会、知己知彼（职业认知）。

第三步，择优选择职业目标和路径（确定目标和路径）。

第四步，通过职业评估反馈，调整职业规划（制定规划）。

（三）制作步骤

1. 新建空演示文稿

在桌面上单击左下角的“开始”→“所有程序”→“Microsoft Office”→“Microsoft Office PowerPoint 2010”选项，可启动 Microsoft PowerPoint 2010 程序，打开 PowerPoint 文档。

2. 保存演示文稿

选择“文件”选项卡下“保存”按钮，打开“另存为”对话框，文件名为“职业生涯规划”，文件类型为“演示文稿”。

3. 设置幻灯片主题

① 选中第一页幻灯片，单击“视图”选项卡“母版视图”组中的“幻灯片母版”命令，进入母版编辑状态，如图 5-35 所示。

② 单击“幻灯片母版”选项卡“编辑母版”组中的“插入幻灯片母版”命令，会在左侧窗格中插入新的幻灯片母版，如图 5-36 所示。

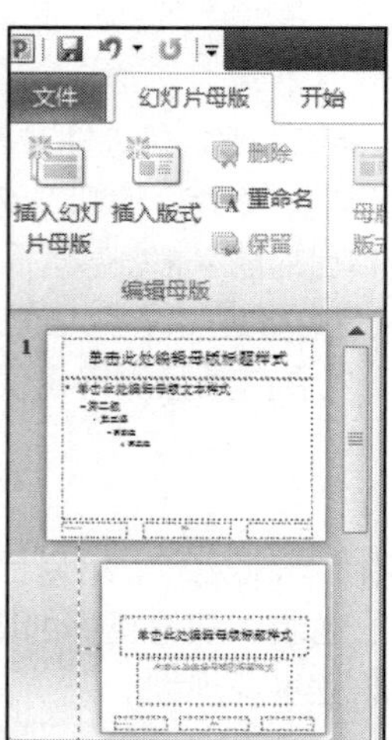

图5-35 幻灯片母版

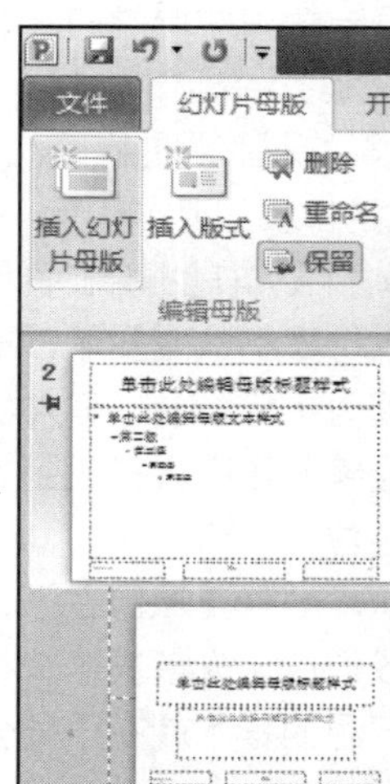

图5-36 插入新幻灯片母版

③ 单击“幻灯片母版”选项卡“背景”组中的“背景样式”下拉按钮，打开“设置背景格式”对话框，选择该对话框中“填充”选项卡，在右侧的窗口中选择“纯色填充”，设置颜色为“蓝色，强调文字颜色 1，淡色 25%”，如图 5-37 所示。单击“关闭”按钮。

图5-37 设置幻灯片母版背景

④ 单击“幻灯片母版”选项卡“关闭”组中的“关闭幻灯片母版”按钮。返回到幻灯片普通视图。

⑤ 选中窗格中的第一页幻灯片，单击“开始”选项卡“幻灯片”组中的“版式”下拉按钮，打开图 5-38 所示的列表，单击“自定义设计方案”中刚刚创建好背景的“标题幻灯片”，应用到第一页。

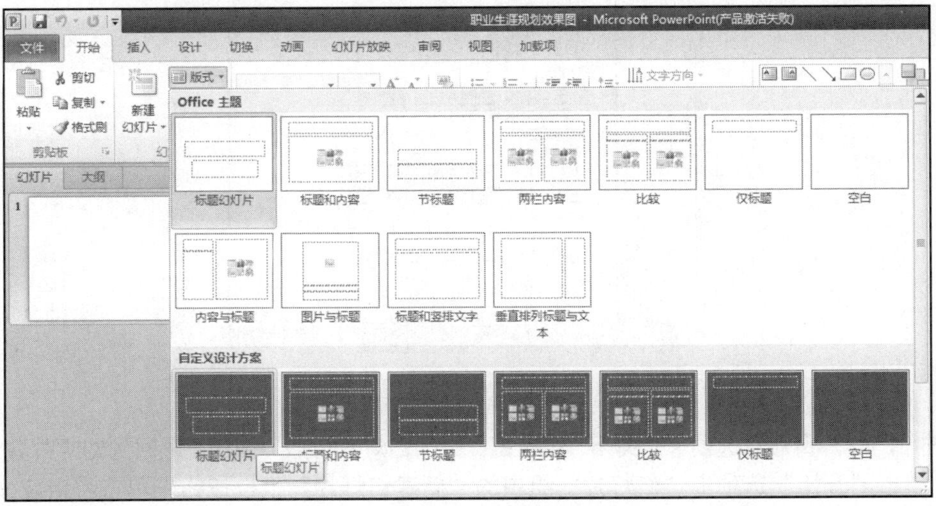

图5-38 应用自定义设计方案

⑥ 重复步骤①、②，然后单击“幻灯片母版”选项卡“背景”组中的“背景样式”下拉按

钮，打开“设置背景格式”对话框，选择该对话框中“填充”选项卡，在右侧的窗口中选择“图片或纹理填充”选项，单击“插入自：文件”按钮，在打开的“插入图片”对话框中选择“天空背景”图片，单击“插入”按钮，如图 5-39 所示。

图5-39　插入背景图片

⑦ 返回到“设置背景格式”对话框，将右侧窗格中“偏移量”中“下”的值设置为“50%”，如图 5-40 所示。单击“关闭”按钮。

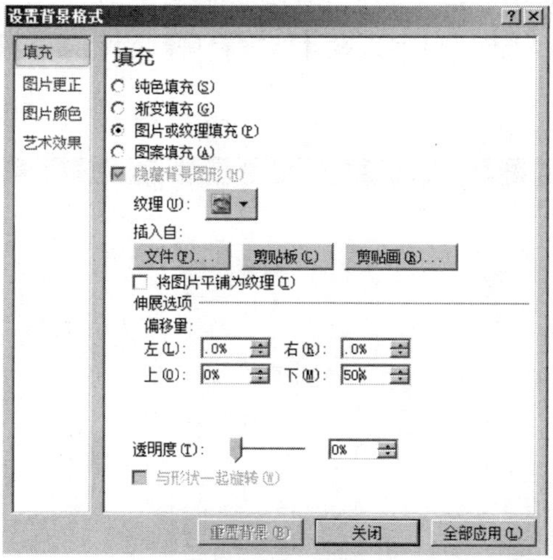

图5-40　设置背景图片下方偏移量值

单击“幻灯片母版”选项卡“关闭”组中的“关闭幻灯片母版”按钮。返回到幻灯片普通视图。

⑧ 单击“开始”选项卡“幻灯片”组中的“新建幻灯片”下拉按钮，单击“自定义设计方案”中天空背景的“空白”版式，如图 5-41 所示。创建好第二页幻灯片。

选中第二页幻灯片，按 <Enter> 键快速创建其他幻灯片，这样就完成了幻灯片不同母版的应用，如图 5-42 所示。

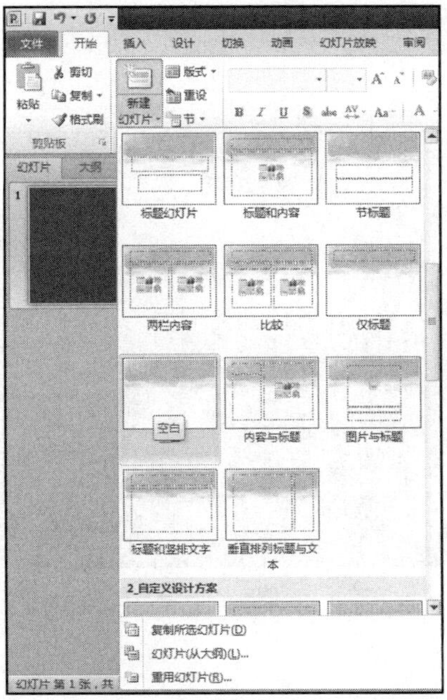

图5-41 第二页幻灯片背景

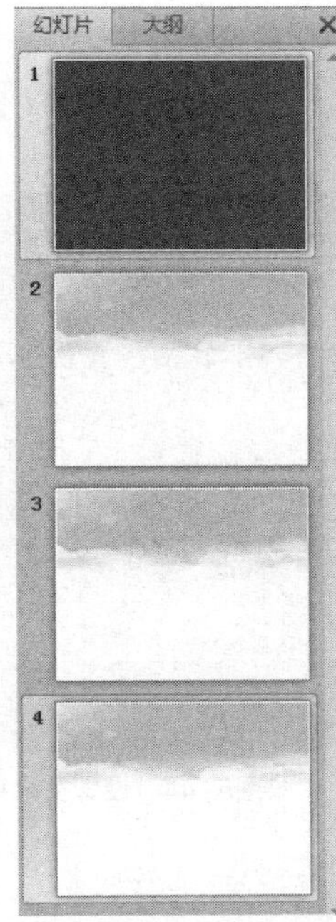

图5-42 设置不同母版主题的效果图

4. 插入幻灯片编号和日期

在“插入”选项卡“文本”组中单击“幻灯片编号”按钮，打开图 5-43 所示的“页眉和页脚”对话框。

① 选中“幻灯片编号”复选框。

② 选中“日期和时间”复选框，并选中“自动更新”单选按钮。

③ 单击“全部应用”按钮。

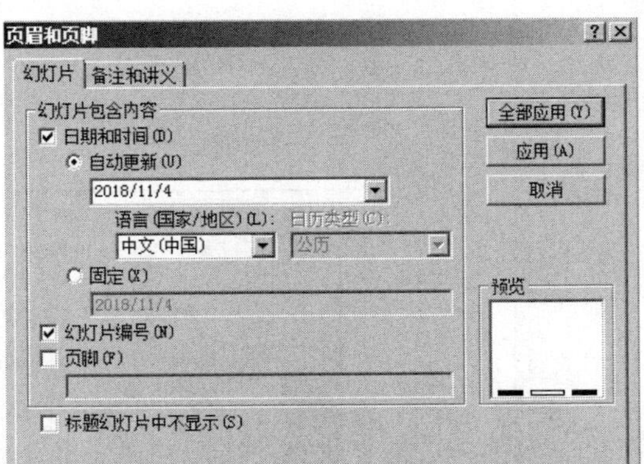

图5-43 设置幻灯片编号

5. 制作第 1 张幻灯片

（1）输入标题

在标题栏输入“规之以梦 划在人生”，单击副标题栏，输入“哈尔滨职业技术学院 王晓辉”；设置文本格式为“黑体，白色”，标题 40 号字，副标题 20 号字，并将文本内容移至幻灯片下方位置；在标题栏与副标题栏中间添加一条直线，效果如图 5-44 所示。

（2）插入素材图片

插入“背景”图片，图片布局如图 5-45 所示。

图5-44　设置文本格式

图5-45　导入图片

（3）设置动画

① 选中标题文字，在“动画”选项卡“动画”组中单击“其他”按钮，在下拉列表中选择“更多进入效果”命令，打开如图 5-46 所示对话框。在该对话框中选中“展开”效果，单击“确定”按钮。

② 单击“高级动画”组中的“动画窗格”命令，将刚设置的动画效果选中，在“计时”组中将“开始”选项设置为“与上一动画同时”。其他默认选项，如图 5-47 所示。

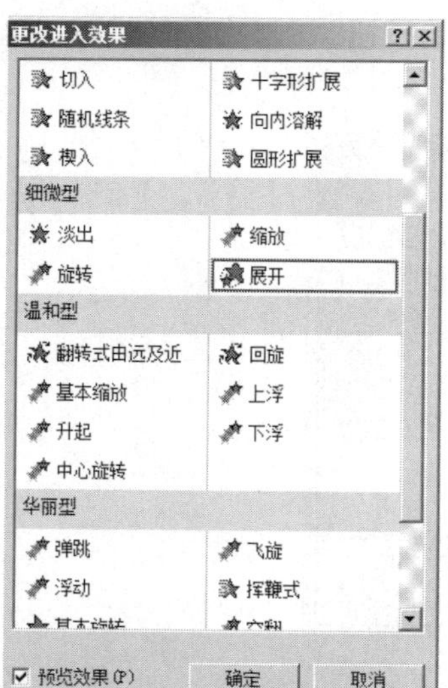

图5-46　设置展开效果

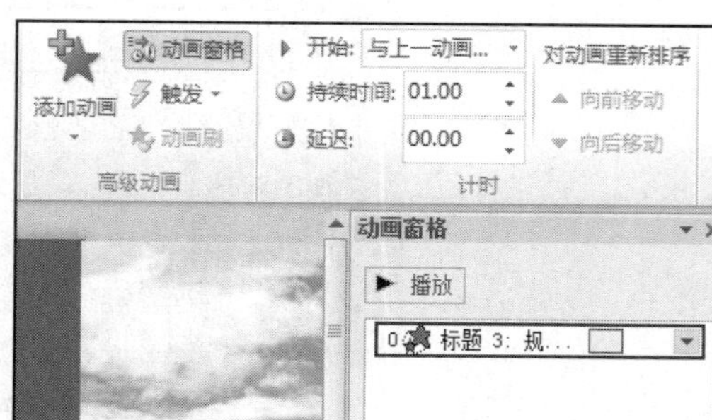

图5-47　设置触发条件

③ 在动画窗格中单击第一个动画效果显示框的下拉按钮，在列表中选择“效果选项”命令，打开“展开”对话框后，设置参数如图 5-48 所示。

④ 复制标题，将粘贴后的标题与原标题位置重合，并设置为橙色，如图 5-49 所示。

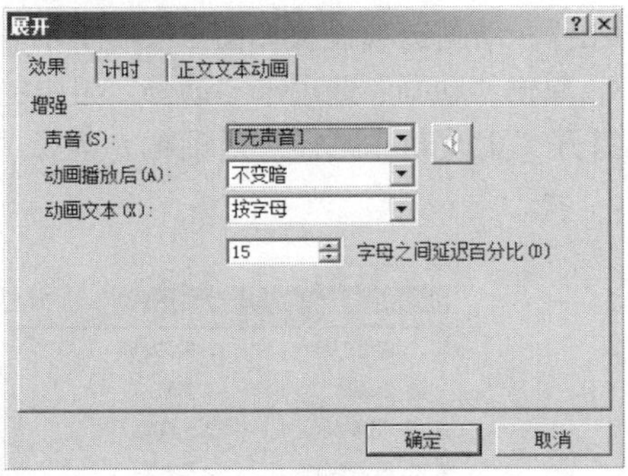

图5-48　设置展开效果

图5-49　复制标题后改变标题颜色

⑤ 选中橙色标题，在“动画”选项卡“动画”组中单击“其他”按钮，在下拉列表中选择进入动画效果为“擦除”，用同样的方法将动画效果选项内容设置为图 5-50 和图 5-51 所示效果。

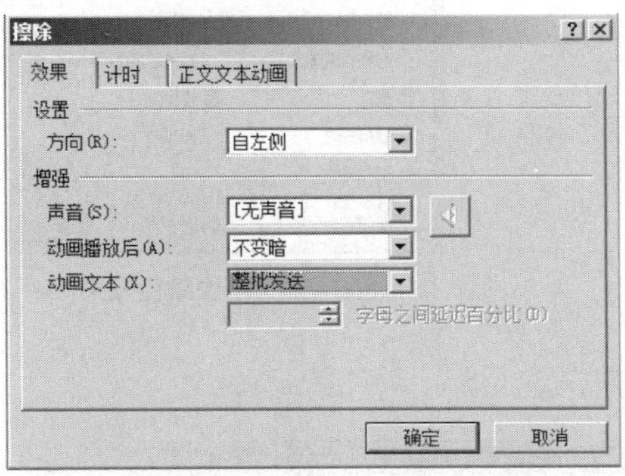

图5-50　设置动画文本“自左侧整批发送”

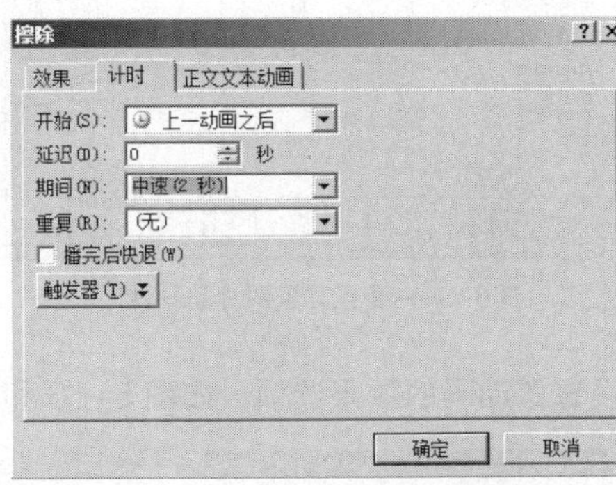

图5-51　设置动画计时“上一动画之后中速2秒”

⑥ 选中橙色标题，单击“动画”选项卡“高级动画”组中的“添加动画”下拉按钮，在列表中，设置退出动画效果为“擦除”。效果选项设置为“自左侧、整批发送、上一动画之后、中速（2 秒）”，单击“确定”按钮。

⑦ 选中白色直线，设置进入效果为“擦除”，效果选项设置如图 5-52 和图 5-53 所示。最后将副标题的动画效果设置和白色直线一样即可。此时观看一下播放效果，适当进行调整。

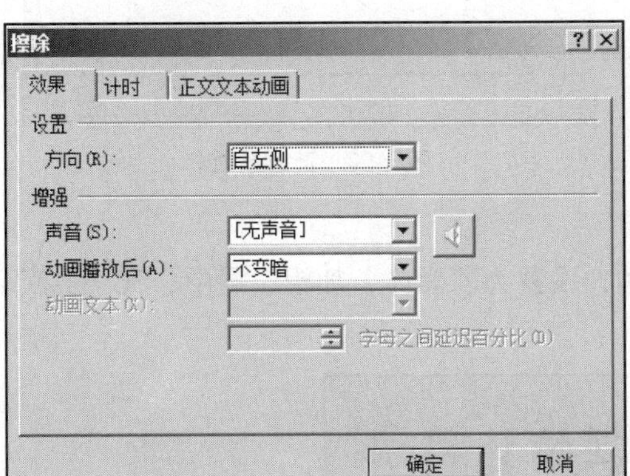

图5-52　设置动画计效果

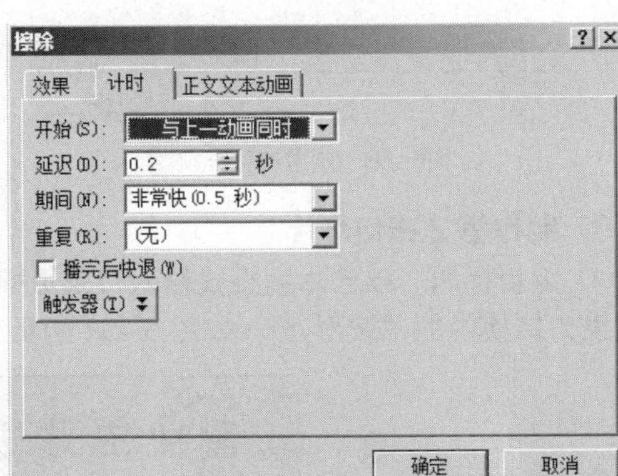

图5-53　设置动画计时

⑧ 选中“背景”图片，设置进入动画效果为“淡出”，动画选项设置如图 5-54 所示。

⑨ 插入“飞翔”动图，将其放置在幻灯片右侧外，单击“动画”选项卡“动画”组中的“其他”按钮，在下拉列表选择“其他动作路径”命令，打开“更改动作路径”对话框，选择“S 形曲线 2”效果，单击“确定”按钮，如图 5-55 所示。

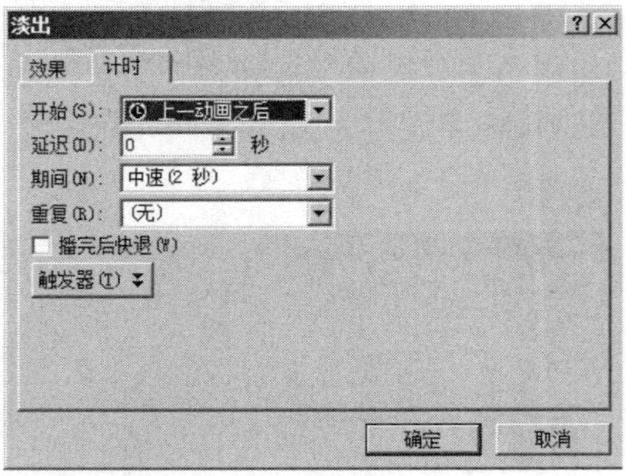

图5-54　设置背景图片动画计时

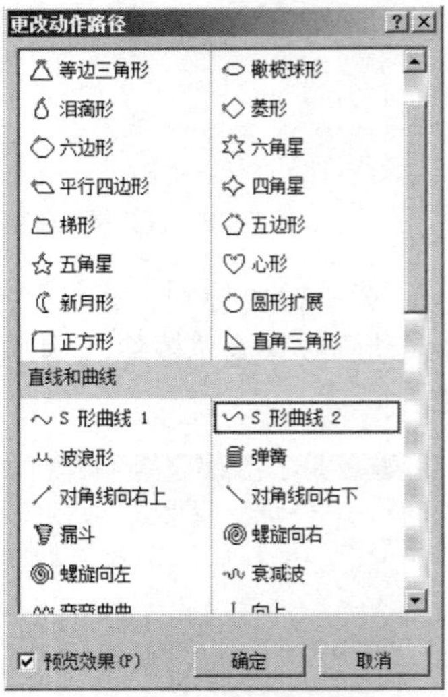

图5-55　动作路径效果

设置该动画的效果选项，如图 5-56 和图 5-57 所示。

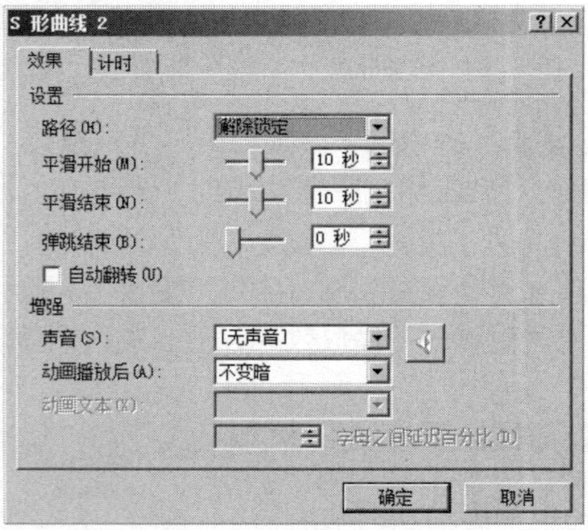

图5-56　效果选项卡

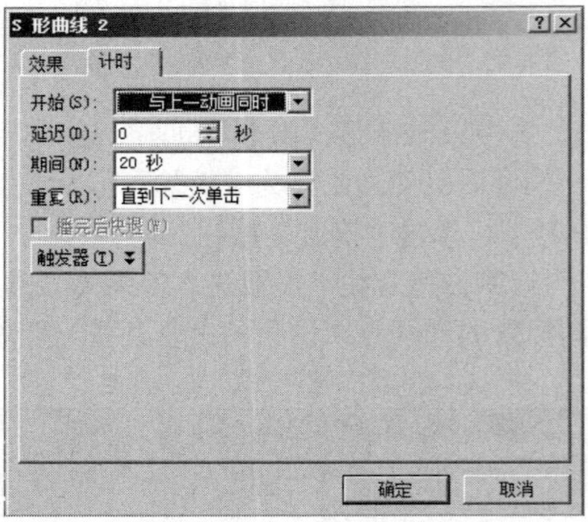

图5-57　计时选项卡

6. 制作第 2 张幻灯片

① 编辑标题。以艺术字格式输入目录页标题，设置为“黑体、加粗、居中、36 号字”，文本效果为转换中的“波形 1”，如图 5-58 所示。

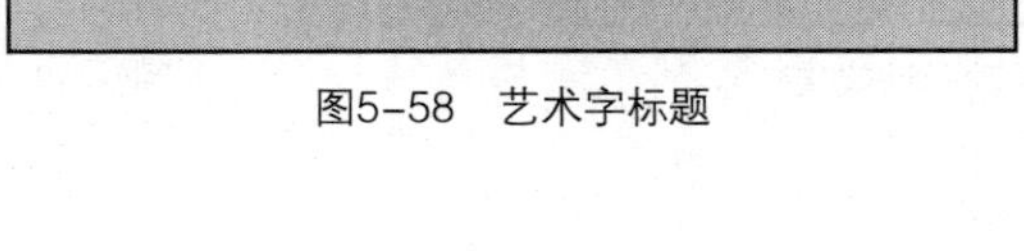

图5-58　艺术字标题

② 编辑目录。在“插入”选项卡“插图”组中单击“SmarArt”按钮，在打开的对话框中选择“列表”选项，并在右侧窗格中选择“垂直 V 形列表”样式，如图 5-59 所示。单击“确定”按钮。

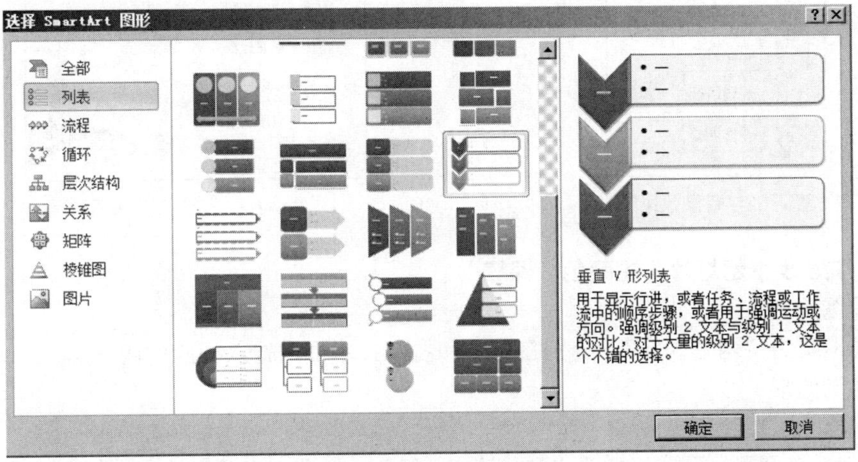

图5-59 选择样式

按照之前介绍的职业规划步骤，录入内容并将多余的占位符删掉，调整字体为“黑体、32 号字”，英文序号设置为“黑体，20 号字”。

③ 在“SmarArt 工具设计”选项卡中，单击“SmarArt 样式”组中的“更改颜色”下拉按钮，在列表中选择设置 SmarArt 图格式为“彩色范围-强调文字颜色 2 至 3”，如图 5-60 所示。单击“其他”按钮，在列表中选择三维样式中的“嵌入”，如图 5-61 所示。

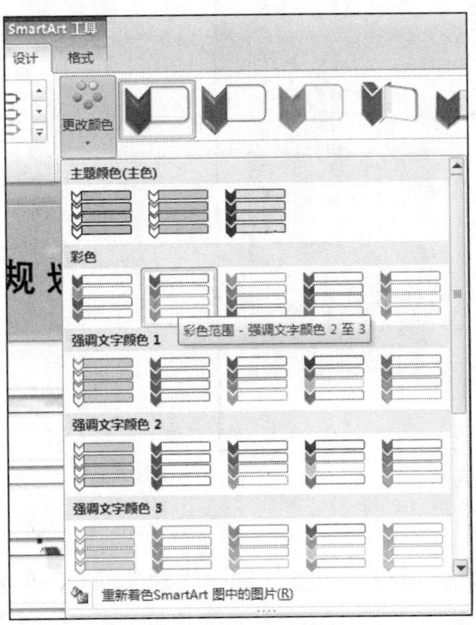

图5-60 更改颜色

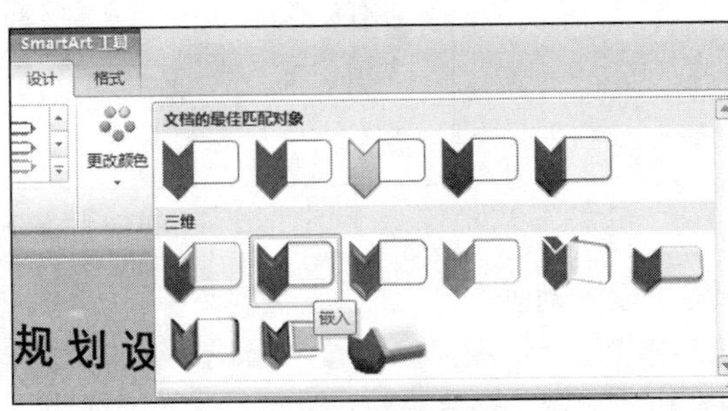

图5-61 三维样式

④ 设置完成后的效果如图 5-62 所示。

⑤ 插入图片。导入“人物”图片素材，放置在幻灯片右下角，第二页布局如图 5-63 所示。

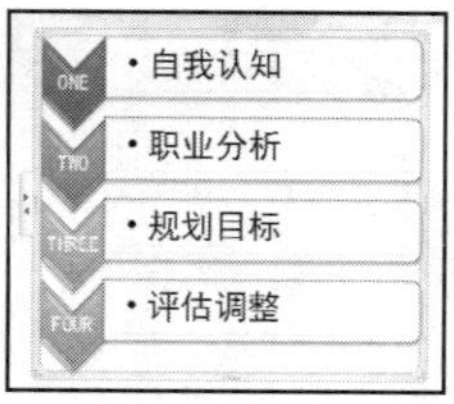

图5-62　目录效果图

图5-63　第二页效果图

7. 制作第 3 张幻灯片（主颜色：深红）

（1）设置版式

将版式设置为“两栏内容”，分别在标题和右侧文本框内输入相应的内容。

（2）绘制图形

导入“思考”图片素材。

① 绘制一个圆形，设置格式为“形状填充：红色，强调文字颜色 2；无轮廓”。添加文字“父母”，用同样的方法制作其余两个，添加文字分别为“教师”“同学”，最后用直线和箭头将其全部连接。

② 绘制方形，格式为“白色，背景 1，深色 15%”，再绘制一个圆角矩形，填充为“浅色 1 轮廓，彩色填充-红色，强调颜色 2”，将两个图形组合，如图 5-64 所示。

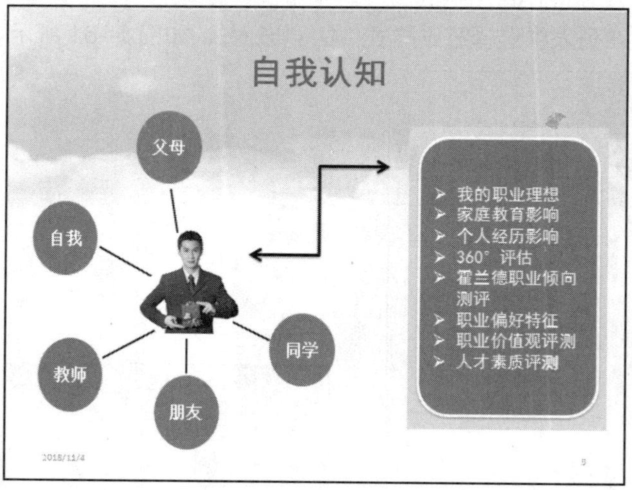

图5-64　第三页效果图

（3）设置动画

选中“思考”图片，设置“出现”进入效果，效果选项为“与上一动画同时”。选中连接父母的直线，设置“擦除”进入效果，效果选项为“上一动画之后，擦除方向为自底部”；选中“父母”圆形，设置“缩放”进入效果，效果选项为“上一动画之后”。按照以上的设置数据，依次将直线和所连接的圆形进行设置。

选中双向箭头，设置“擦除”进入效果，效果选项为“上一动画之后”；选中方框，设置“轮子”进入效果，效果选项为“与上一动画同时”。动画窗格的播放顺序如图 5-65 所示。

8. 制作第 4 张幻灯片（主颜色：褐色）

（1）设置标题

录入标题并进行格式设置“黑体、40 号字、褐色”。

（2）设置对象

① 绘制一条 3 磅的褐色直线，再绘制一条与其成 90 度排列，如图 5-66 所示。

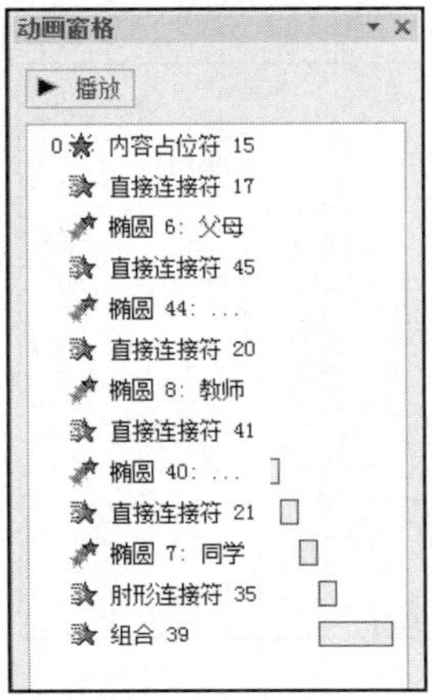

图5-65 动画窗格

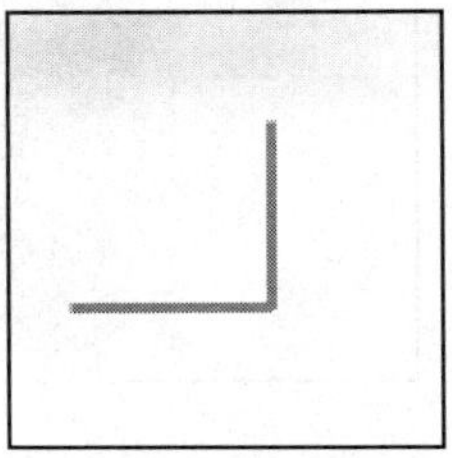

图5-66 绘制直角线

② 将水平直线设置成“擦除”进入动画效果，效果选项为“自左侧，与上一动画同时”；将垂直直线设置成“擦除”进入动画效果，效果选项为“自底部，上一动画之后”。

③ 录入文字内容，设置字体格式。设置“缩放”进入动画效果，效果选项为“上一动画之后”。

④ 绘制方形，格式为“白色，背景 1，深色 15%”，再绘制一个圆角矩形，填充为“浅色 1 轮廓，彩色填充-褐色”（可先填充同样样式的其他色，然后再设置褐色），将两个图形组合，如图 5-67 所示。

设置方形“随机线条”进入动画效果，效果选项为“与上一动画同时，快速（1 秒）”。在“动画”选项卡“高级动画”组中单击“添加动画”下拉按钮，选择“收缩并旋转”的退出动画效果，效果选项设置为“单击时，非常快（0.5 秒）”。

此时动画窗格中的动画播放顺序如图 5-68 所示。

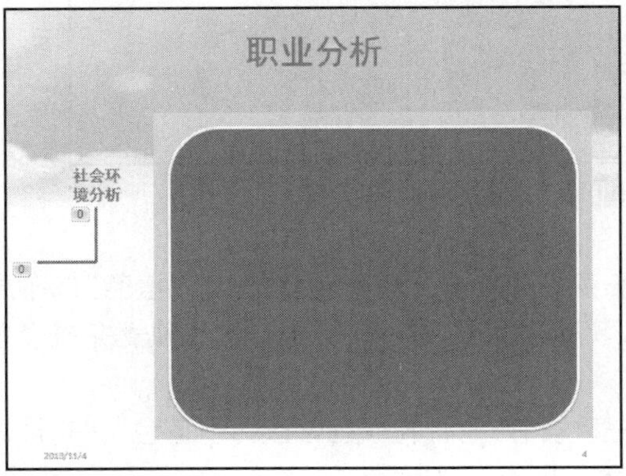

图5-67 绘制图形

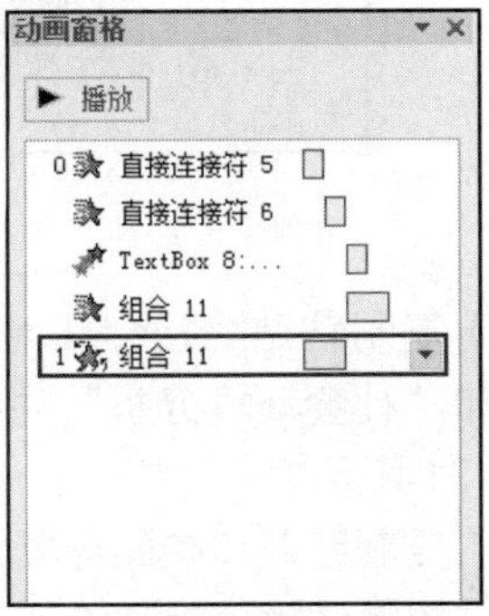

图5-68 动画窗格

在方框内录入个人分析的社会环境情况。

（3）参照序号⑧中（2）的操作步骤，在图 5-64 的水平直线后继续绘制两条直线，布局成直角线。然后设置水平直线“擦除”进入动画效果，效果选项为“自左侧，上一动画之后”；将垂直直线设置成“擦除”进入动画效果，效果选项为“自顶部，上一动画之后”。输入“校园环境分析”，设置“缩放”进入动画效果，效果选项为“上一动画之后”，如图 5-69 所示。

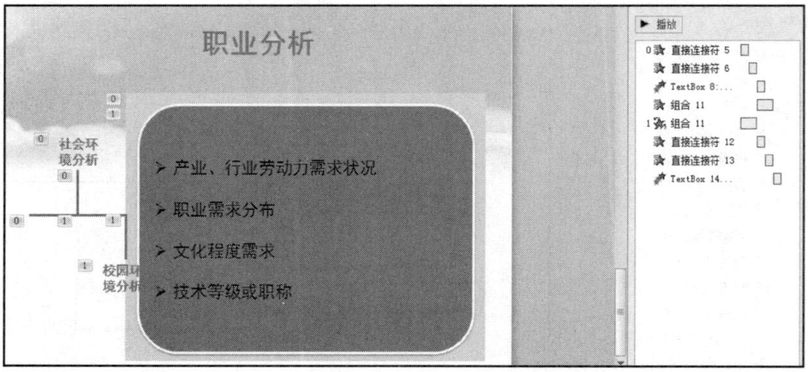

图5-69　社会环境分析

（4）复制方框，修改内容为所处校园环境的分析结果。注意，此时，大家会发现，复制方框后，其原先的动画效果也一并复制了，因此只需要确认它的效果选项是否正确即可，如图 5-70 所示。

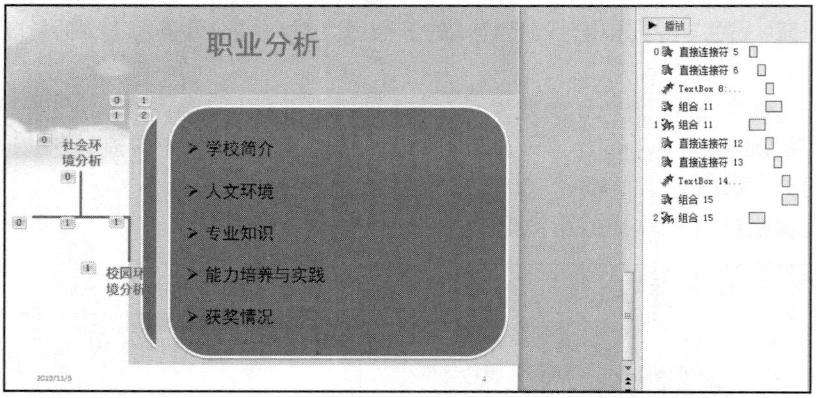

图5-70　校园环境分析

（5）复制粘贴“社会环境分析”的两条直线和方框，将颜色修改为“橙色”，布局后使动画效果如“社会环境分析”动画一样播放。希望大家认真思考操作方法，独立完成设置，效果如图 5-71 所示。

（6）复制粘贴“校园环境分析”的两条直线和方框，将颜色修改为“蓝色”，布局后使动画效果如“校园环境分析”动画一样播放，内容如图 5-72 所示。

9. 制作第 5 张幻灯片

① 录入图 5-73 所示的表格及内容。操作步骤这里不再赘述。

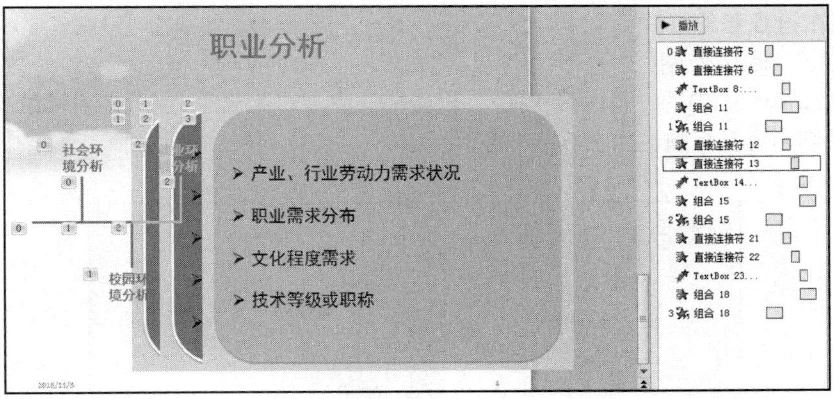

图5-71　就业环境分析

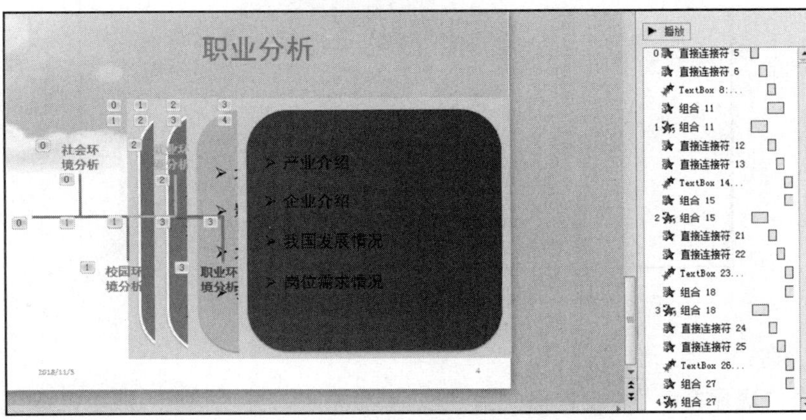

图5-72　职业环境分析

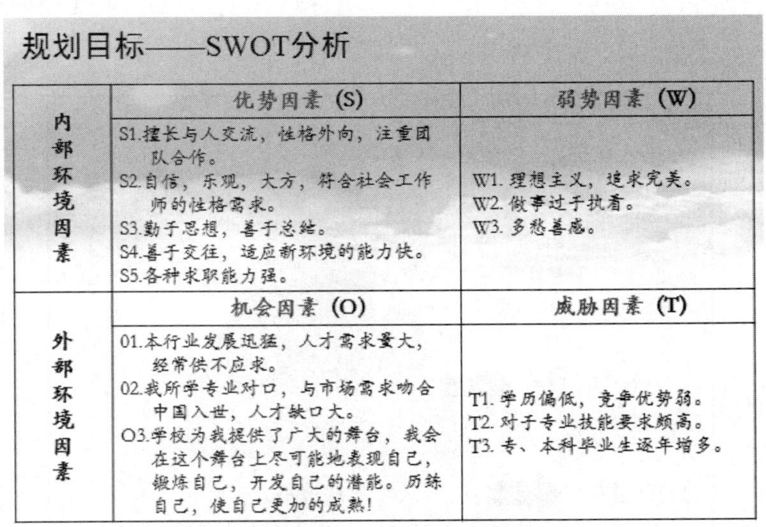

规划目标——SWOT分析

	优势因素（S）	弱势因素（W）
内部环境因素	S1.擅长与人交流，性格外向，注重团队合作。 S2.自信，乐观，大方，符合社会工作师的性格需求。 S3.勤于思想，善于总结。 S4.善于交往，适应新环境的能力快。 S5.各种求职能力强。	W1.理想主义，追求完美。 W2.做事过于执着。 W3.多愁善感。
	机会因素（O）	威胁因素（T）
外部环境因素	01.本行业发展迅猛，人才需求量大，经常供不应求。 02.我所学专业对口，与市场需求吻合中国入世，人才缺口大。 O3.学校为我提供了广大的舞台，我会在这个舞台上尽可能地表现自己，锻炼自己，开发自己的潜能。历练自己，使自己更加的成熟！	T1.学历偏低，竞争优势弱。 T2.对于专业技能要求颇高。 T3.专、本科毕业生逐年增多。

图5-73　职业定位分析

② 为标题和表格设置进入动画效果。

10. 制作第 6 张幻灯片

（1）插入 SmartArt 图

插入 SmartArt 图中的“基本棱锥图”，设置格式为“彩色范围-强调文字颜色 5-6，嵌入样式”，输入文字内容及标题，如图 5-74 所示。

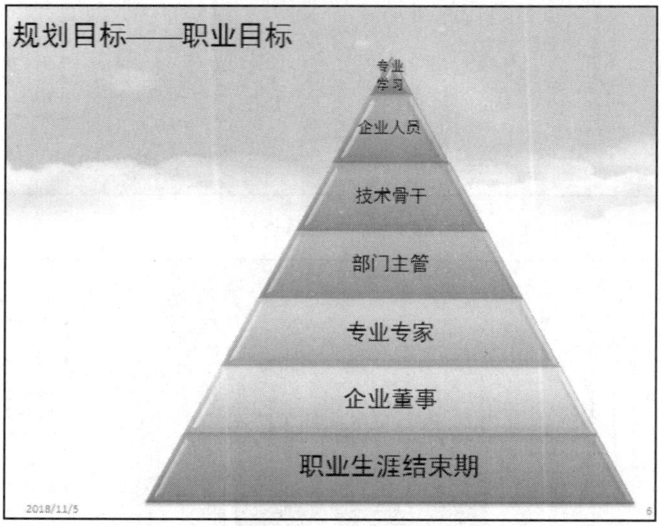

图5-74 插入SmartArt图

（2）绘制图形

插入 3 个“虚尾箭头”，设置格式为“浅色 1 轮廓，彩色填充-黑色，深色 1”；插入 3 个文本框并录入文字，设置格式为“宋体，28 号字，加粗，无轮廓”；插入矩形并录入文字，设置格式为“无填充，红色，4.5 磅轮廓线，三维旋转 Z 轴 335°”。布局后效果如图 5-75 所示。

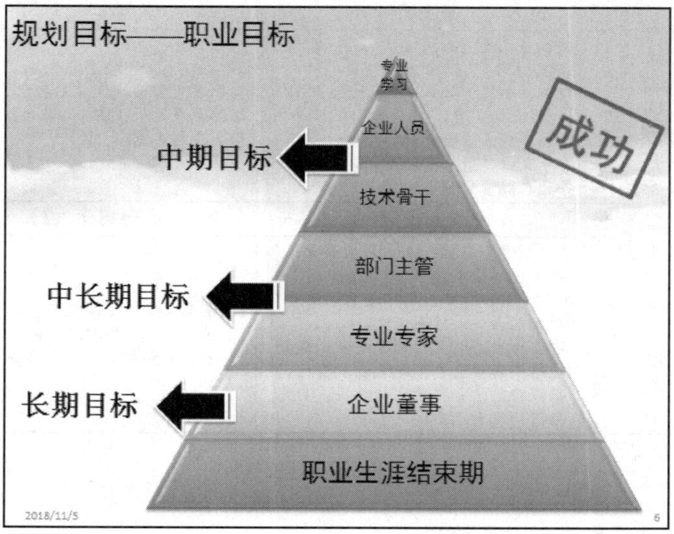

图5-75 插入图形

（3）设置动画

① 选中基本棱锥图，设置“切入”进入动画效果，效果选项设置“自右侧，与上一动画同时，非常快（0.5 秒），逐个按级别”，如图 5-76 和图 5-77 所示。

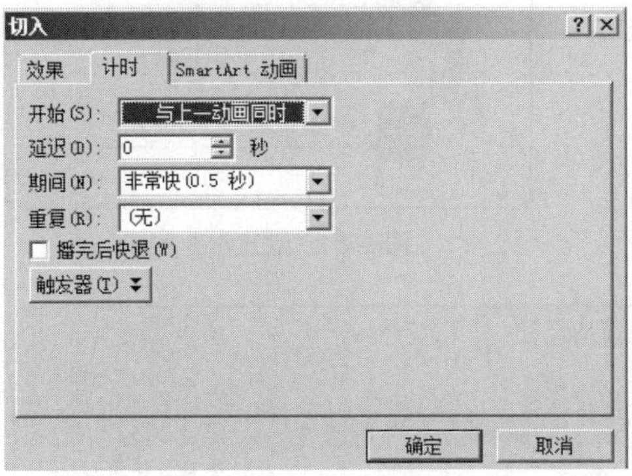

图5-76　设置计时效果

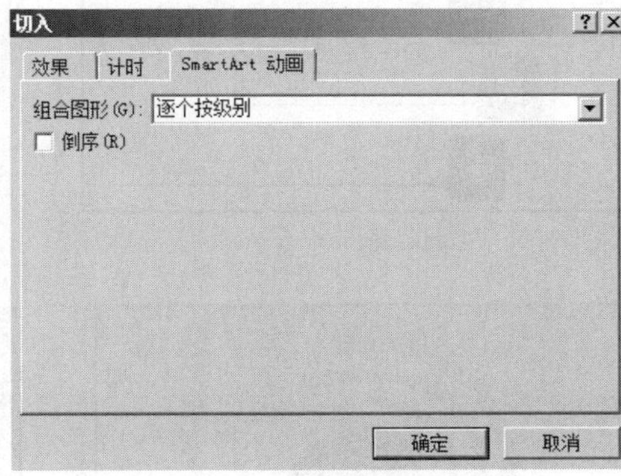

图5-77　设置SmartArt动画效果

② 选中“中期目标”和箭头，均设置“擦除，自右侧”进入效果，计时为“上一动画之后”；依次设置其余的文本框和箭头，设置动画效果同上。动画窗格播放次序如图 5-78 所示。

③ 选中矩形，设置“回旋”进入动画效果，计时为“上一动画之后”。

11. 制作第 7 张幻灯片

① 输入标题及插入形状。插入“圆角矩形标注”，设置格式为“红色填充，旋转 270° ，无轮廓”。插入一条直线，设置格式为“红色，3 磅粗细”。插入“加号”，设置格式为“白色填充，无轮廓”，效果如图 5-79 所示。

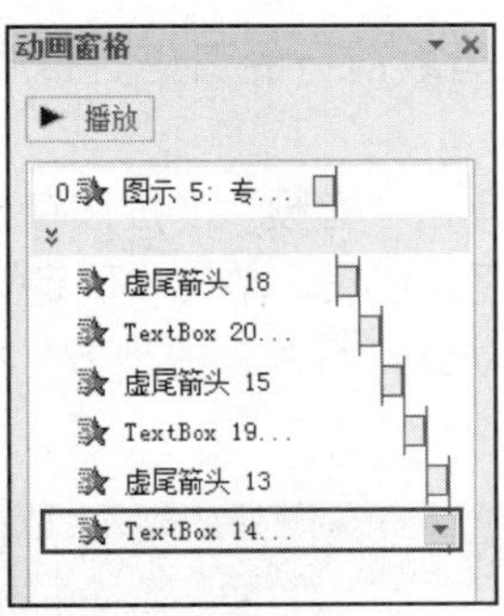

图5-78　箭头和文本框的动画效果

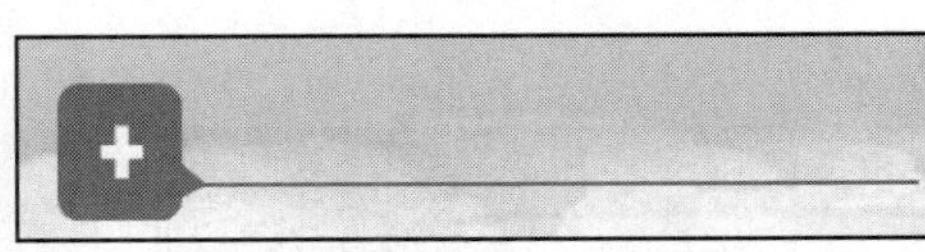

图5-79　插入形状

② 参照上述步骤，再绘制出 3 组图形，红色填充和蓝色填充交错布局，符号为“－，×，÷”，完成后如图 5-80 所示。

③ 插入文本框。在每个图形的直线上插入一个文本框，根据个人设想录入图 5-81 所示的内容。

12. 制作第 8 张幻灯片

① 导入“放大镜”图片素材，绘制出连接线，布局后如图 5-82 所示。

② 根据自己的职业评估对自己的规划作出调整，按项目输入调整的内容，如图 5-83 所示。

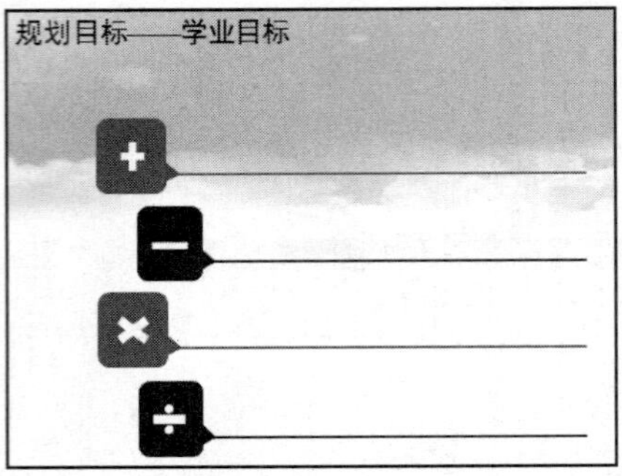

图5-80　布局

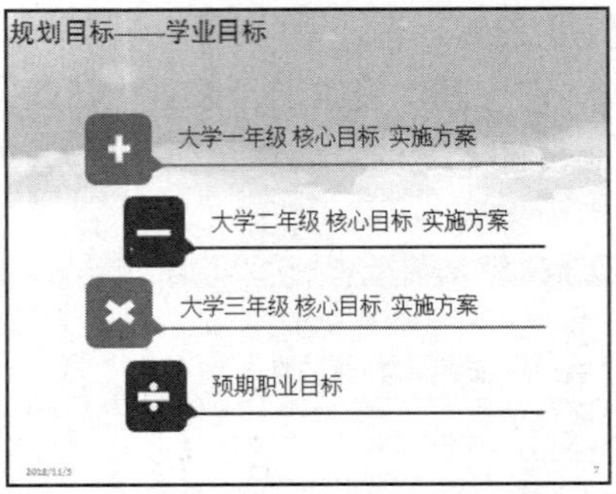

图5-81　制定学业目标

图5-82　绘制连接线

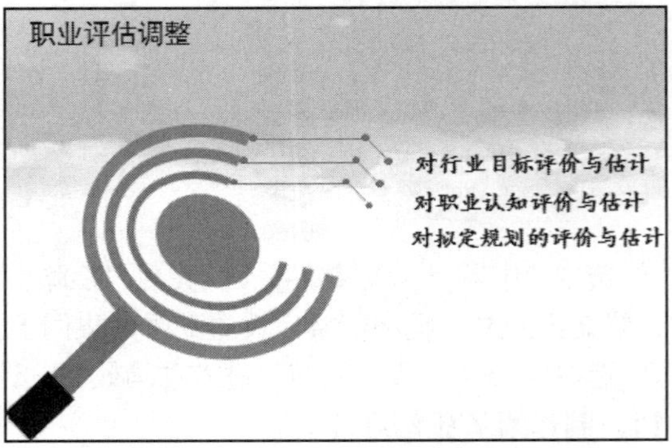

图5-83　职业评估

13. 制作第 9 张幻灯片

① 导入“结束语”图片素材；绘制矩形，设置格式为“黑体，36 号字，水绿色，强调文字颜色 5，深色 25%”。

② 插入文本框，录入个人对职业规划的理解及鼓励自己勇敢前行的词语。布局后效果如图 5-84 所示。

③ 选中“结束语”矩形，在“插入”选项卡“媒体”组中单击“音频”下拉按钮，选择“文件中的音频”命令，打开“插入音频”对话框，选择音频文件所在位置，单击“确定”按钮。注意，为了播放幻灯片时保证画面效果，可将音频的播放按钮移动到幻灯片外的地方，如图 5-85 所示。

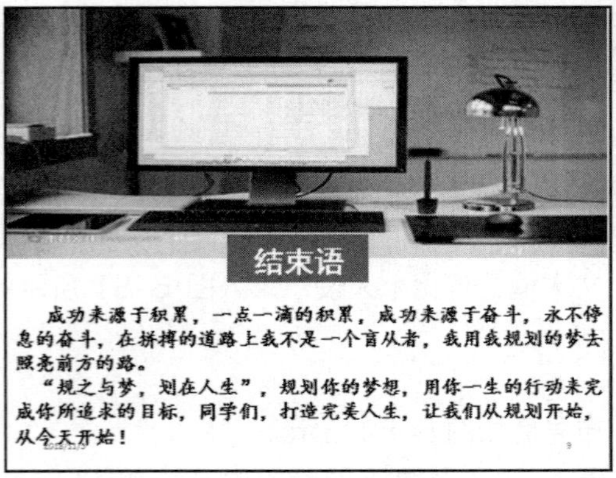

图5-84　结束语效果图

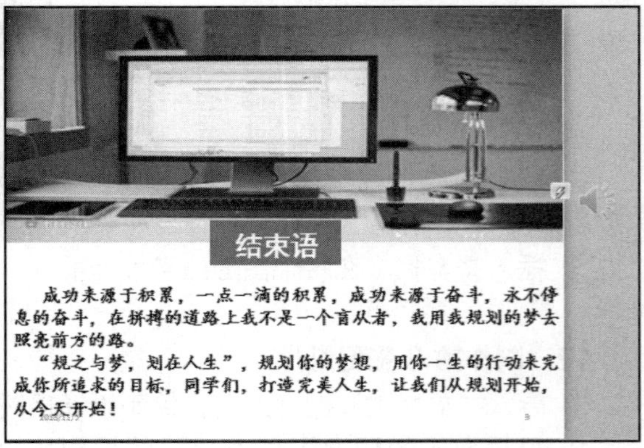

图5-85　插入音频

14. 设置超链接

① 选择第二张幻灯片中目录的第一项，在“插入”选项卡“链接”组中单击“超链接”按钮，打开“插入超链接”对话框。

选择链接到“本文档中的位置”，在“请选择文档中的位置”列表中，选择“3. 自我认知”幻灯片，单击“确定”按钮，如图 5-86 所示。

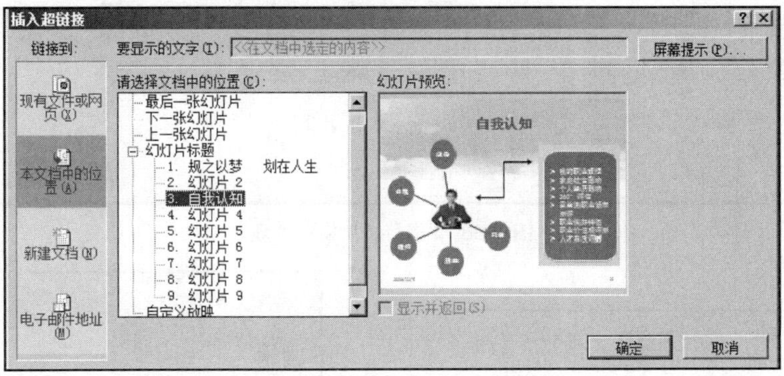

图5-86 插入超链接

② 选中第三张幻灯片的空白位置，插入艺术字，输入“返回”。设置超链接，选择“链接到”为“本文档中的位置”，从“请选择文档中的位置”列表中，选择“2. 幻灯片 2”，单击“确定”按钮，如图 5-87 所示。

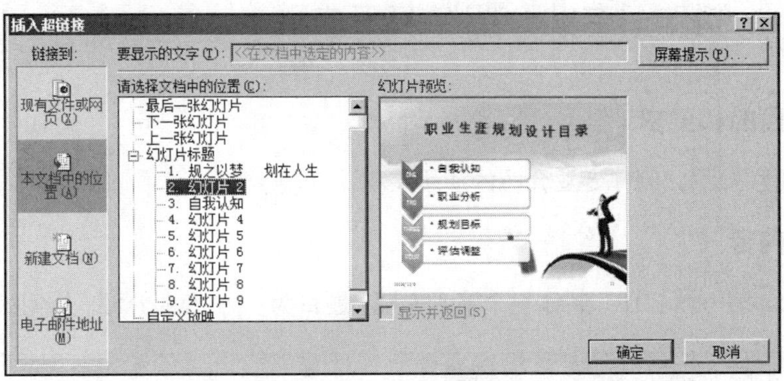

图5-87 选择完成后的“插入超链接”对话框

按照上述方法依次将目录中的每一项都与相关幻灯片设置双向超链接。

15. 设置幻灯片切换方式

选中第一张幻灯片，在“切换”选项卡“切换到其他幻灯片”组中单击“其他”下拉按钮，选择“闪耀”样式，如图 5-88 所示。

用同样的方法为其他幻灯片设置切换方式，也可以应用于全部的幻灯片。注意，在设置幻灯片切换时，在“计时”组中将换片方式设置为“设置自动换片时间 3 秒”，如图 5-89 所示。

16. 设置排练计时

在“幻灯片放映”选项卡“设置”组中单击“排练计时”按钮，如图 5-90 所示。每张幻灯片的播放被计时后，会保留排练时间。

17. 保存

单击“保存”按钮。

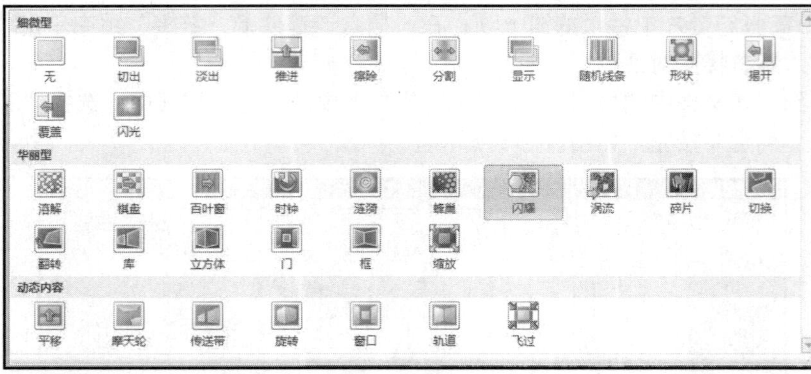

图5-88 “幻灯片切换”列表

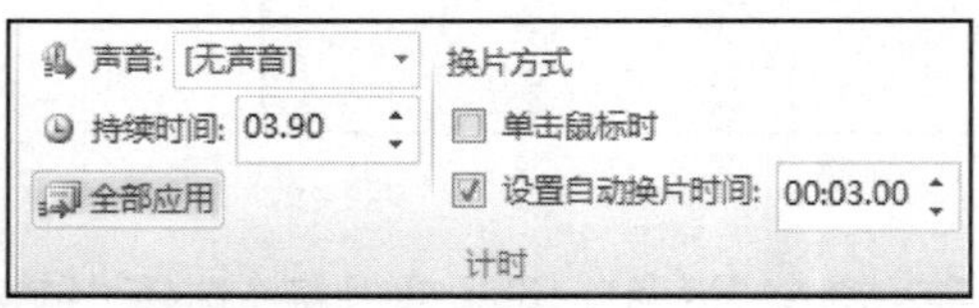

图5-89 设置自动换片

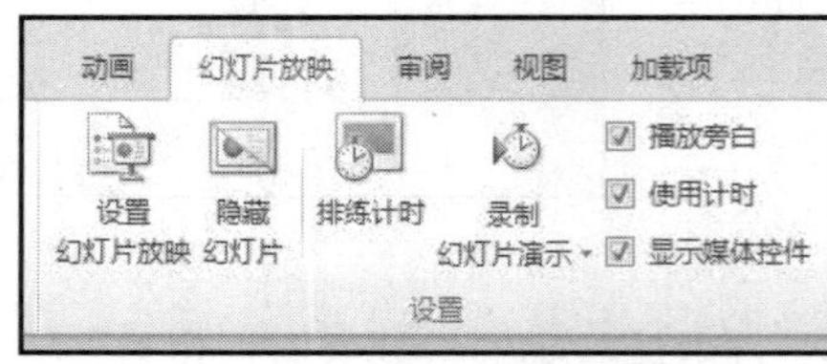

图5-90 排练计时工具

综合实训二 制作“专业介绍”演示文稿

一、实训目的和要求

综合运用所学知识，制作专业介绍的演示文稿。

二、实训内容

1. 利用 PowerPoint 2010 制作一个演示文稿，题目为：***专业介绍。样例如图 5-91 所示。

图5-91 “专业介绍”演示文稿效果图

2. 美化演示文稿。
3. 创建自定义动画。
4. 设置幻灯片切换效果。
5. 幻灯片的放映设置与控制。
6. 演示文稿的安全、打包与打印。

三、实训步骤

以计算机网络技术专业为例，制作计算机网络技术专业介绍。

1. 首页制作

① 启动 PowerPoint 2010，新建空白演示文稿，使用默认版式，保存文件名为“计算机网络技术专业介绍”。

② 单击“设计”选项卡，单击“页面设置”组中的“页面设置”按钮，在弹出的对话框中设置幻灯片页面大小，如图 5-92 所示。

③ 分别将“bg1”“bg2”“title-bg”和“logo” 4 个图片插入幻灯片，并调整好位置，如图 5-93 所示。

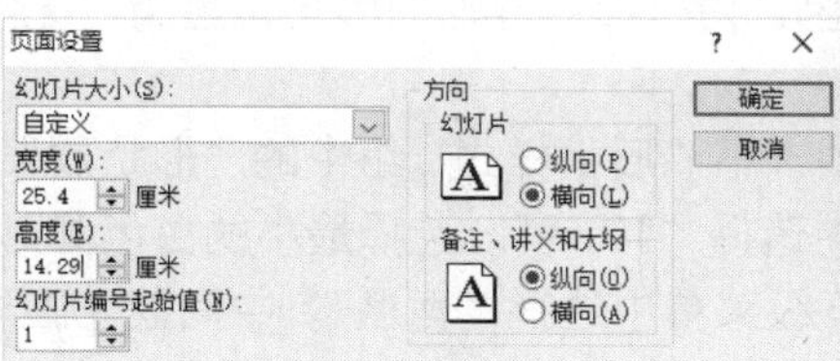

图5-92　页面设置

图5-93　插入背景

④ 右键单击图片，在弹出的快捷菜单中将图片的层次置于下层，将主副标题置于顶层，并分别录入“计算机网络技术专业”和“电子与信息工程学院”，主标题文字格式设置为 “微软黑雅”、40 号、白色、加粗；副标题文字格式设置为“微软黑雅”“18 号”“加粗”，如图 5-94 所示，完成首页制作。

图5-94　设置图片层次

2. 目录页制作

① 单击“开始”选项卡下“幻灯片”组里的“新建幻灯片”按钮，在下拉的“office 主题”菜单中选择“空白”版式。

② 单击“插入”选项卡下“插图”组中的“图片”按钮，插入“squar”图片，也可以使用

绘图软件直接绘制一个矩形，在其右侧要制作出一个半圆形，如图 5-95 所示。将绘制好的矩形移动到幻灯片的左侧对齐。

③ 接下来制作目录页中的圆形图标，使用绘制形状工具绘制 3 个圆形，每个圆形较前一个圆形要小一些，如图 5-96 所示。

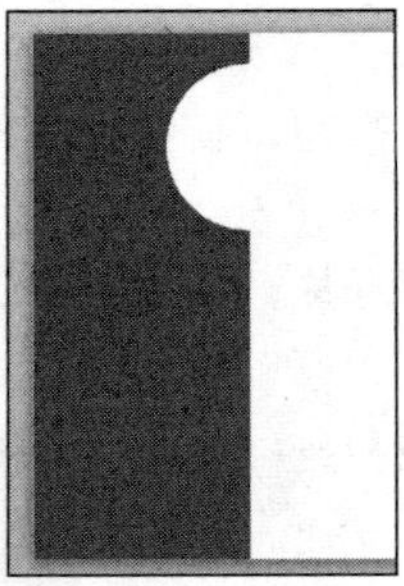

图5-95　设置形状格式

图5-96　绘制圆形

④ 分别设置 3 个圆形的填充颜色为白色、蓝色、白色，两个白色圆形的线条设置为“无线条”，蓝色圆形的线条设置为白色。

⑤ 选择最大的白色圆形，单击“绘图工具格式”选项卡下“形状样式”组中的“形状效果”命令，在下拉的菜单中选择“柔化边缘”，在其下级菜单中选择“10 磅”。选择最小的白色圆形，同样在“形状效果”命令下拉菜单中选择“棱台”，在其下级菜单中选择“角度”。中间蓝色圆形设置阴影效果为“内部左上角”，如图 5-97 所示。

⑥ 按住 <Ctrl> 键同时选中 3 个圆形，单击“绘制工具格式”选项卡下“排列”组中的“对齐”按钮，在下级菜单中选择“左右居中”和“上下居中”选项，使 3 个圆形中心对齐排列。右键单击 3 个圆形，在弹出的快捷菜单中选择“组合”，在下级菜单中单击“组合”命令，使 3 个圆形组合成一个形状，并移动的适当的位置，如图 5-98 所示。

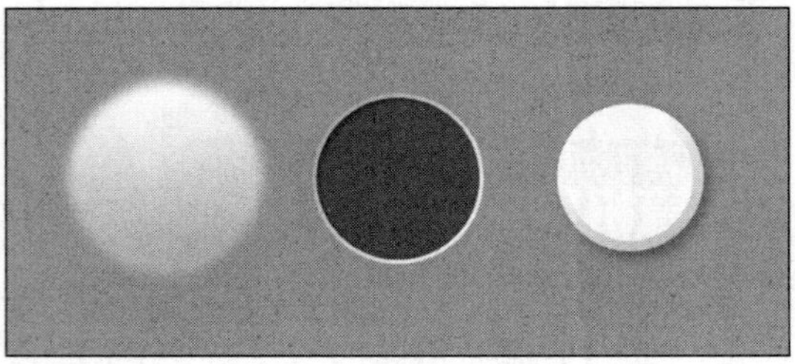

图5-97　设置圆形样式

图5-98　形状组合

⑦ 设置背景样式，单击“设计”选项卡下“背景”组中的“背景样式”，选择其中的“样式 2”。

⑧ 单击“插入”选项卡下“图像”组中的“图片”命令，插入名为“line”的图片，如图 5-99 所示。

⑨ 绘制 3 个“圆角矩形”，填充颜色分别为“橙色”“蓝灰色”以及“蓝色”，线条颜色为“灰色”。逐个右键单击“圆角矩形”在弹出的快捷菜单中选择“添加文字”命令，分别输入“一”“二”“三”，并设置文字为“华文行楷”“32 号”“白色”，如图 5-100 所示。

图5-99 插入线条图片

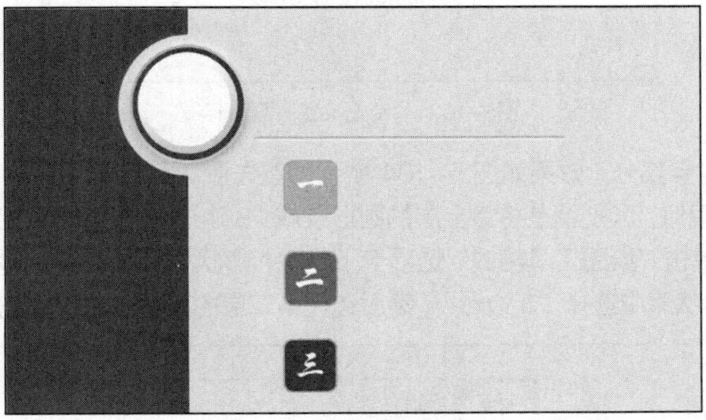

图5-100 绘制圆角矩形

⑩ 单击“插入”选项卡“文本”中的“文本框”按钮，分别在适当的位置输入文字，如图 5-101 所示，第 2 张幻灯片完成。

图5-101 文字添加

⑪ 参考目录页的制作，请独自完成第 3 张专业建设基础幻灯片的制作，如图 5-102 所示。

图5-102“专业建设基础”页面

3. "专业设置"页面制作

① 新建幻灯片，版式选择"仅标题"。在标题处录入"1、专业设置契合产业结构"，并设置字体为"微软雅黑"、20 号、加粗，字体颜色为黑色、字体 1、淡色 35%。然后在标题下方插入"line"图片，如图 5-103 所示。

图5-103 "专业设置"页面标题

② 接下来制作内容部分，效果如图 5-104 所示，首先看"网络专业"文字下的形状，这个形状与之前的目录页形状相似，区别就是将最上层的圆形改成"8 边形"，因此将之前的形状复制到本页面，选择最上层的圆形，单击"绘图工具格式"选项卡下"插入形状"组中"编辑形状"的下级菜单中"更改形状"，在弹出的形状库中选择"8 边形"。然后选择第二层的圆形，更改填充颜色为"橙色"。

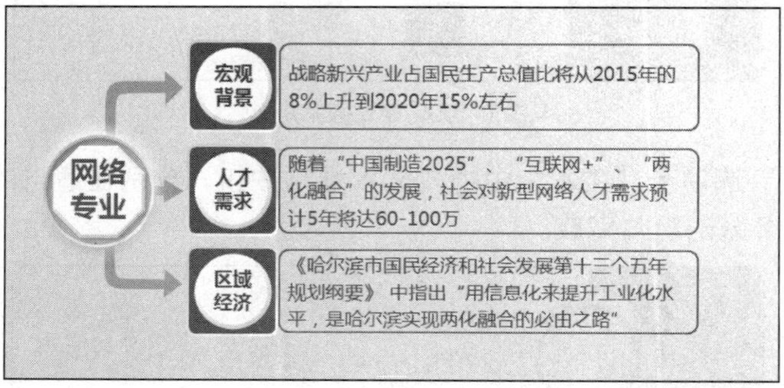

图5-104 "专业设置"页面内容部分

③ 使用绘图工具插入一个"圆角右箭头"，使用 3 个黄色控件调整箭头的粗细、圆角角度以及箭头的大小。将刚制作好的箭头复制一个，选择该箭头单击"绘图工具格式"选项卡下"排列"组中的"旋转"按钮，在弹出的下级菜单中选择"垂直翻转"命令。继续插入一个右箭头，将 3 个箭头调整到适当的位置并将其层次位置置于橙色圆形下，如图 5-105 所示。

④ 插入一个"圆角矩形"，为了使插入的矩形是正方形，用户可以配合 <Ctrl> 键进行绘制，设置矩形的填充颜色为"黑色、文字 1、淡色 35%"，然后再插入一个"圆形"，设置圆形的形状效果为"棱台-角度"。将两个形状以中心对齐然后组合成一个形状。将绘制好的形状再复制两个，并分别更改填充颜色为"蓝色""紫色"，然后移动图形到适当的位置，如图 5-106 所示。

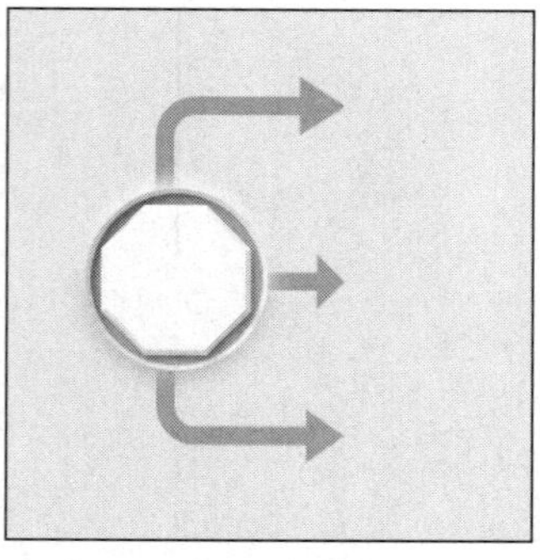

图5-105 箭头的制作

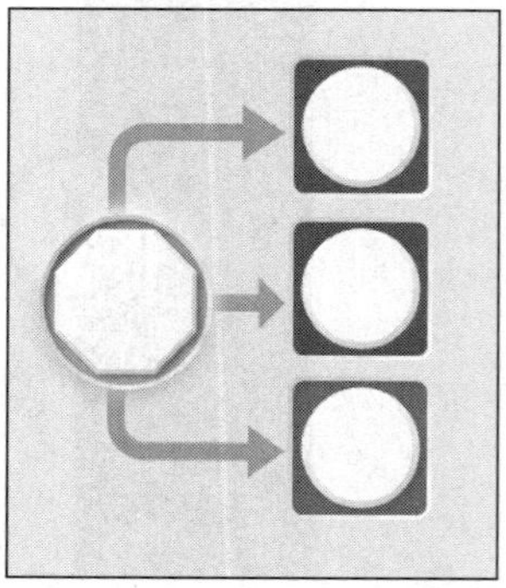

图5-106 分类图形制作

⑤ 在各自分类图标后面插入“圆角矩形”，填充颜色为“无填充颜色”，线条颜色与相对应的图标颜色相同。

⑥ 分别选中各图形，单击鼠标右键，在弹出的快捷菜单中选择“编辑文字”将本页面中的文字添加到适当的图形中。

4. 使用图表制作“学生规模”页面

① 新建幻灯片，版式为“标题和内容”，在标题处输入“2、学生规模”，在标题下方插入线条图片。

② 将下方内容部分占位符缩小至左半侧，单击占位符内“图表”按钮，如图 5-107 所示。

图5-107　插入图表

③ 在弹出的“插入图表”对话框中选择“柱形图”组别内的“簇状柱形图”后单击“确定”按钮。

④ 这时幻灯片中已经出现了一个图表以及 Excel 电子表格，编辑 Excel 电子表格内数据，如图 5-108 所示。关闭 Excel 电子表格，图表显示状态如图 5-109 所示。

图5-108　图表数据

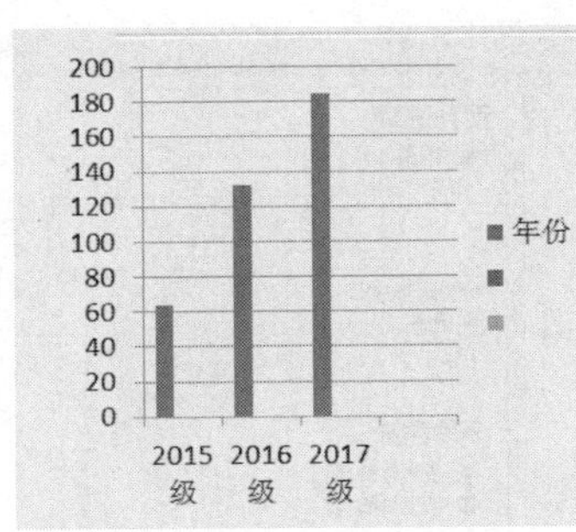

图5-109　学生图表

⑤ 接下来修改图表格式，选中图表单击“图表工具布局”选项卡，单击“标签”组中的“图例”，在下级菜单中选择“无关闭图例”。

⑥ 单击“坐标轴”组中的“主要横坐标轴”，在下级菜单中选择“无”。单击“主要纵坐标轴”，在下级菜单中选择最后一项命令“其他主要纵坐标轴选项”，在弹出的“设置坐标轴格式”对话框中，选择左侧“坐标轴选项”后，单击右侧“主要刻度单位”后的“固定”选项，设置刻度单位值为“50”，如图 5-110 所示。

⑦ 接下来设置柱形的样式，选中图表中的一个柱形，单击鼠标右键，在快捷菜单中选择“设

置数据点格式”。在打开的“设置数据点格式”对话框中选择左侧窗格中的“填充”选项，在右侧选择“图案填充”，在下方的图案中选择“窄横线”，前景色选“橙色”，后景色选择“白色”，如图 5-111 所示。使用同样的方法，继续设置另外两条柱形的填充色。

图5-110　设置坐标轴格式

图5-111　设置柱形填充色

⑧ 同时选中并用鼠标右键单击 3 条柱形，选择快捷菜单中“设置数据系列格式”，在弹出的“设置数据系列格式”对话框中，在左侧的窗格中选择“系列选项”，在右侧分别调整“系列重叠”和“分类间距”，如图 5-112 所示。

⑨ 单击“图表工具布局”选项卡，单击“标签”组中的“数据标签”，在下级菜单中选择“数据标签外”，最终图表显示如图 5-113 所示。

图5-112　设置数据系列格式

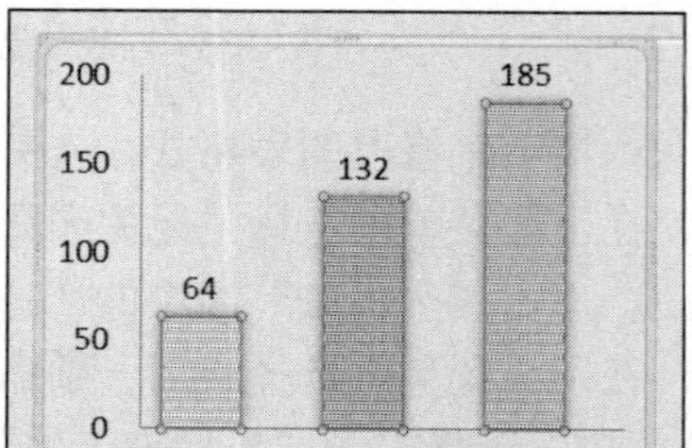

图5-113　学生规模图表

⑩ 在图表右侧需要额外添加一个图标，使用一个正方形加一条线条来显示，对图表中柱形的颜色进行填充即可，显示效果如图 5-114 所示。

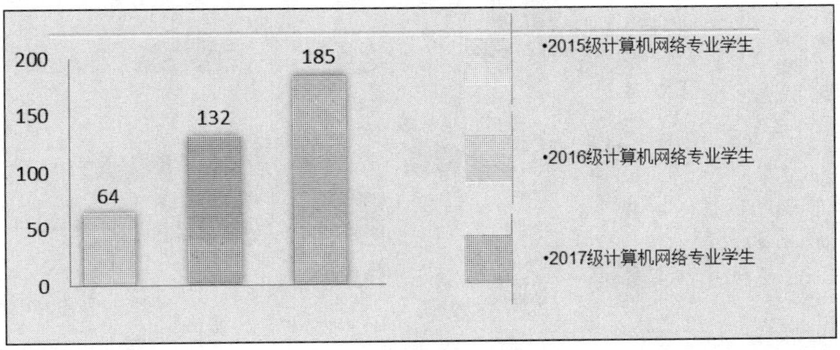

图5-114 添加图例

⑪ 为了表达上升趋势，可以添加一个箭头表达，插入一个“下弧形箭头”，调整箭头的角度并摆放到适当的位置。

⑫ 最后在最下面添加文本框，输入“学生人数呈递增趋势”，以表达学生人数在逐年递增。“学生规模”页面最终效果如图 5-115 所示。

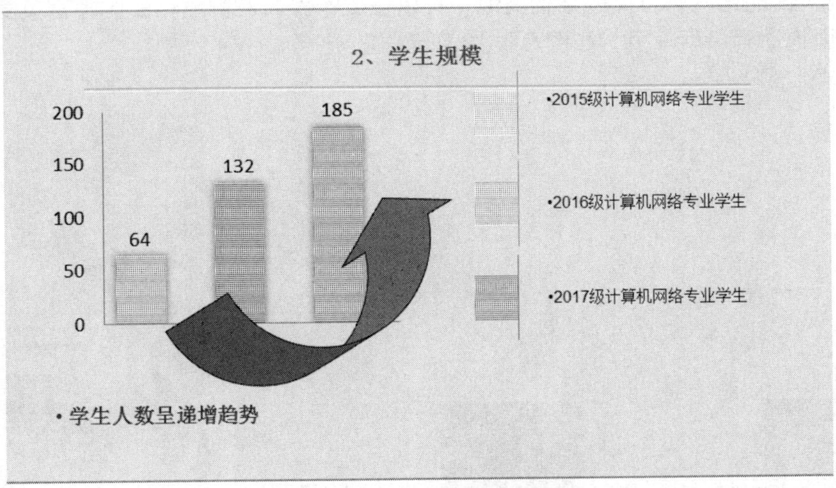

图5-115 “学生规模”页面效果图

5. 使用 SmartArt 制作“建设条件”页面

① 新建幻灯片，版式为“标题和内容”，在标题处输入“建设条件——校内实训室”，并在标题内插入水平线图片。

② 在内容占位符中单击“SmartArt”按钮，在弹出的“选择 SmartArt 图形”对话框中，在左侧窗格中选择“图形”，在右侧窗格中选择“蛇形图片题注列表”，如图 5-116 所示，单击“确定”按钮，插入图形。

③ 在 SmartArt 图形中填入相应的图片和文字，插入的 SmartArt 图形只有 3 个列表，用户可以单击“SmartArt 工具设计”选项卡中“创建图形”组内的“添加图形”按钮添加一组新列表，最终效果如图 5-117 所示。

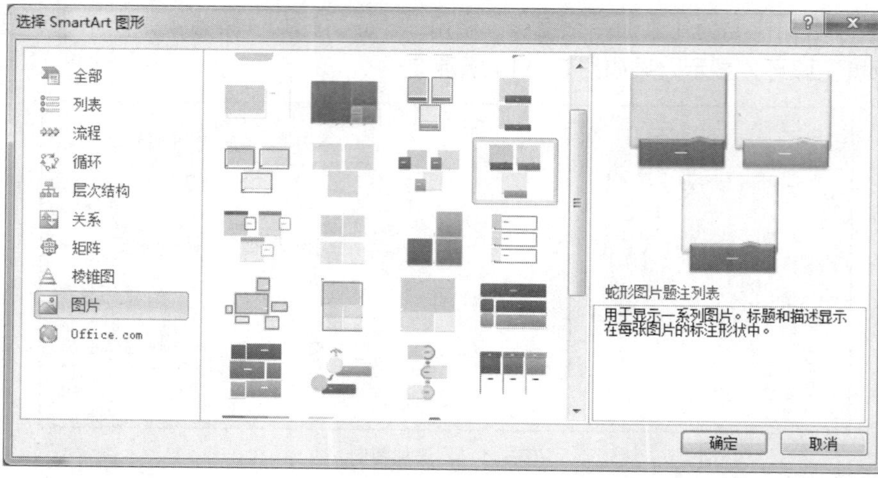

图5-116　插入SmartArt图形

④ 接下来根据上述页面自行完成剩余的两个部分，制作页面时要灵活应用 PowerPoint 工具，页面会更充实、更美观。

6. 制作结束页面

① 结束页面的结构与首页的结构类似，可以在操作界面左侧缩略图区将首页复制一份，并将复制的页面拖动到最后一页，如图 5-118 所示。

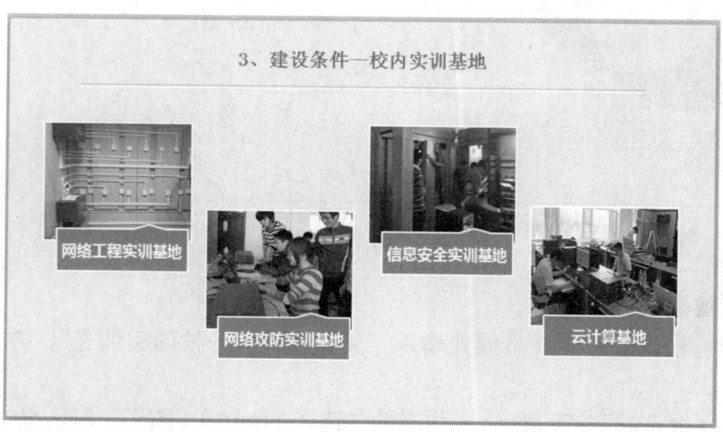

图5-117　“建设条件”页面

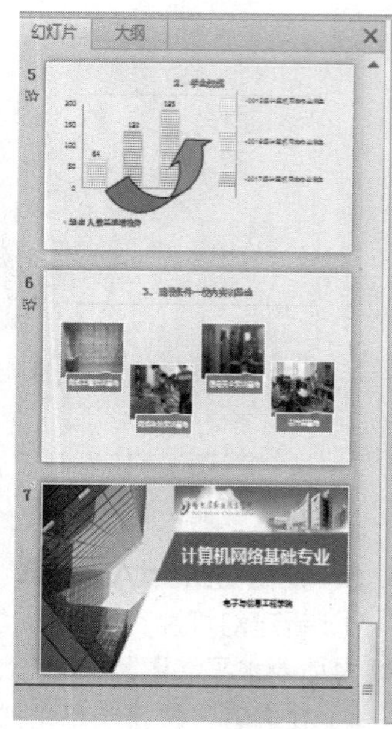

图5-118　复制首页

② 将不需要的部分删除，修改“标题”处的文字为“谢谢观看!”，效果如图 5-119 所示。

7. 添加动画

以目录页为例，本页面的动画以文本进入为主要动画的需求，可以将每个文本添加“进入”动画，并按照顺序排列。

图5-119　结束页面

① 选中“目录”文本框，单击“动画”选项卡中“动画”组内的“进入”动画类的“缩放”选项。

② 选中“CONTENTS”文本框，单击“动画”选项卡中“动画”组内的“进入”动画类的“缩放”。

③ 移动鼠标到右侧“动画窗格”，右键单击“CONTENTS”文本框，在弹出的快捷菜单中选择“从上一项开始”项。

④ 同时选中目录中第一条“专业建设”与前面的图标，将两个图形进行组合，然后添加动画为“进入”类动画中的“飞入”。

⑤ 在右侧“动画窗格”中，右键单击刚添加的动画，在弹出的快捷菜单中选择“从上一项之后开始”命令，如图 5-120 所示。

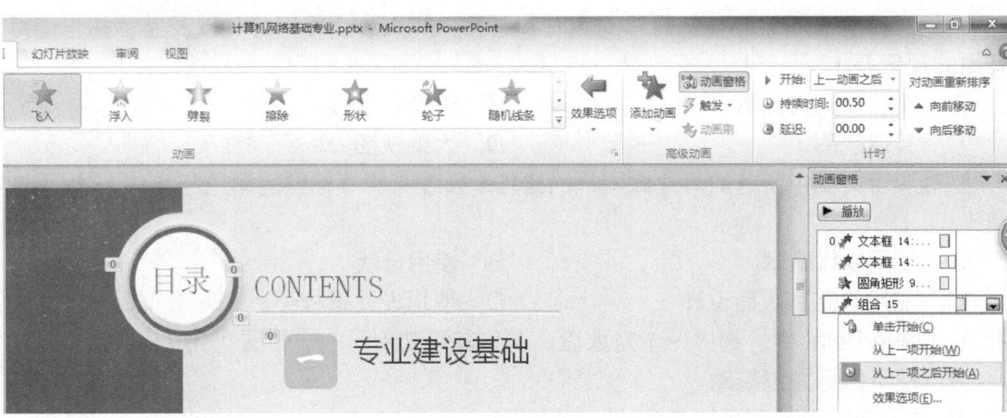

图5-120　设置动画

⑥ 重复步骤（4）、（5），将后面两条目录也添加进入动画，然后预览动画效果，每个动画都会在上一个动画完成后进行下一个动画。

⑦ 根据步骤（1）~（6），完成剩下页面的动画制作。

⑧ 单击“保存”按钮保存演示文稿。

习题

一、选择题

1. 在 PowerPoint 中，对于已创建的多媒体演示文档可以用（　　）命令转移到其他未安装 PowerPoint 的机器上放映。

A. 复制　　B. 文件/发送
C. 文件/打包　　D. 幻灯片放映/设置幻灯片放映

2. 对于 PowerPoint 来说，下列说法正确的是（　　）。

A. 在新建一个演示文稿之前，必须先关新闭当前正在编辑的演示文稿文件
B. 运行 PowerPoint 后，不能编辑多个演示文稿文件
C. 启动 PowerPoint 后只能建立或编辑一个演示文稿文件
D. 启动 PowerPoint 后可以建立或编辑多个演示文稿文件

3. PowerPoint 2010 演示文稿文件的扩展名是（　　）。

A. DOCX　　B. PPTX　　C. EXE　　D. XLSX

4. 在 PowerPoint 中，有关幻灯片母版中的页眉页脚下列说法错误的是（　　）。

A. 页眉或页脚是加在演示文稿中的注释性内容
B. 在打印演示文稿的幻灯片时，页眉/页脚的内容也可打印出来
C. 不能设置页眉和页脚的文本格式
D. 典型的页眉/页脚内容是日期、时间以及幻灯片编号

5. 在 PowerPoint 2010 中，（　　）选项卡中可实现“幻灯片切换”方式的设置。

A. 幻灯片放映　　B. 设计　　C. 视图　　D. 切换

6. 在 PowerPoint 中，浏览视图下，按住<Ctrl>键并拖动某幻灯片，可以完成（　　）操作。

A. 移动幻灯片　　B. 选定幻灯片
C. 复制幻灯片　　D. 删除幻灯片

7. 对幻灯片的重新排序、幻灯片间定时和过渡、加入和删除幻灯片以及整体构思幻灯片都特别有用的视图是（　　）。

A. 幻灯片浏览视图　　B. 幻灯片视图
C. 普通视图　　D. 大纲视图

8. 要对演示文稿中所有幻灯片做同样的操作（如改变所有标题的颜色与字体），以下选项正确的是（　　）。

A. 使用制作副本　　B. 使用母版
C. 使用幻灯片版面设计　　D. 使用设计模板

9. 在 PowerPoint 中，选中一个对象后，要将其移动到另一个位置可用（　　）。

A. 按下鼠标左键拖动
B. “剪切”再到目标位“粘贴”
C. 单击
D. 按<Enter>键

10. PowerPoint 2010 各种视图中，选定了文字、图片后，可以插入超链接，超链接中所链接的目标可以是（　　）。

A. 计算机硬盘中的可执行文件　　B. 其他演示文稿

C. 同一演示文稿的某一张幻灯片 D. 以上都可以

11. 下列有关幻灯片和演示文稿的说法中不正确的是（ ）。
    A. 一个演示文稿文件可以包含一张或多张幻灯片
    B. 幻灯片是 PowerPoint 中包含文字、图形、图表、声音等多媒体信息的图片
    C. 幻灯片可以单独以文件的形式存盘
    D. 一个演示文稿文件可以不包含任何幻灯片
12. PowerPoint 的主要功能是（ ）。
    A. 制作多媒体演示文稿 B. 上网浏览信息
    C. 发送电子邮件 D. 编辑文本文稿
13. 在“大纲”视图中，可以（ ）。
    A. 移动幻灯片 B. 删除幻灯片
    C. 编辑文字 D. 以上都可以
14. 关于幻灯片切换，下列说法正确的是（ ）。
    A. 可设置切换音效 B. 可设置进入效果
    C. 可用鼠标单击切换 D. 以上全对
15. 在 PowerPoint 中（ ）。
    A. 不能设置文字效果为阴影
    B. 不能改变文字的颜色
    C. 可以像 Word 中一样对文字进行修饰
    D. 只能设置文字的字体、字号和颜色
16. 要对 PowerPoint 演示文稿中某张幻灯片内容进行详细编辑，可用（ ）。
    A. 幻灯片视图 B. 幻灯片大纲视图
    C. 幻灯片放映视图 D. 幻灯片浏览视图
17. 设置一张幻灯片切换效果时，可以（ ）。
    A. 只能使用一种 B. 最多可以使用 5 种
    C. 使用多种形式 D. 以上都不对
18. 演示文稿中，加新幻灯片的快捷键是（ ）。
    A. Ctrl+H B. Ctrl+M C. Ctrl+O D. Ctrl+N
19. 幻灯片中占位符的作用是（ ）。
    A. 表示图形大小 B. 限制插入对象的数量
    C. 为文本、图形预留位置 D. 表示文本长度
20. 下面视图中，不可以编辑、修改幻灯片的是（ ）视图。
    A. 备注页 B. 普通 C. 浏览 D. 大纲

二、填空题

1. PowerPoint 2010 演示文稿有________、________、________、________、________等视图。
2. 幻灯片的放映有________种方法。
3. 将演示文稿打包的目的是________。
4. 艺术字是一种________对象，它具有________属性，不具备文本的属性。
5. 在放映时，若要中途退出播放状态，应按________功能键。
6. 按行列显示并可以直接在幻灯片上修改其格式和内容的对象是________。

7. 在 PowerPoint 2010 中，能够观看演示文稿的整体实际播放效果的视图模式________。

8. 退出 PowerPoint 2010 的快捷键是________。

9. PowerPoint 2010 可利用模板来创建________，它提供了两类模板，即________和________。模板的扩展名为________。

10. 在“设置放映方式”对话框中，有 3 种放映类型，分别为________、________、________。

三、判断题

1. 设置幻灯片的“水平百叶窗”“盒状展开”等切换效果时，不能设置切换的速度。（ ）

2. 创建演示文稿可以通过 3 种方式实现。（ ）

3. PowerPoint 2010 提供了插入“艺术字”的功能，并且对插入的艺术字作为图形对象来处理。（ ）

4. 超链接使用户可以从演示文稿中的某个位置直接跳转到演示文稿的另一个位置，或其他演示文稿或公司 Internet 地址。（ ）

5. 只能使用鼠标控制演示文稿播放，不能使用键盘控制播放。（ ）

6. 播放演示文稿时，按 Esc 键可以停止播放。（ ）

7. PowerPoint 2010 提供了 4 种母版。（ ）

8. PowerPoint 2010 提供了 3 种播放演示文稿的方式。（ ）

9. 在 PowerPoint 2010 中，项目符号除了各种符号外，还可以是图像。（ ）

10. 在 PowerPoint 2010 中，图标是不可以设置动画效果的。（ ）

四、简答题

1. PowerPoint 2010 的 3 种基本视图各是什么？各有什么特点？

2. 在制作演示文稿时，应用模板与应用版式有什么不同？

3. 如何建立幻灯片上对象的超链接？

4. 如何打印演示文稿？

5. 要想在一个没有安装 PowerPoint 2010 的计算机上放映幻灯片，应如何保存幻灯片？

6 Chapter

第6章 Access 2010数据库管理系统

实训一 设计并创建超市管理数据库

一、实训目的和要求

1. 掌握数据库设计的流程。
2. 掌握创建数据库、数据表的方法。
3. 掌握数据表的基本操作方法。
4. 掌握数据的基本操作方法。

二、实训内容

1. 设计超市销售管理数据库系统。
2. 创建超市销售管理数据库。
3. 按照表结构，创建超市销售管理数据表。
4. 在“进货信息表”中添加一条记录；在“销售信息表”中添加“库存”字段，数据类型为“数字”，并将该字段调整到“销售数量”字段后；将“库存信息表”的行高、列宽，分别调整为“14”和“12”。
5. 将“商品信息表”中的商品按照“商品类别”进行升序排序。
6. 创建“供应商信息表”“商品信息表”“进货信息表”“销售信息表”“商品库存表”间的关系。

三、实训步骤

1. 设计超市销售管理数据库系统

（1）制作数据库功能表

“超市销售管理系统”的数据库功能需求分析，首先从销售人员人手。他们的日常工作就是销售商品。所以，保存商品的销售信息，是数据库必须具有的功能之一。超市经理小李，要根据商品的销售情况制订下一阶段的销售计划；要根据销售人员的工作情况计算员工的奖金；要根据顾客的喜好调整货源；组织进货等工作，这些都是数据库必须具有的功能。经过仔细分析后，初步建立数据库功能表，如表 6-1 所示。

表 6-1 “超市销售管理系统”数据库功能表

使用角色	功能描述	所需信息
销售人员	存储商品的销售信息	卖出的商品、价格等
超市经理	制订销售计划	前段时间的商品销售情况，对市场的预期信息等
	进货	商品的销售情况、存货信息、供应商信息等
	员工的工资奖金发放	每个员工的工作情况、工资奖金情况等
	客户管理	客户的信息、会员等级信息等

（2）制作数据信息细化表

仔细分析表 6-1 中的“所需信息”列的内容，客户的基本信息、商品信息和会员等级信息都比较容易获取。而客户的购买情况，商品销售情况就不能直接获得，必须通过对一段时间积累的数据（包括商品成本、利润、库存等）进行分析才能得出。这就体现了数据库能给用户带来的帮助，积累数据并进行分析，从而获得不能直接获取的信息。对表 6-1 的信息进一步分析后，可以建立数据信息细化表，如表 6-2 所示。

表 6-2 “超市销售管理系统”数据信息细化表

信息条目	详细信息
员工情况	员工编号、员工名字、联系方式、等级（新员工、工作 1 年、工作 2 年等）
客户情况	客户编号、客户名字、联系方式、等级信息（普通会员、高级会员等）
商品情况	商品编号、商品名称、商品类别（日用品、调味品、小食品、饮料、烟酒茶等）
商品销售情况	销售编号、商品信息（商品名称、类别等）、单价、数量、员工信息（销售人员信息）、客户信息（购买商品客户的信息）
工资奖金情况	发放编号、发放员工、发放金额、发放时间、发放类型（工资、奖金）
进货情况	进货编号、进货批次、产品信息、价格、数量、进货时间
客户等级	等级编号、客户级别、折扣标准（不同等级客户，享受不同的折扣优惠）
客户联系	联系编号、客户信息、联系时间、联系内容（与客户沟通的目的、效果等）

（3）制作数据表

数据库需要的信息细化到表 6-2 后，就可以开始设计数据表，主要是设计数据表的字段和主键，最终形成的数据表如表 6-3 所示。

表 6-3 “超市销售管理系统”数据表

信息条目	详细信息
员工信息表	员工编号（主键）、员工姓名、身份证号、联系电话、电子邮件、家庭住址、邮政编码、员工等级
客户信息表	客户编号（主键）、客户姓名、身份证号、联系电话、电子邮件、家庭住址、邮政编码、客户等级
客户等级表	等级 ID（主键）、等级名称、折扣标准
供应商信息表	供应商编号（主键）、供应商名称、联系人、联系电话、传真、地址、邮政编码
商品信息表	商品编号（主键）、供应商、商品类别、商品名称、商品单价、商品单位

续表

信息条目	详细信息
商品类别表	类别编号（主键）、类别名称
商品销售表	销售编号（主键）、商品名称、销售价格、数量、销售员工、购买客户等级、销售时间
商品库存表	库存编号（主键）、商品名称、数量
进货信息表	进货编号（主键）、供应商、商品名称、进货价格、数量、进货时间
员工考勤表	考勤 ID（主键）、考勤类别（迟到、病假、事假、旷工）发生时间、备注

2. 创建超市销售管理数据库

进入 Access 2010 操作界面，单击“文件”选项卡下“新建”选项，在“可用模板”区域中选择“空数据库”选项。单击右侧的“创建”图标，如图 6-1 所示。

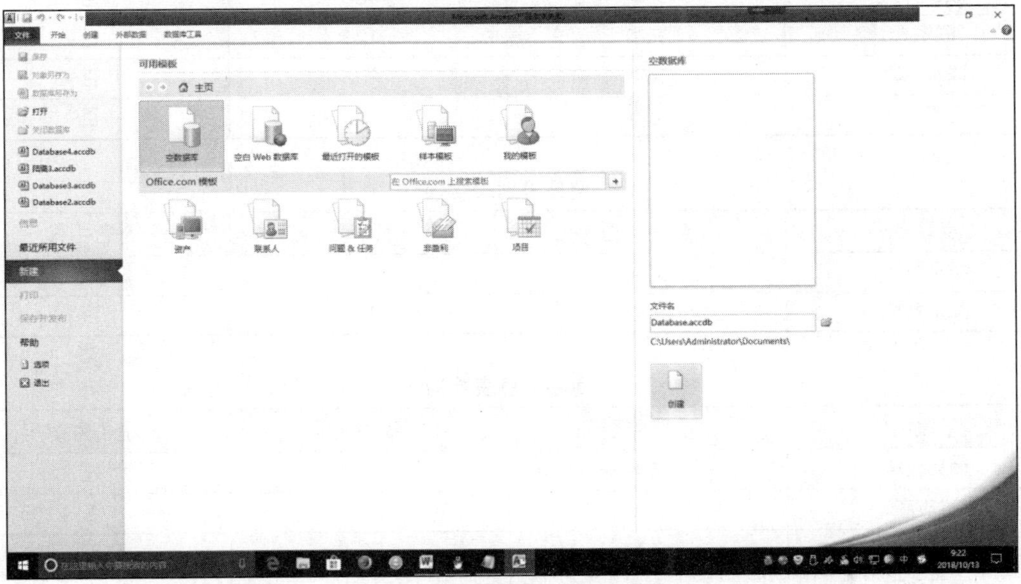

图6-1　创建空白数据库

3. 创建超市销售管理系统数据表

根据下列表结构，创建各数据库表。

员工信息表结构

字段名	字段类型	字段大小	是否主键
员工编号	文本	6	是
员工姓名	文本	12	否
身份证号	文本	20	否
联系电话	文本	16	否
电子邮箱	文本	40	否
家庭住址	文本	40	否
邮政编码	文本	8	否
员工等级	文本	16	否

客户信息表结构

字段名	字段类型	字段大小	是否主键
客户编号	文本	6	是
姓名	文本	12	否
联系电话	文本	16	否
客户等级	文本	12	否

供应商信息表结构

字段名	字段类型	字段大小	是否主键
供应商编号	文本	6	是
供应商名称	文本	40	否
联系人	文本	12	否
联系电话	文本	16	否
传真	文本	16	否

商品类别表结构

字段名	字段类型	字段大小	是否主键
类别编号	文本	8	是
类别名称	文本	20	否

商品信息表结构

字段名	字段类型	字段大小	是否主键
商品编号	文本	8	是
供应商	文本	40	否
商品类别	文本	20	否
商品名称	文本	40	否
商品单价	数字		否
商品单位	文本	6	否

库存信息表结构

字段名	字段类型	字段大小	是否主键
商品编号	文本	6	是
商品名称	文本	40	否
库存数量	数字		否

销售信息表结构

字段名	字段类型	字段大小	是否主键
销售编号	文本	12	是
商品名称	文本	40	否
商品类别编号	文本	6	否

续表

字段名	字段类型	字段大小	是否主键
成本价格	数字		否
销售价格	数字		否
销售数量	数字		否
销售金额	数字		否
销售毛利	数字		否
销售员工	文本	40	否
购买客户等级	文本	40	否
销售时间	日期		否

进货信息表结构

字段名	字段类型	字段大小	是否主键
进货编号	文本	6	是
供货商	文本	40	否
商品编号	文本	6	否
进货价格	数字		否
数量	数字		否

方法一

① 打开“超市销售管理系统”数据库，选择“创建”选项卡，在“表格”组中单击“表设计”命令。

② 在“字段名称”列依次输入“员工信息表表结构”中的“字段名称”，在“数据类型”下拉表中选择数据类型，在“字段属性”对话框的“常规”选项卡下设置字段大小、格式等属性，如图 6-2 所示。

图6-2　创建表结构

③ 选择“员工编号”字段，在“表格工具设计”选项卡中，单击“主键”命令。

④ 单击“保存”命令，在“另存为”对话框中输入“员工信息表”。单击“确定”命令，完成创建。

⑤ 双击“员工信息表”打开数据表视图，按照素材提供的数据录入信息，如图 6-3 所示。

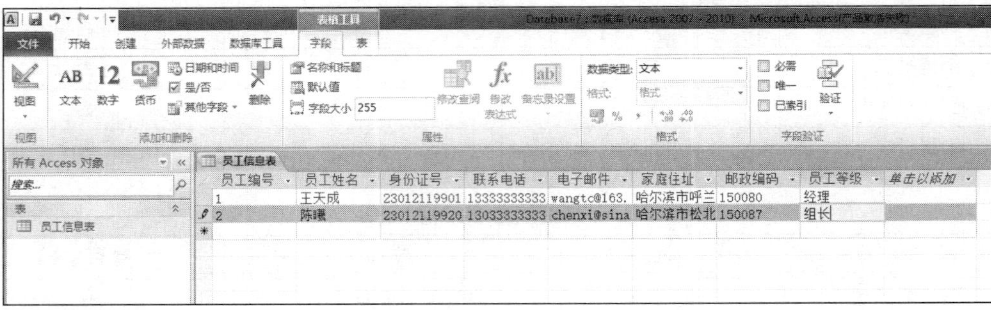

图6-3　录入表数据

方法二

① 打开“超市销售管理系统”数据库，选择“外部数据”选项卡，在“导入并链接”组中单击“Excel”命令。

② 在打开的“获取外部数据- Excel 电子表格”对话框中，单击“浏览”按钮，选择需导入表格的文件路径，选择存储方式与位置，单击“确定”命令。

③ 在打开的“导入数据表向导”对话框中，在列表框中选中要导入的“客户信息表”，单击“下一步”按钮，如图 6-4 所示。

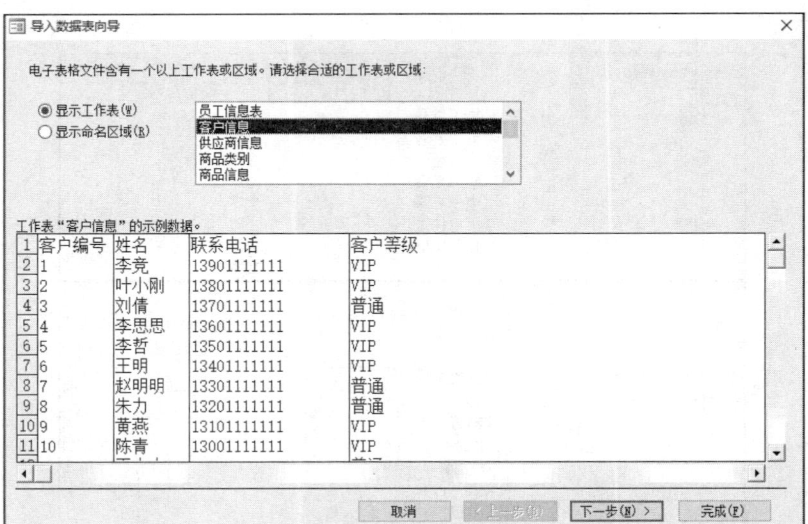

图6-4 导入指定表

④ 勾选“第一行包含列标题”选项，单击“下一步”按钮，如图 6-5 所示。

⑤ 按照表结构，为“客户信息表”中的每个字段设置数据类型（在这个方法中数字型数据

选择的数据类型为双精度型），单击“下一步”按钮，如图 6–6 所示。

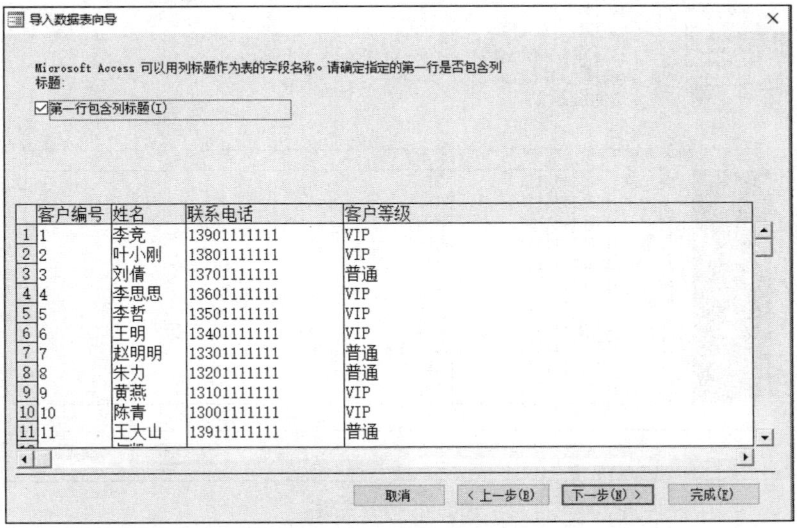

图6–5　设置列标题

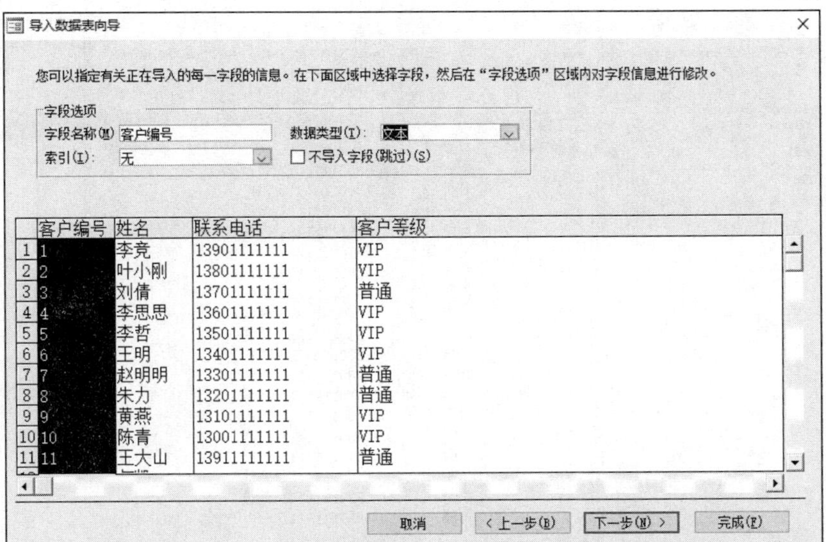

图6–6　设置字段的数据类型

⑥ 选中“我自己添加主键”复选框，在列表框中选择“客户编号”，单击“下一步”按钮，如图 6–7 所示。

⑦ 命名该表为“客户信息表”，单击“完成”命令。导入后的数据表如图 6–8 所示。

⑧ 单击“表格工具字段”选项卡，可以通过选中“客户编号”列，在“属性”组中“字段”编辑栏里按照表结构要求，修改每个字段的大小；也可以在该选项卡中单击“视图”命令，在下拉菜单中选择“设计视图”，打开表结构设计界面进行修改，完成后保存。

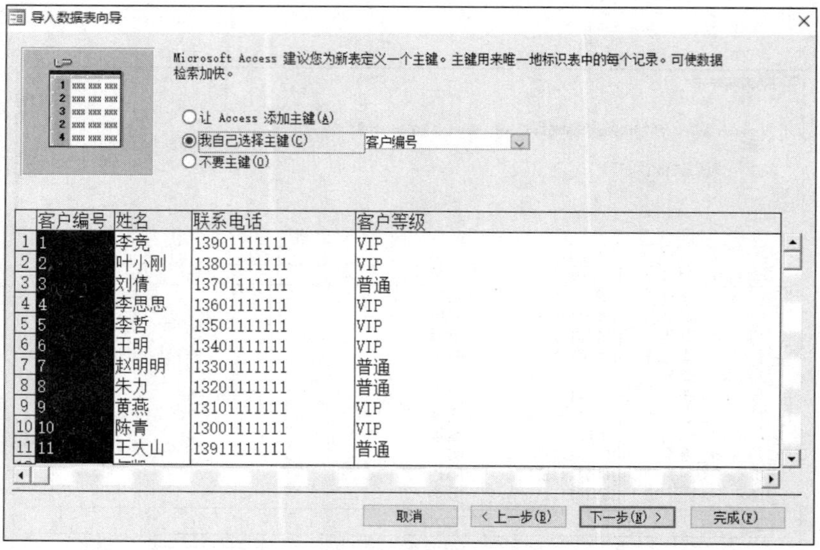

图6-7　设置主键

图6-8　导入后的客户信息表

采用上述两种方法完成其他数据表的创建。

4. 修改表结构

① 在“进货信息表”中添加一条记录。

双击打开“进货信息表”，在“开始”选项卡“记录”组中选择“新建”命令，此时光标移动到数据表的最后一行，可直接录入新记录，如图 6-9 所示。

② 在“销售信息表”中添加“库存”字段，数据类型为“数字”，并将该字段调整到“销售数量”字段后。

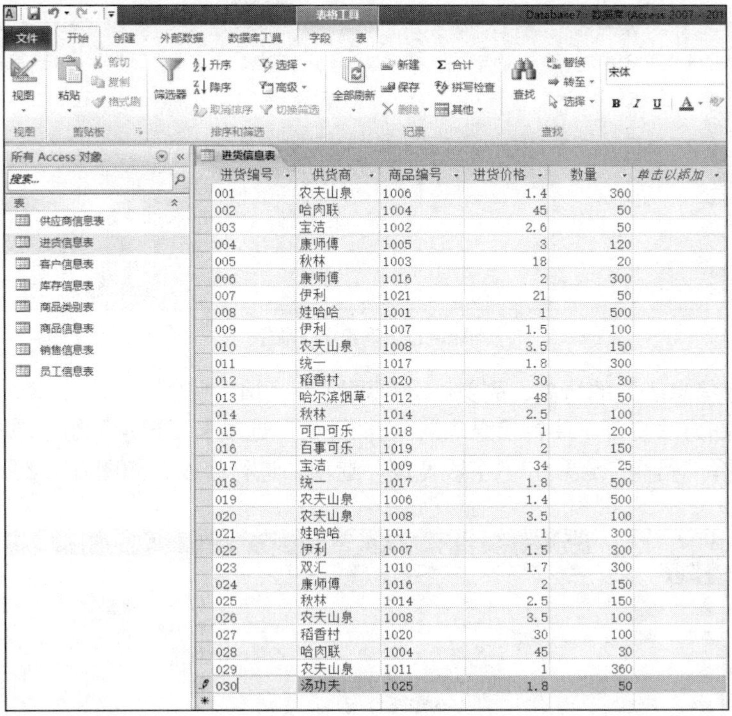

图6-9 添加记录

以“设计视图”方式打开“销售信息表”，右键单击新行，在弹出的快捷菜单中选择“插入行”命令，输入相应内容，如图 6-10 所示。切换到“数据表视图”模式，选中“库存”列，按住鼠标左键，拖动到“销售数量”字段后即可，如图 6-11 所示。

图6-10 添加字段

销售信息表

销售编号	商品编号	商品类别编	成本价格	销售价格	销售数量	库存	销售金额	销售毛利
20180501	1001	1	1	1.2	2		2.4	.4
20180502	1009	7	34	39	1		39	5
20180503	1008	2	3.5	4.5	2		9	2
20180504	1016	4	2	2.9	5		14.5	4.5
20180505	1017	4	1.8	2.5	5		12.5	3.5
20180506	1014	6	2.5	3.5	2		7	2
20180507	1020	6	30	55	1		55	25
20180508	1018	2	1	1.9	3		5.7	2.7
20180509	1010	5	1.7	2.2	10		22	5
20180510	1019	2	2	2.5	2		5	1

图6-11　调整字段顺序

③ 将“库存信息表”的行高、列宽，分别调整为“14”“12”。

以数据表视图方式打开“库存信息表”，在“开始”选项卡“记录”组中单击“其他”按钮，在下拉列表中选择“行高”选项和“字段宽度”选项，进行修改，如图 6-12 所示。

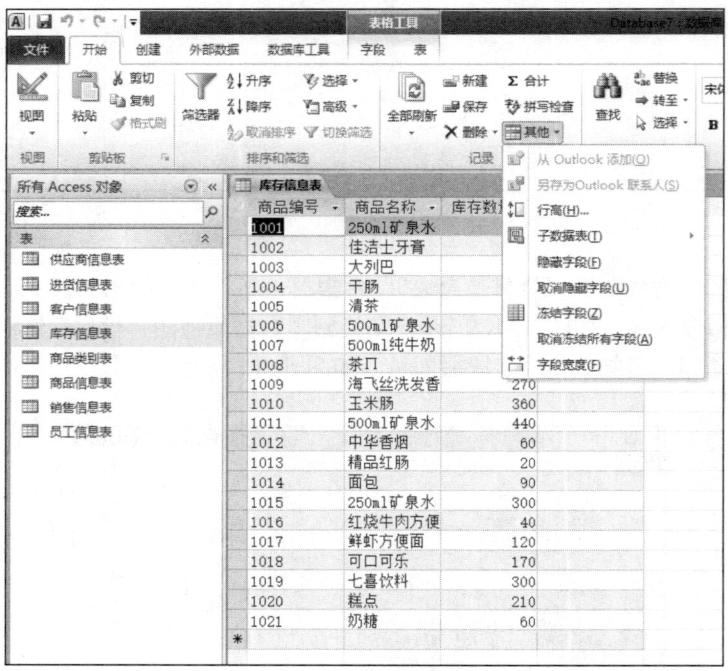

图6-12　调整行高列宽

5. 排序

将“商品信息表”中的商品按照“商品类别”进行升序排序。

双击打开“商品信息表”，单击“商品类别”字段，选中该列。在“开始”选项卡中单击“排序和筛选”组中的升序按钮，完成排序，如图 6-13 所示。

6. 创建关系

创建“供应商信息表”“商品信息表”“进货信息表”“销售信息表”“库存信息表”间的关系。

① 在创建关系前，需要关闭与建立关系相关的所有表。单击“数据库工具”选项卡中“关

系”组的“关系”命令，在打开的“显示表”对话框中双击选择需要建立关系的表，如图 6–14 所示，添加完成后如图 6–15 所示。

商品信息表

商品编号	供应商	商品类别	商品名称	商品单价	商品单位
1007	伊利	奶制品	500ml纯牛奶	2.1	盒
1011	娃哈哈	瓶装饮用水	500ml矿泉水	1.5	瓶
1006	农夫山泉	瓶装饮用水	500ml矿泉水	2	瓶
1001	娃哈哈	瓶装饮用水	250ml矿泉水	1.2	瓶
1015	农夫山泉	瓶装饮用水	250ml矿泉水	1.5	瓶
1004	哈肉联	肉制品	干肠	59	斤
1010	双汇	肉制品	玉米肠	2.2	根
1013	哈肉联	肉制品	精品红肠	33	斤
1009	宝洁	生活用品	海飞丝洗发香	39	瓶
1002	宝洁	生活用品	佳洁士牙膏	3.5	支
1014	秋林	食品	面包	3.5	个
1021	伊利	食品	奶糖	25	斤
1016	康师傅	食品	红烧牛肉方便	2.9	包
1017	统一	食品	鲜虾方便面	2.5	包
1020	稻香村	食品	糕点	55	盒
1003	秋林	食品	大列巴	24	个
1012	哈尔滨烟草	香烟	中华香烟	55	盒
1008	农夫山泉	饮料	茶Π	4.5	瓶
1018	可口可乐	饮料	可口可乐	1.9	瓶
1019	百事可乐	饮料	七喜饮料	2.5	瓶
1005	康师傅	饮料	清茶	3.5	瓶

图6–13　升序排序

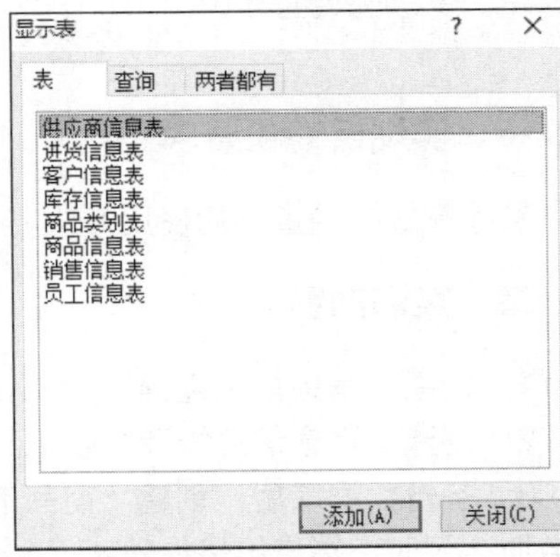

图6–14　显示表

图6–15　添加表

② 将表中的相关字段拖动到另一个表的相关字段中，会弹出“编辑关系”对话框，单击“创建”按钮，如图 6–16 所示。

③ 右键单击选中黑线，在弹出的快捷菜单中选择“编辑关系”选项，在打开的对话框中完成关系的编辑。创建完成后的关系窗口如图 6–17 所示。

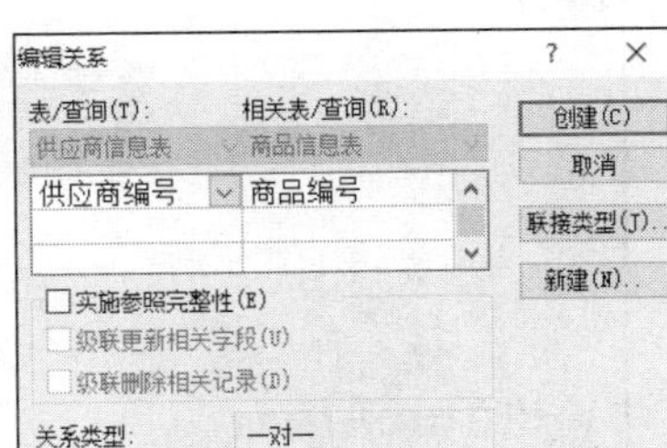

图6–16　创建关系

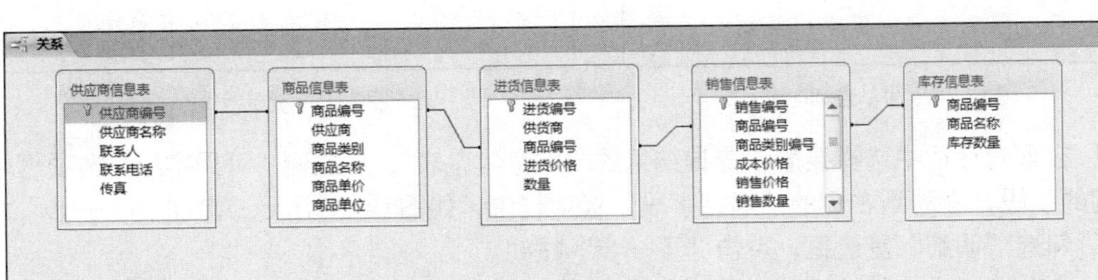

图6–17　关系窗口

四、拓展训练

1. 设计图书管理系统及相关表。
2. 创建表及表间关系。

实训二 创建查询

一、实训目的和要求

熟练掌握各种查询的使用方法。

二、实训内容

1. 创建“销售情况查询”。显示所有商品销售与库存状态。
2. 创建“销售信息统计”查询。显示 2015 年 5 月 12 日销售的商品的库存情况。
3. 备份数据库后，创建“商品信息表”和“销售信息表”的价格联动更新查询（即糕点单价增加 2 元时，销售价格提升 4 元）。将该查询命名为“价格更新表”。
4. 创建多表交叉查询。显示各个供货商提供的各种类商品的数量，将该查询命名为“供货信息”。

三、实训步骤

1. 创建“销售情况查询”

① 单击“创建”选项卡下的“查询向导”命令，在打开的“新建查询”对话框中选择“简单查询向导”，单击“确定”按钮，如图 6-18 所示。

② 在该对话框中选择要显示查询结果的“销售信息表”，从左侧“可用字段”选项框中选取要查询的字段，移动到右侧的“选定字段”选项框中，如图 6-19 所示。

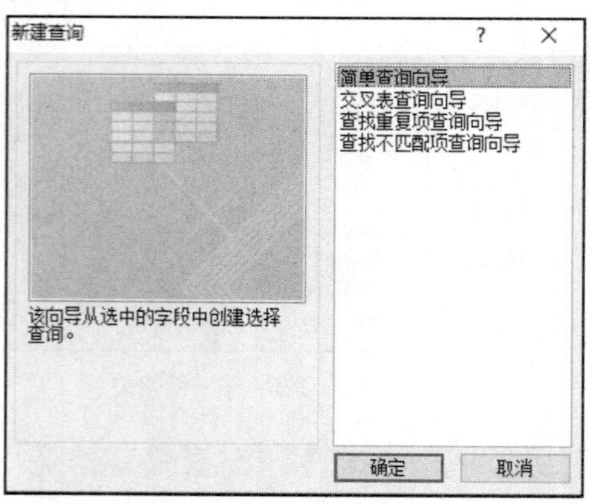

图6-18 简单查询向导

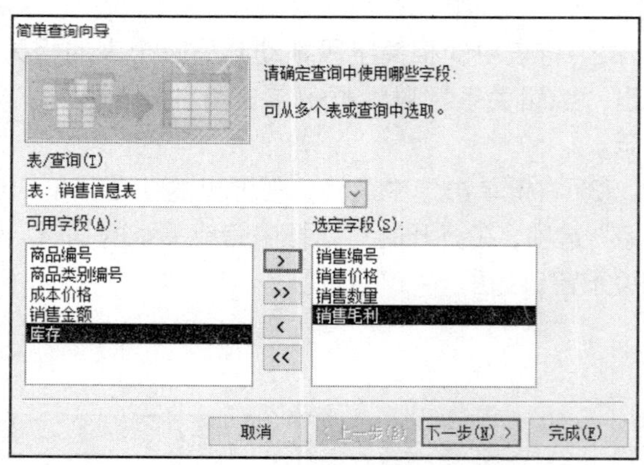

图6-19 选定字段

③ 在该对话框中选择要显示查询结果的“库存信息表”，从左侧“可用字段”选项框中选取要查询的字段，移动到右侧的“选定字段”选项框中，如图 6-20 所示，单击“下一步”按钮。

④ 勾选“明细”复选框，单击“下一步”按钮。

⑤ 命名该查询，并选择“打开查询查看信息”单选钮，单击“完成”按钮，如图 6-21 所示。查询结果如图 6-22 所示。

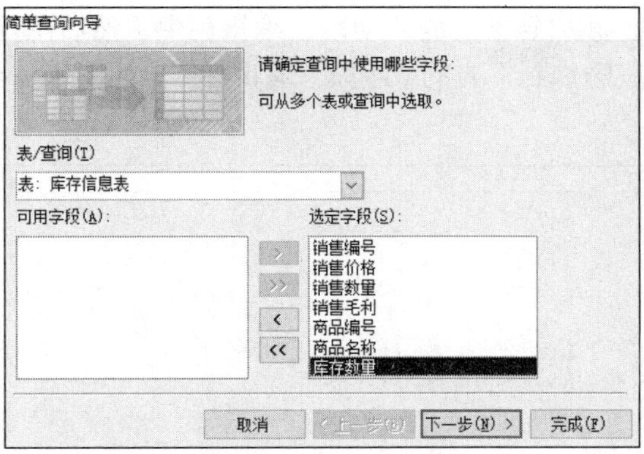

图6-20　选定字段

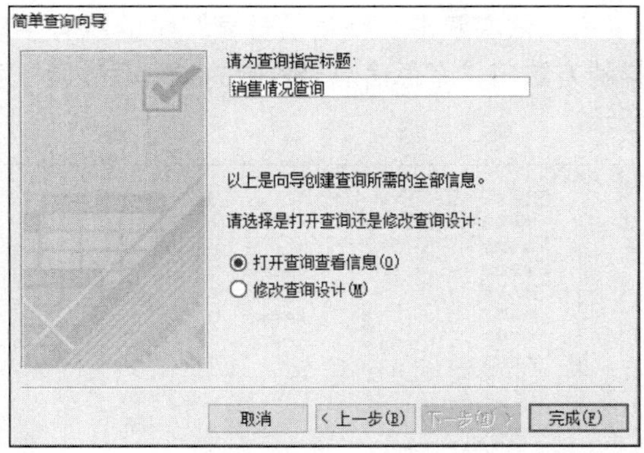

图6-21　命名查询

销售编号	销售价格	销售数量	销售毛利	商品编号	商品名称	库存数量
20180501	1.2	2	0.4	1001	250ml矿泉水	100
20180514	1.2	5	1	1001	250ml矿泉水	100
20180558	1.2	10	2	1001	250ml矿泉水	100
20180559	1.2	1	0.2	1001	250ml矿泉水	100
20180561	1.2	10	2	1001	250ml矿泉水	100
20180512	3.5	2	1.8	1002	佳洁士牙膏	200
20180518	3.5	2	1.8	1002	佳洁士牙膏	200
20180541	3.5	5	4.5	1002	佳洁士牙膏	200
20180556	3.5	5	4.5	1002	佳洁士牙膏	200
20180520	24	1	6	1003	大列巴	50
20180527	24	2	12	1003	大列巴	50
20180538	24	6	36	1003	大列巴	50
20180544	24	2	12	1003	大列巴	50
20180532	59	1	14	1004	干肠	80
20180516	2	5	3	1006	500ml矿泉水	300
20180513	2.1	10	6	1007	500ml纯牛奶	70
20180522	2.1	4	2.4	1007	500ml纯牛奶	70
20180531	2.1	2	1.2	1007	500ml纯牛奶	70
20180503	4.5	2	2	1008	茶Π	200
20180524	4.5	5	5	1008	茶Π	200
20180549	4.5	2	2	1008	茶Π	200
20180567	4.5	2	2	1008	茶Π	200
20180569	4.5	2	2	1008	茶Π	200
20180502	39	1	5	1009	海飞丝洗发香	270
20180534	39	1	5	1009	海飞丝洗发香	270
20180509	2.2	10	5	1010	玉米肠	360
20180537	2.2	5	2.5	1010	玉米肠	360
20180542	2.2	5	2.5	1010	玉米肠	360
20180557	2.2	5	2.5	1010	玉米肠	360
20180566	2.2	5	2.5	1010	玉米肠	360
20180529	1.5	2	1	1011	500ml矿泉水	440
20180530	1.5	5	2.5	1011	500ml矿泉水	440

图6-22　查询结果

2. 创建“销售信息统计”查询

显示2015年5月12日销售的商品的库存情况。

① 单击“数据库工具”选项卡“关系”组中的“关系”命令，在打开的关系窗口中添加“销售信息表”和“库存信息表”，并建立关系，如图 6-23 所示。

② 单击“创建”选项卡“查询”组中的“查询设计”命令，在弹出的“显示表”对话框中添加“销售信息表”和“库存信息表”到查询设计窗口。

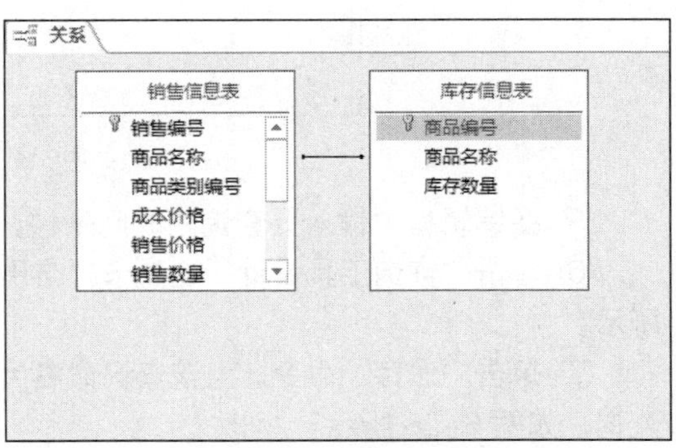

图6-23　建立关系

③ 依次双击“销售信息表”中的所有字段，添加到下方的“字段”编辑栏中，然后用同样的方法将“库存信息表”中的“库存数量”字段添加到下方的“字段”编辑栏中，如图 6-24 所示。

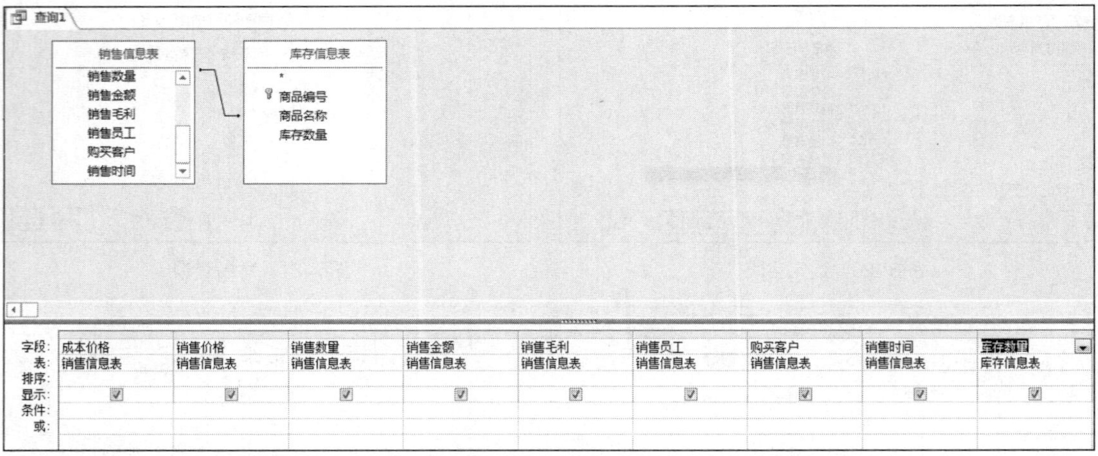

图6-24　添加字段

④ 在下方字段编辑栏中右键单击选中“销售时间”字段的“条件”编辑栏，在快捷菜单中选择“生成器”命令，打开“表达式生成器”对话框，如图 6-25 所示。

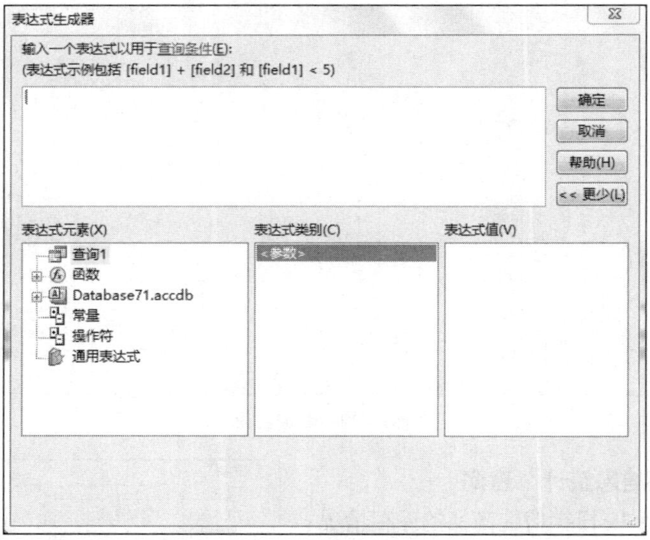

图6-25　表达式生成器

⑤ 在编辑框中输入要查询的时间条件，单击“确定”按钮，如图 6-26 所示。

⑥ 单击“查询工具设计”选项卡“结果”组中的“运行”命令，查看查询结果，如图 6-27 所示。

⑦ 单击“保存”命令，为该查询命名为“销售商品库存查询”，单击“确定”按钮，关闭该查询，如图 6-28 所示。

3. 创建更新查询

备份数据库后，创建“商品信息表”和“销售信息表”的价格联动更新查询（即糕点的单价增加 2 元时，销售价格自动提升 4 元）。将该查询命名为“价格更新表”。

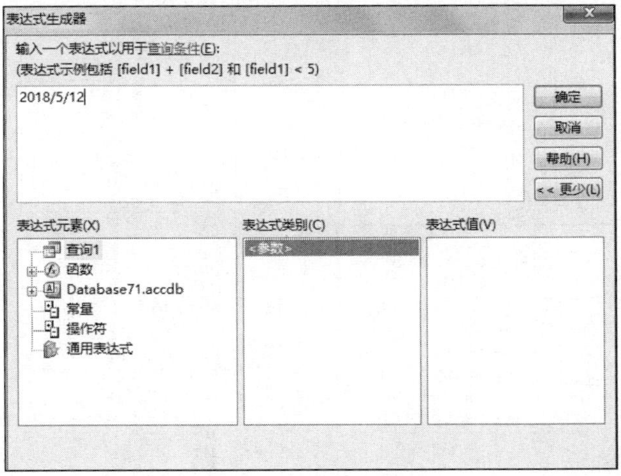

图6-26　输入条件

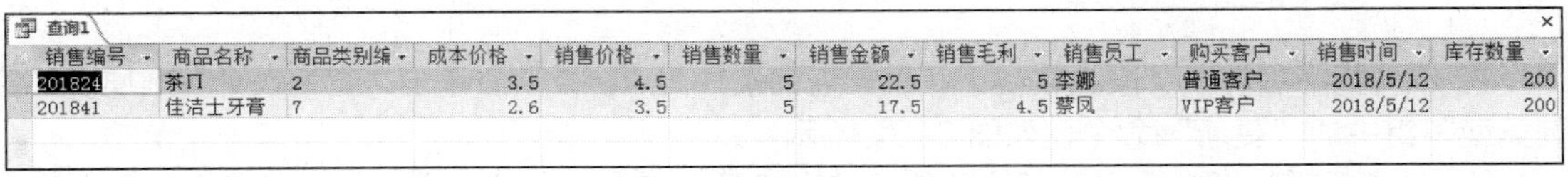

图6-27　查询结果

① 在“文件”选项卡，单击“保存并发布”命令中的“数据库另存为”命令，在右侧的选项框中选择“备份数据库”命令，单击“另存为”按钮，如图 6-29 所示。

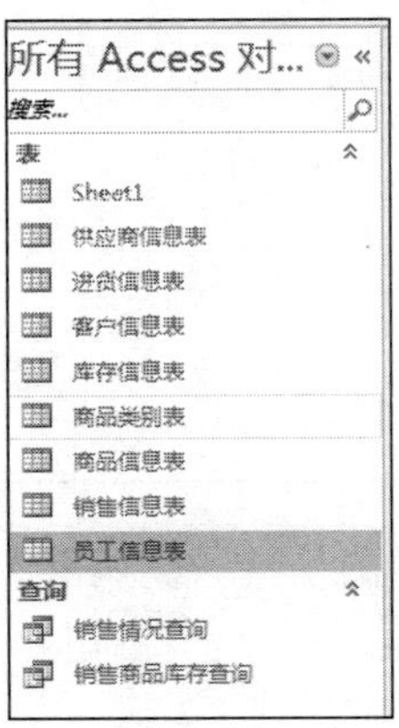

图6-28　命名查询

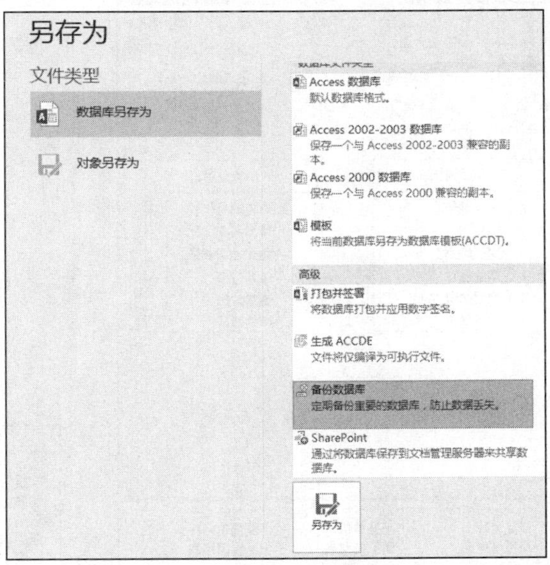

图6-29　备份数据库

在打开的“另存为”对话框中，完成数据库的命名和保存路径。

② 单击“创建”选项卡“查询”组中的“查询设计”命令，添加“商品信息表”和“销售信息表”，并建立两表之间的关系，如图 6-30 所示。

③ 将“商品信息表”中的“商品名称”“商品单价”字段和“销售信息表”中的“销售价格”

字段添加到查询设计器中，如图 6-31 所示。

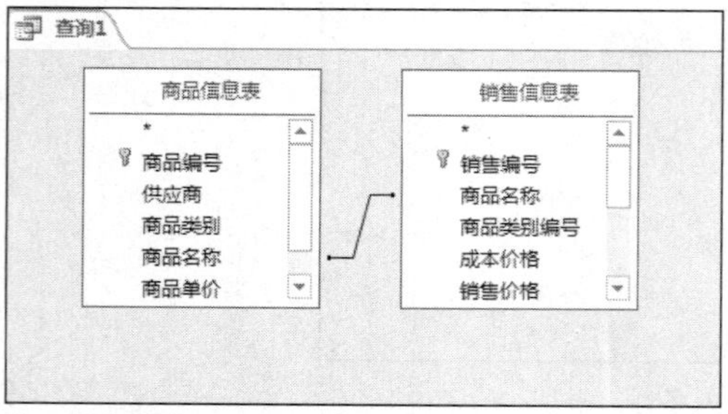

图6-30 建立关系

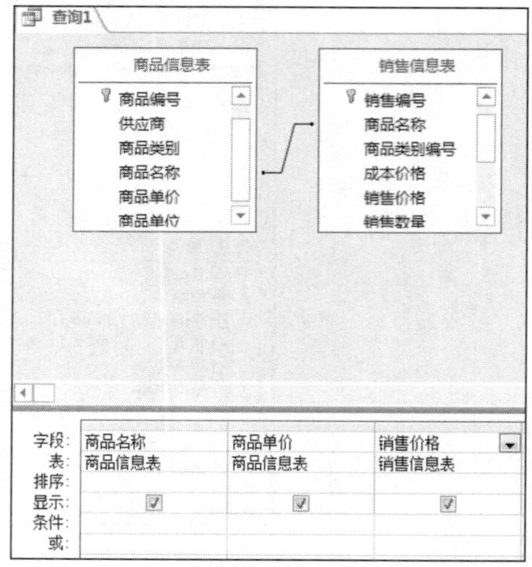

图6-31 添加字段

④ 在“商品名称”字段编辑栏下，设置查询条件为“糕点”，单击“查询设计”选项卡“查询类型”组中的“更新”命令，如图 6-32 所示。

⑤ 在“更新”栏中设定更新的条件是“商品信息表”中的商品单价+2，“销售信息表”中的销售价格+4，如图 6-33 所示。

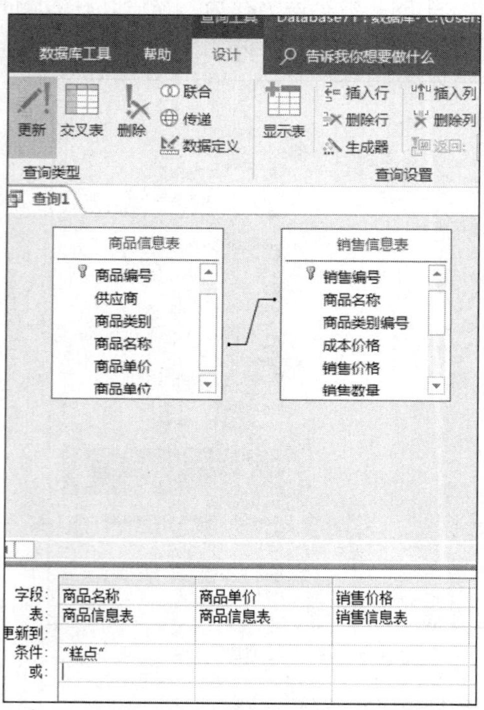

图6-32 更新条件

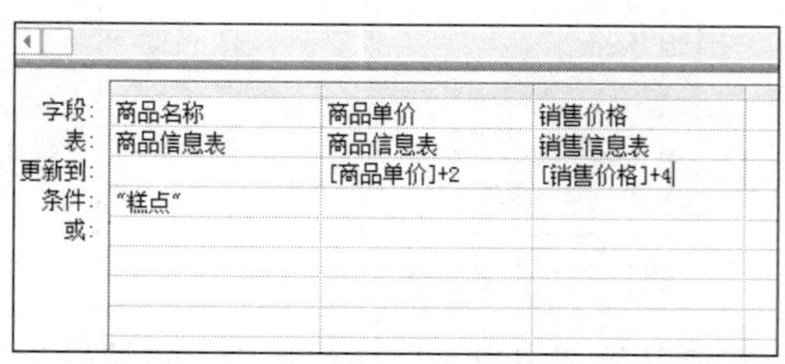

图6-33 联动条件

⑥ 单击“查询工具设计”选项卡“结果”组中的“运行”命令，在弹出的更新操作信息对话框中，单击“是”，完成联动更新查询。

⑦ 此时再次打开“销售信息表”，会发现糕点的销售价格自动上浮 4 元。

4. 创建多表交叉查询

显示各个供货商提供的各种类商品的数量，将该查询命名为“供货信息”。

① 单击“创建”选项卡“查询”组中的“查询设计”命令，添加“供货商信息表”“进货信息表”“商品类别表”和“商品信息表”，并建立表间关系，如图 6-34 所示。

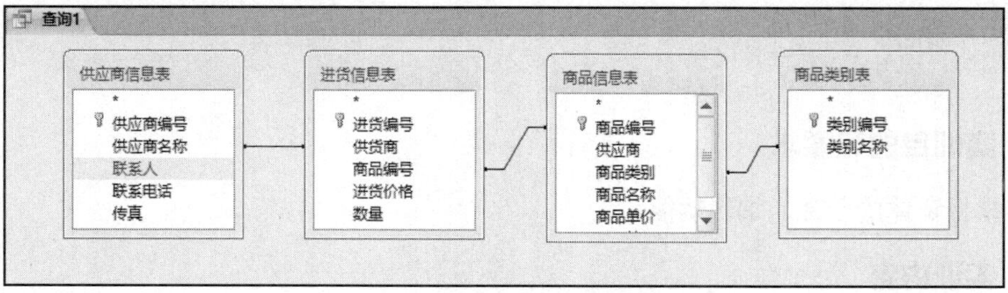

图6-34 建立表间关系

② 将“供货商信息表”中的“供货商名称”字段、“商品类别表”中“类别名称”字段、“商品信息表”中“商品编号”字段添加到下方的“字段”编辑栏中，如图 6-35 所示。

③ 单击“查询设计”选项卡“查询类型”组中的“交叉表”命令，在下方编辑区域，将“商品编号”字段“总计”行条件设置为“计数”；将“供应商名称”字段“交叉表”编辑框设置为“行标题”；将“类别名称”字段“交叉表”编辑框设置为“列标题”；将“商品编号”字段“交叉表”编辑框设置为“值”，如图 6-36 所示。

字段:	供应商名称	类别名称	商品编号
表:	供应商信息表	商品类别表	商品信息表
排序:			
显示:	☑	☑	☑
条件:			
或:			

图6-35 添加查询字段

字段:	供应商名称	类别名称	商品编号
表:	供应商信息表	商品类别表	商品信息表
总计:	Group By	Group By	计数
交叉表:	行标题	列标题	值
排序:			
条件:			
或:			

图6-36 设置交叉表查询条件

④ 单击“查询工具设计”选项卡“结果”组中的“运行”命令，此时显示出查询结果，如图 6-37 所示。

查询1

供应商名称	奶制品	瓶装饮用水	肉制品	生活用品	食品	香烟	饮料
百事可乐							1
宝洁				2			
稻香村					2		
哈尔滨烟草						1	
哈肉联			2				
康师傅					2		1
可口可乐							1
农夫山泉		3					3
秋林					3		
双汇			1				
统一					2		
娃哈哈		2					
伊利	2				1		

图6-37 交叉表查询结果

⑤ 右键单击查询标签，在弹出的菜单中选择“保存”命令，在打开的“另存为”对话框中输入“供货信息”，单击“确定”按钮，完成查询创建。

四、拓展训练

创建销售查询，显示销售金额和毛利的总计。

实训三 窗体

一、实训目的和要求

熟练掌握窗体的创建、编辑功能。

二、实训内容

1. 创建“员工信息管理”窗体。
2. 窗体显示员工编号、姓名、联系方式和员工等级。

三、实训步骤

创建“员工信息管理”窗体。

① 单击“创建”选项卡“窗体”组中的“窗体设计”命令，单击窗体左上方的窗体选定按钮，选中窗体后，在“窗体设计工具设计”选项卡“工具”组中单击“属性表”按钮，打开窗体属性表，如图 6-38 所示。

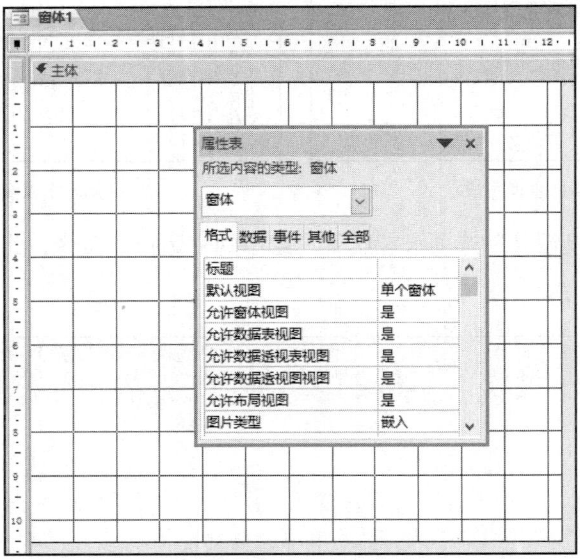

图6-38　窗体属性表

② 在属性表“数据”选项卡的“记录源”对应组合框中，设置窗体数据源为“员工信息表”，如图 6-39 所示。

③ 单击“工具”组中的“添加现有字段”命令，弹出如图 6-40 所示的列表框。

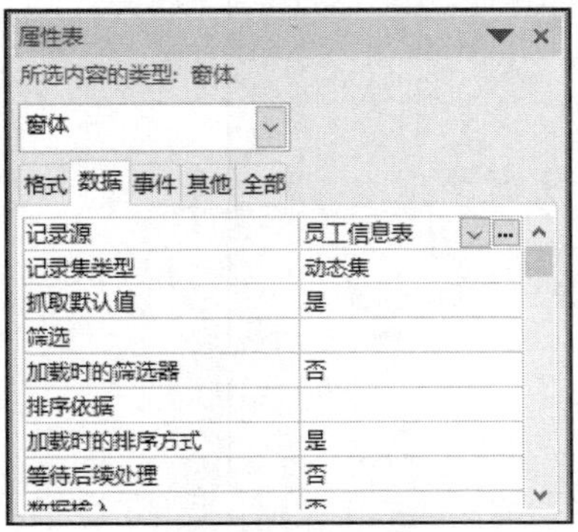

图6-39 设置数据源

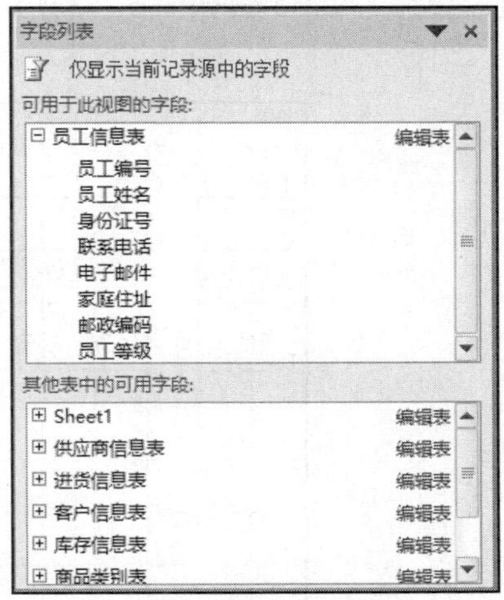

图6-40 字段列表

④ 在字段列表中将“员工编号”拖动到窗体中，调整相应位置（双击也可完成），如图 6-41 所示。

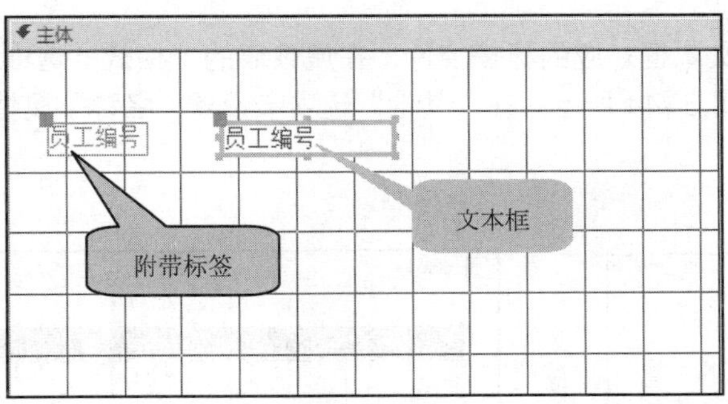

图6-41 添加字段

⑤ 单击“控件”组中的“文本框”按钮，在窗体主体节区域拖动鼠标调整文本框的大小，添加后的效果如图 6-42 所示。

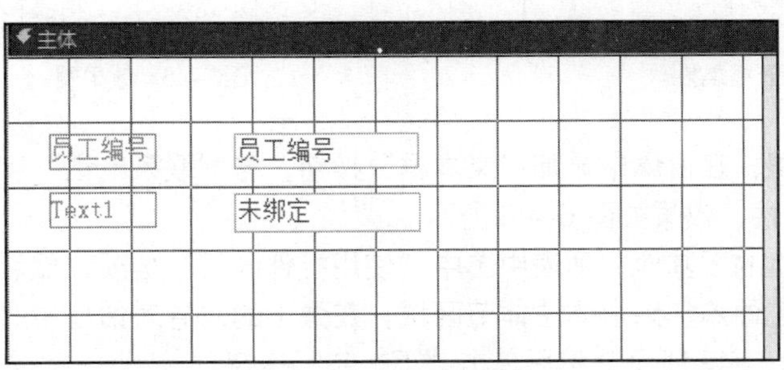

图6-42 添加文本框

⑥ 单击“文本框”将其选中，在“工具”组单击“属性表”命令，将会弹出文本框属性表，

在属性表的“数据”选项卡下将“控件来源”属性设置为“姓名”，并在“其他”选项卡下将“名称”属性设置为“name”，如图 6-43 所示。

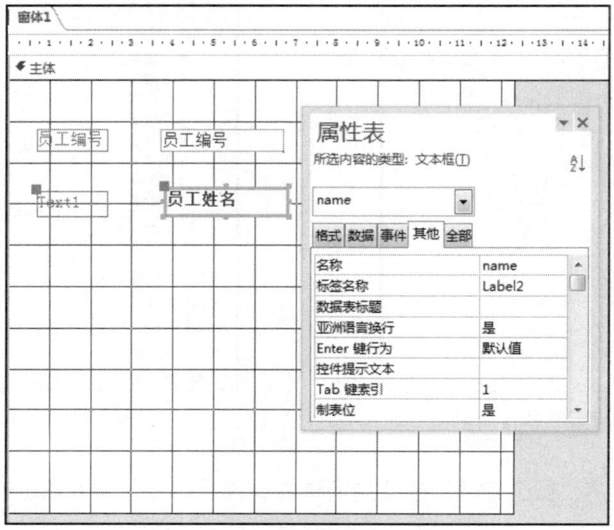

图6-43　设置文本框属性

⑦ 在窗体中选中文本框对应的标签控件，在属性表的“格式”选项卡下将“标题”属性设置为“员工姓名”，如图 6-44 所示。在“其他”选项卡设置“名称”属性为“Lab2”，设置效果如图 6-45 所示。

图6-44　设置标签框属性

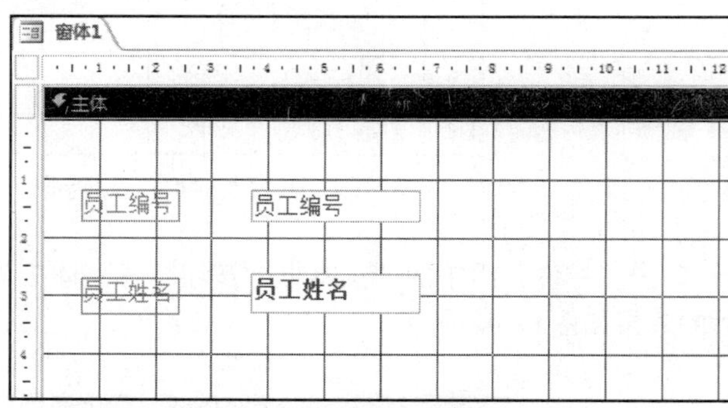

图6-45　效果图

⑧ 按照上述步骤，在窗体中添加“文本框”按钮，与“联系电话”字段进行绑定，并修改相应的标题及名称属性，效果如图 6-46 所示。

⑨ 在“控件”组的“其他”列表中选中“使用控件向导”选项，然后在“控件”组中单击“列表框”控件，将控件添加到窗体主体节区域，在弹出的向导对话框中选中“自行键入所需的值”单选按钮，如图 6-47 所示，然后单击“下一步”按钮。

⑩ 在弹出的对话框中，在“列数”文本框中输入“1”，在“第一列”对应的表格中输入要求在“列表框”中显示的数据，如图 6-48 所示，输入完成后单击“下一步”按钮。

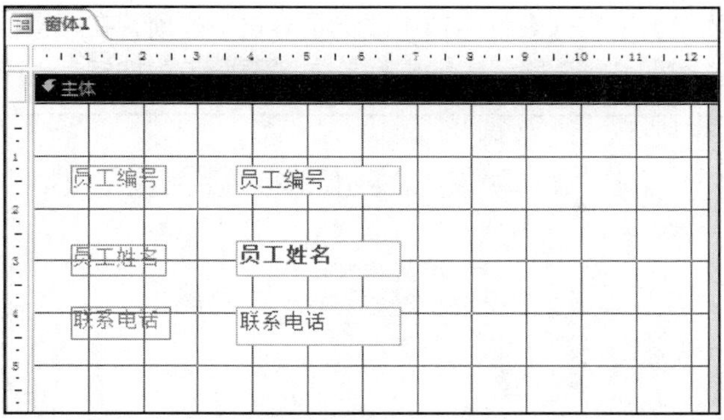

图6-46　效果图

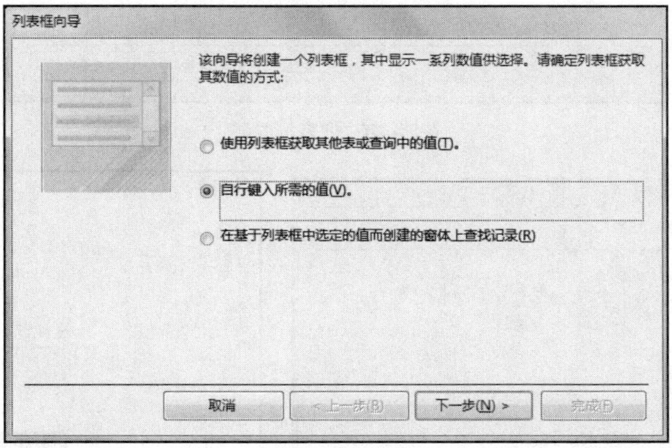

图6-47　控件向导

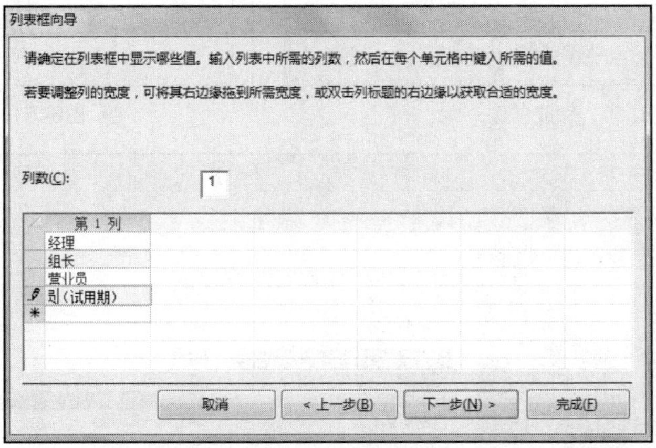

图6-48　添加列

⑪ 选中“将该数值保存在这个字段中”单选按钮，保存位置为“员工等级”，单击“下一步”按钮，如图 6-49 所示。

⑫ 指定“列表框”控件对应的标签的标题为“员工等级”，单击“完成”按钮，如图 6-50 所示。将窗体切换到窗体视图，查看设置效果，如图 6-51 所示。

⑬ 切换到设计视图，在“控件”组的“其他”列表中选中“使用控件向导”选项。

⑭ 在“控件”组中单击“按钮”控件，拖放到窗体主体节区域的适当位置。在弹出的“命

令按钮向导”对话框的“类别”列表框中选中“记录导航”选项，在“操作”列表框中选中“转至下一项记录”选项，如图 6-52 所示。完成后单击“下一步”按钮。

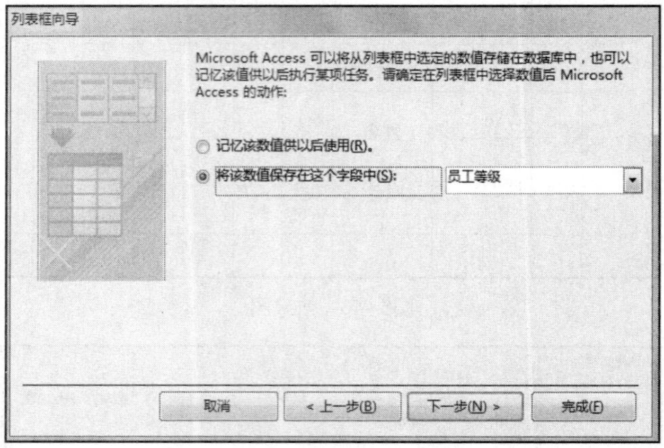

图6-49　列表框向导

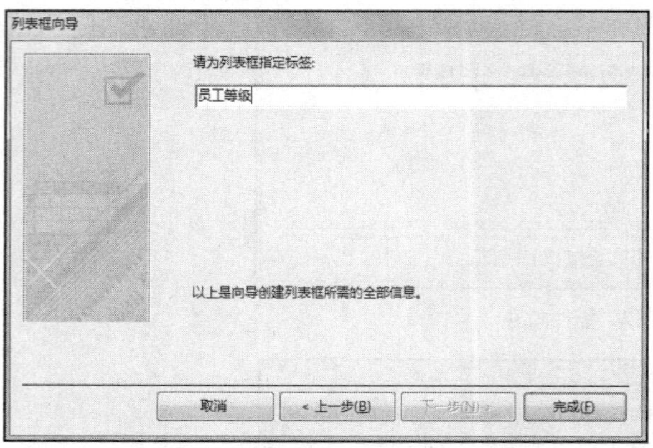

图6-50　完成创建

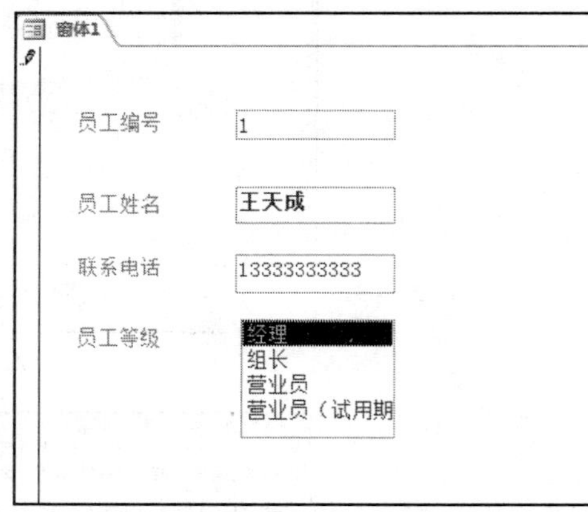

图6-51　窗体视图

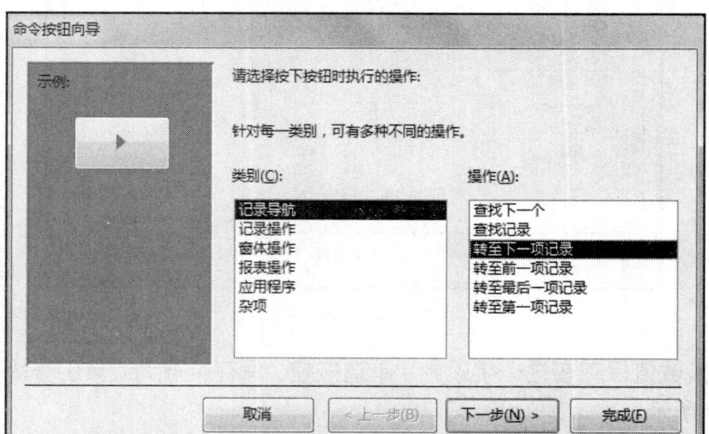

图6-52　设置按钮控件

⑮ 设置按钮标题的显示方式为“文本”，内容为“下一项记录”，如图 6-53 所示。单击“下一步”按钮。

⑯ 将设置好的按钮命名为“下一条记录”，单击“完成”按钮，如图 6-54 所示。

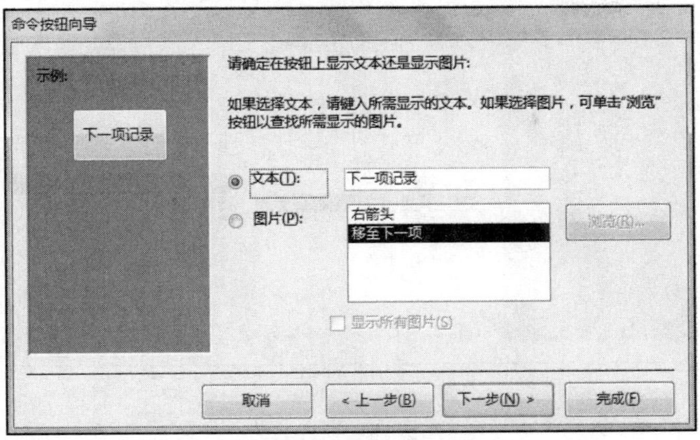

图6-53　设置按钮控件

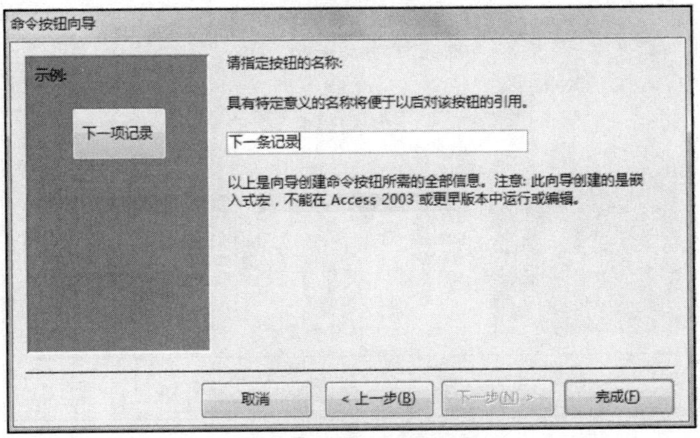

图6-54　设置按钮控件

⑰ 重复以上步骤，完成“上一条记录”“添加记录”（见图 6-55），“保存记录”（见图 6-56），“删除记录”（见图 6-57）按钮控件的添加。

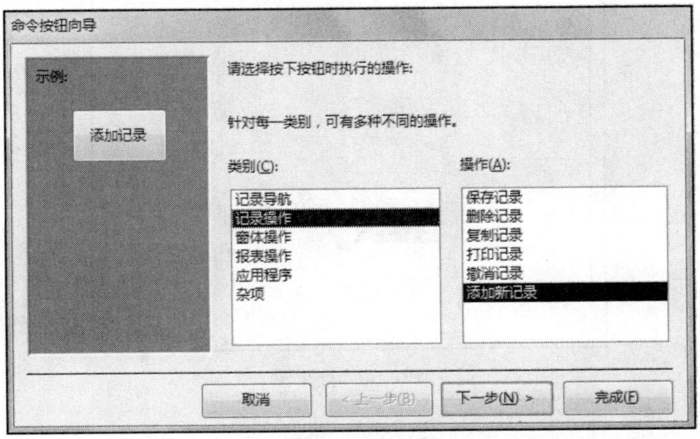

图6-55　“添加记录”步骤

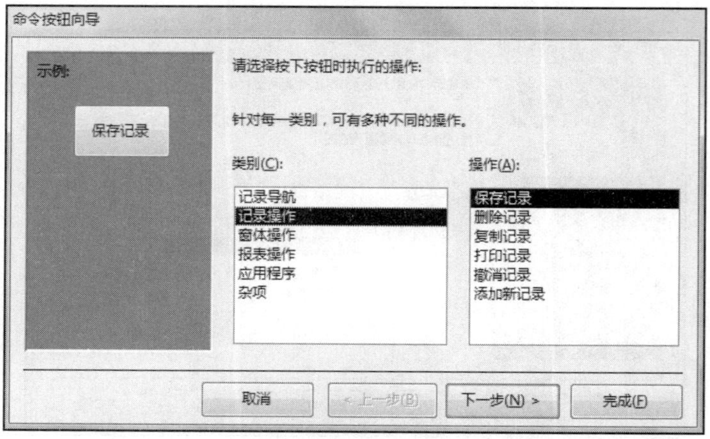

图6–56 “保存记录”步骤

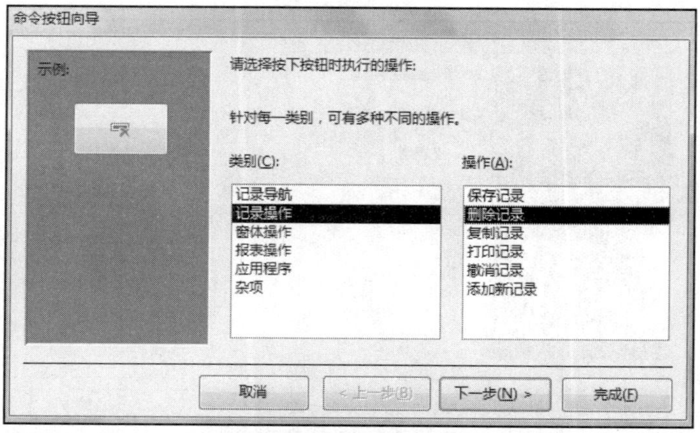

图6–57 “删除记录”步骤

⑱ 根据设计效果图适当调整控件的位置，单击“保存”按钮，窗体命名为“员工信息”，将窗体切换到窗体视图，查看设计效果，如图 6–58 所示。

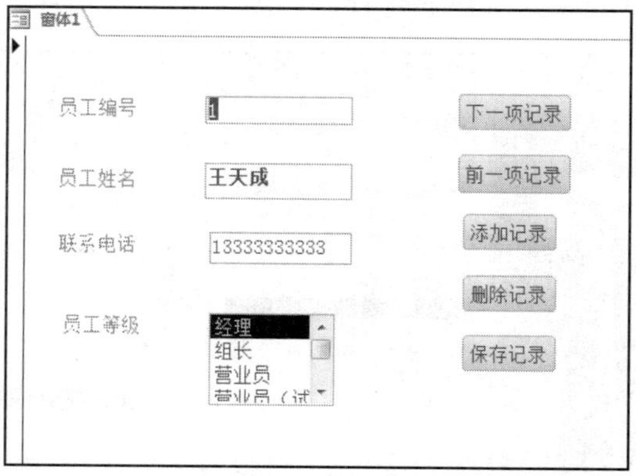

图6–58 效果图

⑲ 保存窗体，并命名为“员工信息管理”窗体。

四、拓展训练

创建“商品信息”的主窗体，能够显示相关信息。

实训四 报表

一、实验目的

熟练掌握创建报表的方法及编辑报表中的数据。

二、实验内容

1. 创建、编辑库存商品报表。
2. 对报表中“商品类别”进行排序和分组。
3. 创建“进货信息表”，并在报表中使用计算控件计算进货金额。

三、实训步骤

1. 创建、编辑库存商品报表

① 单击“创建”选项卡“报表”组中的“报表设计”命令，进入到报表的设计视图。右键单击主体节区域，在弹出的快捷菜单中选择“报表页眉/页脚”，如图 6-59 所示。右键单击页眉节区域，在弹出的快捷菜单中选择“填充/背景色”命令，在级联菜单中选择“白色”。

图6-59　添加报表页眉/页脚

② 单击主体节区域，单击“设计”选项卡“工具”组中的“添加现有字段”命令，将“库存信息表”的字段添加到报表中，如图 6-60 所示。

③ 选中所有字段，单击鼠标右键，在弹出的快捷菜单中单击“布局”命令，在打开的级联菜单中选择“表格”命令，效果如图 6-61 所示。

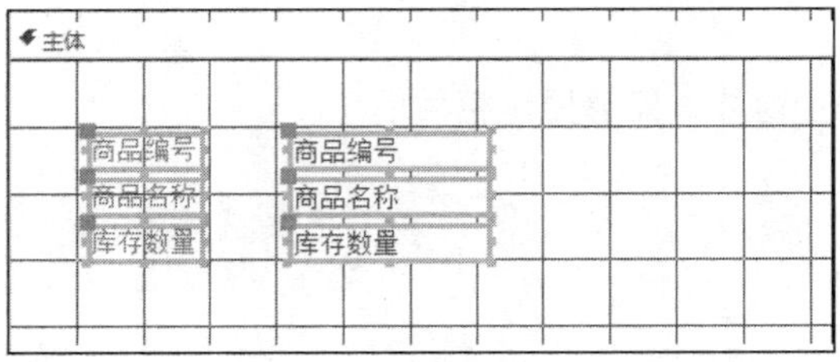

图6-60　添加字段

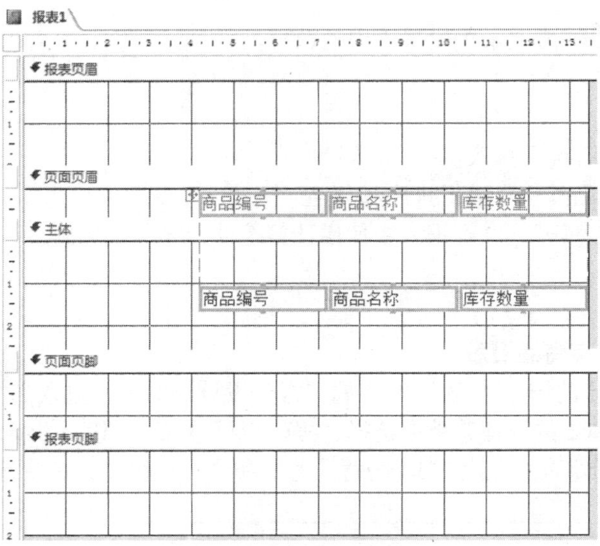

图6-61　设置表格布局

④ 选中报表页眉节区域，单击“设计”选项卡“页眉/页脚”组中的“标题”命令，命名为“商品库存表”，然后将光标定位在标题编辑框右侧上下两个选框区域，单击“页眉/页脚”组中的“日期和时间”命令，在打开的“日期和时间”对话框中，选中一种时间显示形式，单击“确定”按钮，如图 6-62 所示。

图6-62　设置报表的显示元素

⑤ 选中页面页脚节区域，单击“设计”选项卡“页眉/页脚”组中的“页码”命令，在打开的“页码”对话框中，默认“格式”选项，将“位置”设置为“页面底端（页脚）”，单击“确定”按钮，如图 6-63 所示。

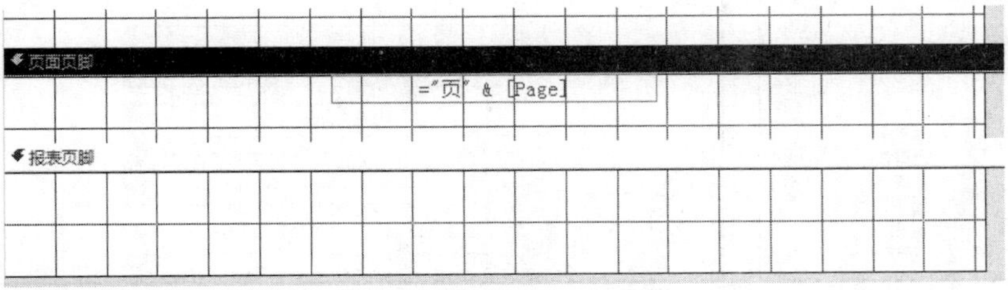

图6-63　添加页脚

⑥ 单击“设计”选项卡“视图”组中的“视图”命令，在下拉菜单中选择“布局视图”命令，可通过调整“设计视图”报表中字段空间的距离，优化显示效果，如图 6-64 所示。

图6-64　布局视图

⑦ 切换到设计视图，单击报表主体，打开属性表对话框，在“格式”选项卡下将“备用背景色”设置为“无颜色”，如图 6-65 所示。

⑧ 在布局视图下，单击左上表格图标，选中整个表格，单击“排列”选项卡“表”组中的“网格线”命令，在下拉列表中选择“垂直和水平”命令。然后单击“网格线”，在下拉列表中选择“颜色”命令，为报表设置深蓝色边框，如图 6-66 所示。

⑨ 在设计视图下，选中表格，打开属性表，在“格式”选项卡中的“边框样式”编辑框里，选择“透明”样式。切换到报表视图下，效果如图 6-67 所示。

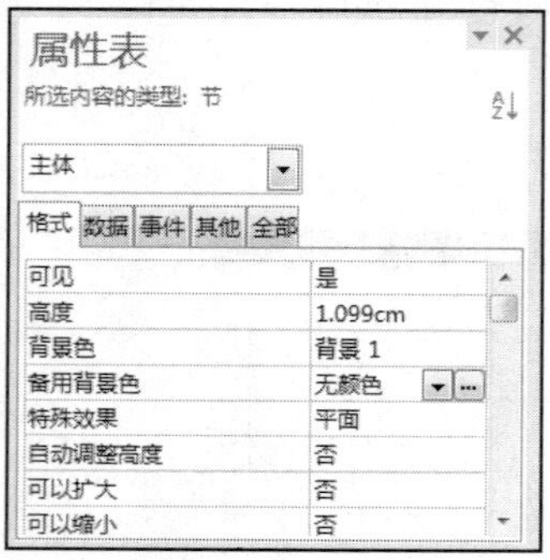

图6-65 设置背景色

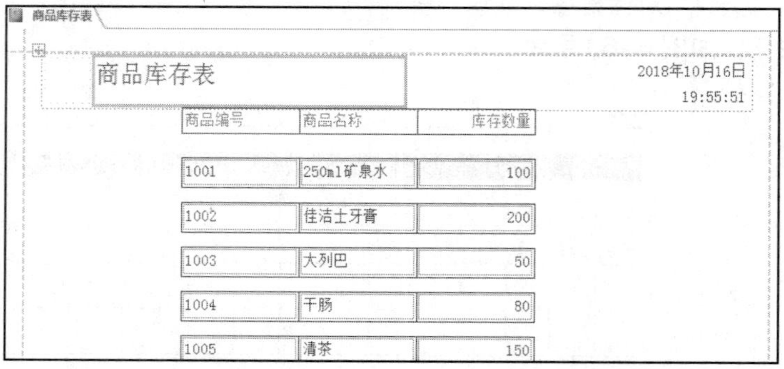

图6-66 设置网格线

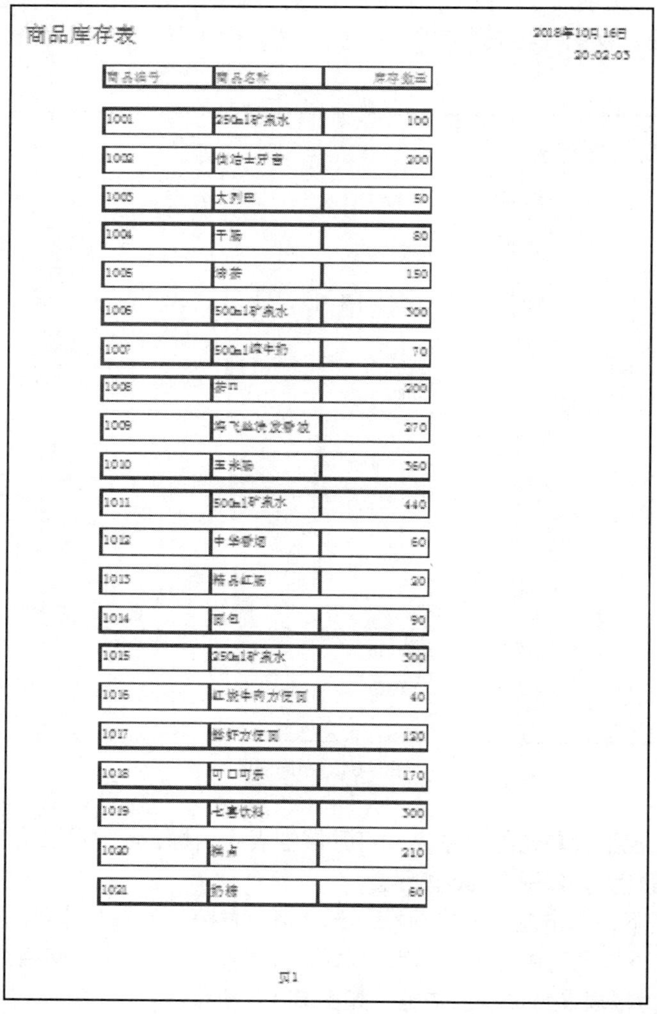

图6-67 报表效果图

2. 对报表中“商品类别”进行排序和分组

① 选中左侧导航栏中的“商品信息表”，单击“创建”选项卡“报表”组中的“报表”命令，进入报表编辑状态，如图 6-68 所示。

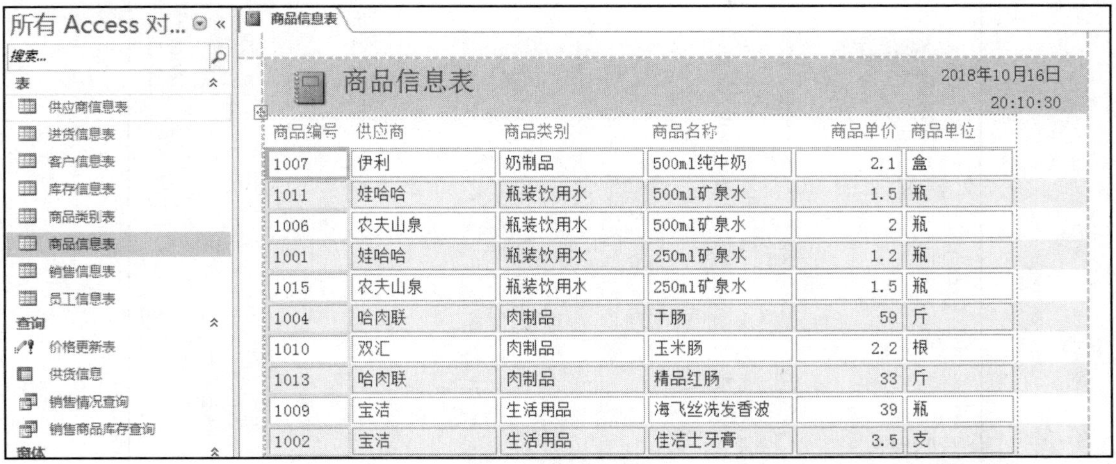

图6-68 创建报表

② 单击“设计”选项卡“分组和汇总”组中的“分组和排序”命令，单击视图底部的“添加排序”按钮，弹出排序表达式框，如图 6-69 所示。选择排序字段为“商品类别”，排序方式为“升序”。

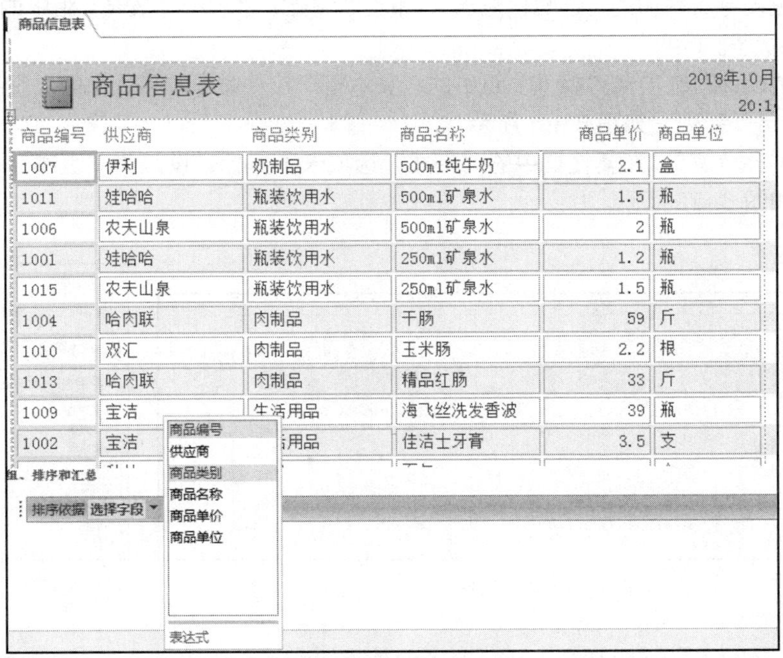

图6-69 排序

③ 单击“添加组”按钮，在弹出的表达式框中选择分组方式为“商品类别”，分组后效果如图 6-70 所示。

图6-70 分组

3. 创建“进货信息表”，并在报表中使用计算控件计算进货金额

① 选中左侧导航栏中的“进货信息表”，单击“创建”选项卡“报表”组中的“报表”命令，进入报表编辑状态。

② 单击“设计”选项卡“控件”组中的“文本框”控件命令，按住鼠标左键在表单“数量”字段后拖动画出一新列，如图 6-71 所示。

③ 选中“Text27”，在属性框中的“格式”选项卡下将标题设置为“金额”，文本对齐设置为“居中”，如图 6-72 所示。

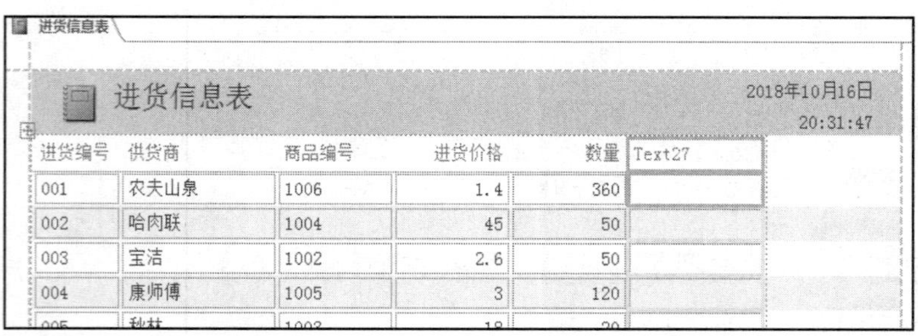

图6-71 添加控件

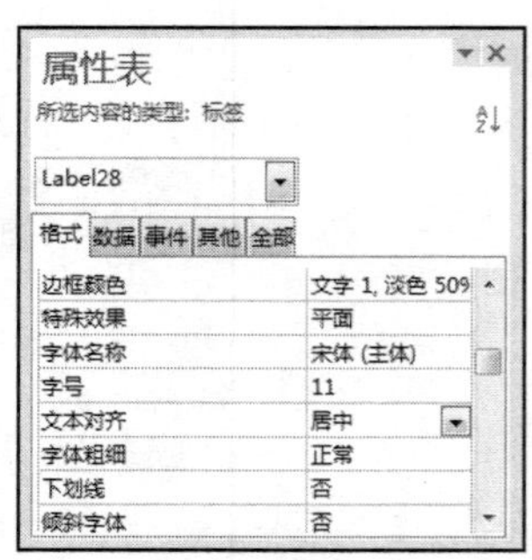

图6-72 设置控件格式

④ 双击“金额”字段下的单元格，单击属性表“数据”选项卡下“控件来源”编辑框右侧按钮，打开“表达式生成器”对话框，如图 6-73 所示。

⑤ 在“表达式元素”列表框中单击“超市销售管理数据库”的折叠按钮，单击“表”选项的折叠按钮，选中“进货信息表”；在“表达式类别”列表框中，双击“进货价格”项，使其添加到表达式编辑框中，然后录入乘号，再双击“表达式类别”列表框中的“数量”一项，如图 6-74 所示。单击“确定”按钮。

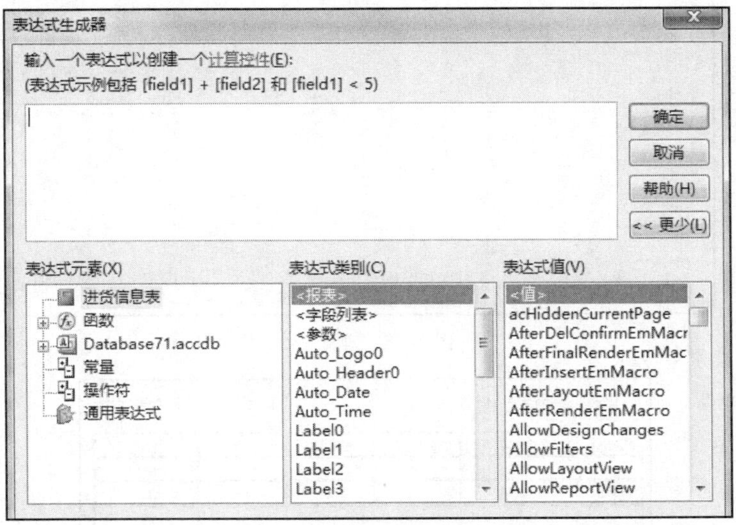

图6-73　表达式生成器

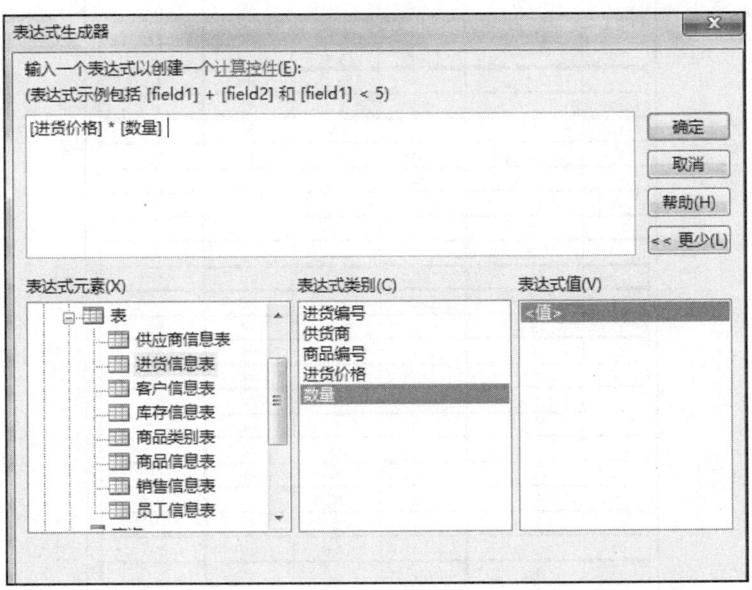

图6-74　录入公式

⑥ 用同样的方法，计算出进货总计。在表达式生成器中录入的公式：= sum ([进货价格]*[数量])，效果如图 6-75 所示。

⑦ 用之前学习过的方法设置报表的背景样式和表单的格式，最终效果如图 6-76 所示。

进货信息表

017	宝洁	1009	34	25	850
018	统一	1017	1.8	500	900
019	农夫山泉	1006	1.4	500	700
020	农夫山泉	1008	3.5	100	350
021	娃哈哈	1011	1	300	300
022	伊利	1007	1.5	300	450
023	双汇	1010	1.7	300	510
024	康师傅	1016	2	150	300
025	秋林	1014	2.5	150	375
026	农夫山泉	1008	3.5	100	350
027	稻香村	1020	30	100	3000
028	哈肉联	1004	45	30	1350
029	农夫山泉	1011	1	360	360
030	汤功夫	1025	1.8	50	90
30				进货总计	20904

共 1 页，第 1 页

图6–75 进货总计

进货信息表

2018年10月16日
21:13:16

进货编号	供货商	商品编号	进货价格	数量	金额
001	农夫山泉	1006	1.4	360	504
002	哈肉联	1004	45	50	2250
003	宝洁	1002	2.6	50	130
004	康师傅	1005	3	120	360
005	秋林	1003	18	20	360
006	康师傅	1016	2	300	600
007	伊利	1021	21	50	1050
008	娃哈哈	1001	1	500	500
009	伊利	1007	1.5	100	150
010	农夫山泉	1008	3.5	150	525
011	统一	1017	1.8	300	540
012	稻香村	1020	30	30	900
013	哈尔滨啤酒	1012	48	50	2400
014	秋林	1014	2.5	100	250
015	可口可乐	1018	1	200	200
016	百事可乐	1019	2	150	300
017	宝洁	1009	34	25	850
018	统一	1017	1.8	500	900
019	农夫山泉	1006	1.4	500	700
020	农夫山泉	1008	3.5	100	350
021	娃哈哈	1011	1	300	300
022	伊利	1007	1.5	300	450
023	双汇	1010	1.7	300	510
024	康师傅	1016	2	150	300
025	秋林	1014	2.5	150	375
026	农夫山泉	1008	3.5	100	350
027	稻香村	1020	30	100	3000
028	哈肉联	1004	45	30	1350
029	农夫山泉	1011	1	360	360
030	汤功夫	1025	1.8	50	90
30				进货总计	20904

共 1 页，第 1 页

图6–76 进货报表

四、拓展训练

创建“商品信息报表”，并设计报表样式。

习题

一、选择题

1. 数据库管理系统是（　　）。
   A. 系统软件　　B. 应用软件
   C. 操作系统　　D. 编译系统
2. Access 2010 属于（　　）。
   A. 网状数据库系统　　B. 层次数据库系统
   C. 分布式数据库系统　　D. 关系型数据库系统
3. 在 Access 2010 中，用来表示实体的是（　　）。
   A. 域　　B. 字段　　C. 记录　　D. 表
4. Access 2010 数据库文件的扩展名是（　　）。
   A. mdbx　　B. mdb　　C. dbf　　D. accdb
5. 可以设置“字段大小”属性的数据类型是（　　）。
   A. 备注　　B. 日期/时间　　C. 文本　　D. 上述皆可
6. Access 2010 数据库中的表是一个（　　）。
   A. 交叉表　　B. 线形表　　C. 报表　　D. 二维表
7. 在一个数据库中存储着若干个表，这些表之间可以通过（　　）建立关系。
   A. 内容不相同的字段　　B. 相同内容的字段
   C. 第一个字段　　D. 最后一个字段
8. 如果一张数据表中含有“照片”字段，那么“照片”字段的数据类型应定义为（　　）。
   A. OLE 对象　　B. 自动编号
   C. 数字型　　D. 文本型
9. 要找到“what”“white”“why”，在“查找和替换”对话框中应输人（　　）。
   A. wh#　　B. wh?　　C. wh[]　　D. wh*
10. 将文本字符串“25”“15”“66”“8”按升序排序，排序结果是（　　）。
    A. “8”“15”“25”“66”　　B. “66”“25”“15”“8”
    C. “15”“25”“66”“8”　　D. 以上都不对
11. 在数据表中，要控制某一字段的取值范围是 10～20，则在字段的“有效性规则”属性框中应输入（　　）。
    A. >=10 OR<=20　　B. >=10 AND<=20
    C. >=10 AND<=20　　D. >=20 OR<=10
12. 以下合法的表达式是（　　）。
    A. 基本工资 between 2000 and 3000
    B. [性别]= "男"or[性别]= "女"
    C. [基本工资]>2000[教师工资]<3000
    D. [性别]like"男"or[性别]like"女"

13. 若要查询姓张的员工，查询准则应设置为（　　）。

A. Like "张"　　B. Like "张*"

C. ="张"　　D. >="张"

14. 统计员工考核最高分时，在创建总计查询时，分组字段的总计项应选择（　　）。

A. 总计　　B. 计数　　C. 平均值　　D. 最大值

15. 在“控件”功能区中用于在窗体中创建一个多页的选项卡的控件按钮图标是（　　）。

A. 　　B. 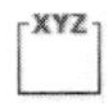　　C. 　　D. 

16. 允许用户对窗体表格内的数据进行操作，又满足不同的数据分析和要求的窗体类型是（　　）。

A. 数据表窗体　　B. 数据透视表窗体

C. 纵栏式窗体　　D. 表格式窗体

17. 要设置窗体的数据源，应设置的属性是（　　）。

A. 记录源　　B. 默认值

C. 控件来源　　D. 筛选

18. 报表不具有的功能是（　　）。

A. 统计　　B. 打印

C. 编辑　　D. 输出到文件

19. 报表的数据源来源不包括（　　）。

A. 表　　B. 查询

C. SQL 语句　　D. 窗体

20. 用于打开一个窗体的宏命令是（　　）。

A. Open Table　　B. Open report

C. Open form　　D. Open query

二、填空题

1. ________是用来存储数据的对象，是数据库系统的核心与基础。

2. 能够唯一标识表中每条记录的字段称为________。

3. 在查询设计网格中，在同一行的不同列输入多个查询条件彼此间是逻辑________关系；而在不同行输入的多个查询条件彼此间是逻辑________关系。

4. 数据库的对象包括表、________、________、报表、页、________和模块。

5. 关系数据库的表中，每一行为一条________。

6. 对某字段求和可以使用________函数，计数使用________函数。

7. Access 2010 中文本型字段最多可以存放________个汉字。

8. 在查找时，如果确定了查找内容的范围，可以通过设置________来减少查找的范围。

9. 在交叉表查询中，只能有一个________和值，但可以有一个或多个________。

10. 学生教学管理系统、图书管理系统都是以________为基础和核心的计算机应用系统。

三、判断题

1. Access 2010 存储的数据库对象存储在一个以“.mdb”为扩展名的数据库文件中。（　　）

2. 表就是数据库，数据库就是表。（　　）

3. 在一个二维表中，水平方向的行称为字段。（　　）

4. 在一个 Access 应用程序窗口中，同一时刻只能打开一个数据库文件。（　）
5. 任何数据类型的字段都能够进行排序。（　）
6. 两个表之间必须存在相互关联的字段，才能在两个表之间建立关系。（　）
7. 创建查询的首要条件是要有数据来源。（　）
8. 交叉表查询的行标题和列标题字段个数不受限制。（　）
9. 报表既能输入数据也能输出数据。（　）
10. 在窗体上添加的每一个对象都是控件。（　）

四、简答题

1. 描述数据库、数据库管理系统的概念?
2. 设计视图和数据表视图各有何作用?
3. 简要说明创建表的几种方法?
4. 选择查询和操作查询有何区别?
5. 报表和窗体有何不同?

7 Chapter

第 7 章

计算机网络基础知识

实训一 信息资料的搜索

一、实训目的和要求

1. 掌握使用网络浏览器浏览网页信息的方法。
2. 掌握通过互联网搜索资料的方法。

二、实训内容

1. 使用 IE 浏览器浏览“腾讯新闻”。
2. 使用 IE 浏览器打开“百度”搜索引擎搜索“哈尔滨职业技术学院”相关信息。
3. 使用“百度”搜索引擎搜索音乐“精忠报国”并下载到桌面。
4. 使用“百度”搜索“哈尔滨霁虹桥”图片并下载到桌面。

三、实训步骤

1. 浏览“腾讯新闻”

① 打开 IE 浏览器，在地址栏中输入“http://www.QQ.com”，按 <Enter> 键即可进入腾讯网，如图 7-1 所示。

图7-1 腾讯网主页

② 单击腾讯网主页“新闻”按钮，链接跳转到“腾讯新闻”网页，如图 7-2 所示；浏览新闻并单击，查看其中某条新闻，如图 7-3 所示。

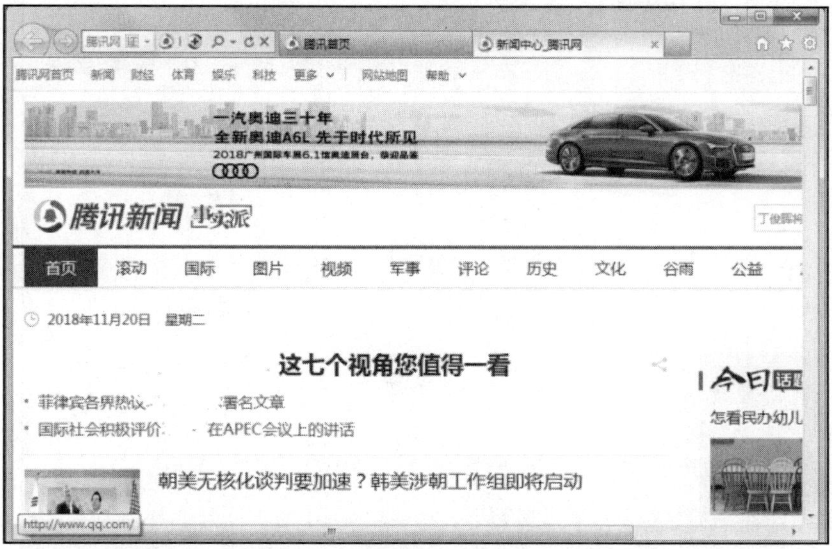

图7–2 “腾讯新闻”主页

图7–3 浏览新闻

2. 搜索“哈尔滨职业技术学院”相关信息

① 打开 IE 浏览器，在地址栏中输入“www.baidu.com”，按 <Enter> 键即打开“百度”搜索页面，如图 7–4 所示。

② 在编辑栏内输入“哈尔滨职业技术学院”，单击“百度一下”按钮或按 <Enter> 键，结果如图 7–5 所示。

图7-4 “百度”搜索页面

图7-5 搜索结果

③ 单击哈尔滨职业技术学院 官网 链接就可以打开哈尔滨职业技术学院主网站，如图 7-6 所示。

3. 搜索歌曲“精忠报国”并下载到桌面

① 打开 IE 浏览器，在地址栏中输入“www.baidu.com”，按<Enter>键即打开“百度”搜索页面，如图 7-4 所示。

② 在编辑栏内输入“精忠报国”，单击“音乐”链接或“百度一下”按钮，结果如图 7-7 所示。

图7-6 哈尔滨职业技术学院官网主页

图7-7 搜索结果

③ 单击⭳图标，将该歌曲下载到计算机中，打开下载文件夹，将其复制到桌面，结果如图 7-8 所示。

4. 搜索“哈尔滨霁虹桥”图片并下载到桌面

① 打开 IE 浏览器，在地址栏中输入“www.baidu.com”，按<Enter>键即打开“百度”搜索页面，如图 7-4 所示。

② 在编辑栏内输入“哈尔滨霁虹桥”，单击“图片”链接或“百度一下”按钮，结果如图 7-9 所示。

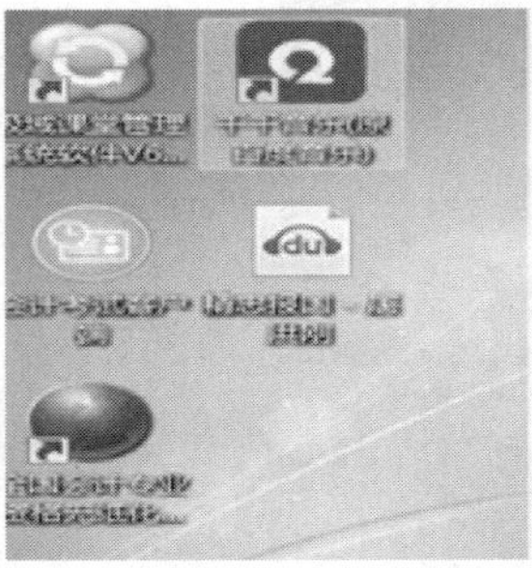

图7-8　操作结果

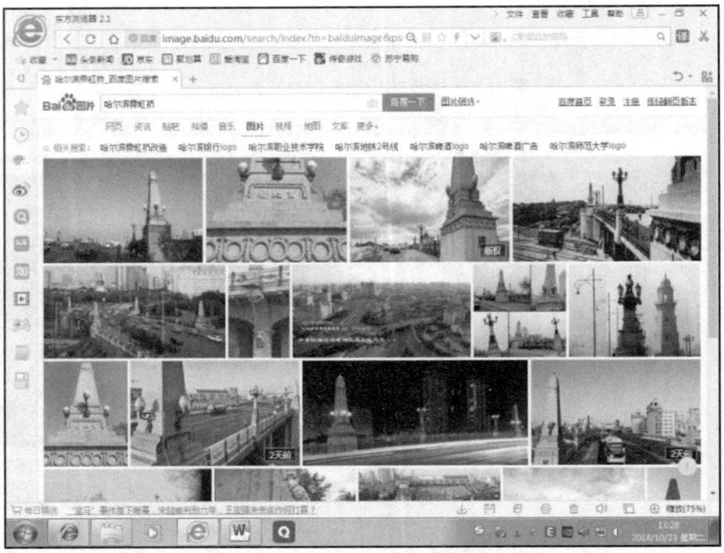

图7-9　“搜索结果”窗口

③ 单击选择某一图片，单击右键，选择“图片另存为”，在“另存为”对话框左侧选择“桌面”，在“文件名”栏中填入：“霁虹桥”，单击“保存”按钮，结果如图 7-10 所示。

图7-10　下载结果

四、拓展训练

1. 浏览新浪网新闻。
2. 使用百度搜索“朱婷”的信息。
3. 搜索“里约奥运会女排决赛”视频并下载。
4. 搜索“金丝猴”和“雨燕”的图片并下载。

实训二　电子邮箱的使用

一、实训目的和要求

掌握电子邮箱申请、使用的基本方法。

二、实训内容

1. 申请 163 电子邮箱。
2. 向自己的 QQ 邮箱发送和接收电子邮件。

三、实训步骤

1. 申请免费邮箱

① 进入 163 邮箱登录窗口，单击“注册”按钮，如图 7-11 所示。

② 进入“注册 163 邮箱”窗口，根据注册向导的提示逐项填写注册信息。如图 7-12 所示，单击“立即注册”按钮。如果注册成功，记住相应信息便于以后使用。如果显示注册失败信息，

按提示进行信息更正后再次单击“立即注册”按钮。

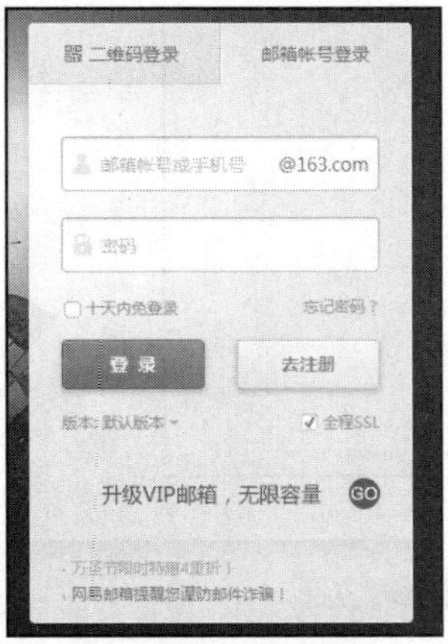

图7–11　登录窗口

图7–12　注册邮箱窗口

2. 发送邮件

① 进入 163 邮箱登录窗口，输入用户名和密码，单击“登录”按钮，如图 7–13 所示。

② 进入邮箱主窗口，在左侧单击“写信”按钮，如图 7–14 所示。

图7–13　登录窗口

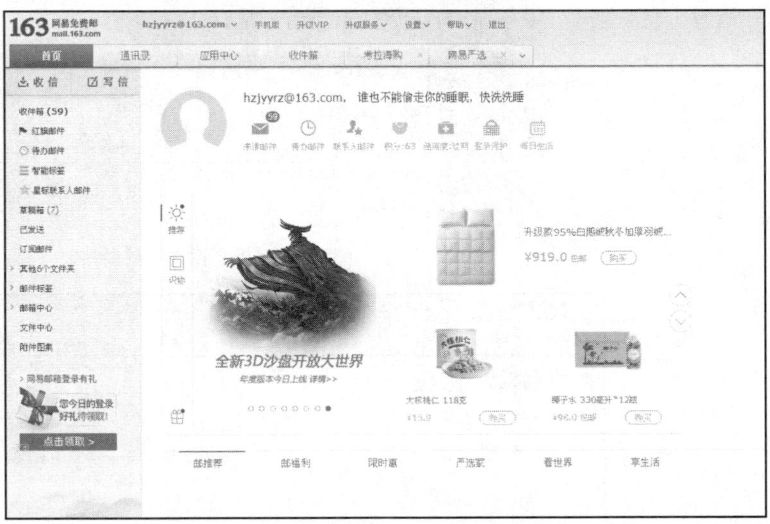

图7–14　打开邮箱

③ 进入写信窗口，如图 7–15 所示。在“收件人”文本框中输入收件人的电子邮箱地址，在“主题”文本框中输入填写邮件的主题，在最下面的文本编辑区域输入邮件的内容。

如果用户要以附件的形式发送文件或图片，可以在图 7–15 所示的“写邮件”界面中，单击“添加附件”按钮，页面会跳转至“选择附件”界面，如图 7–16 所示。选择要发送的文件或图片，单击“打开”按钮，返回“写信”界面，如图 7–17 所示。

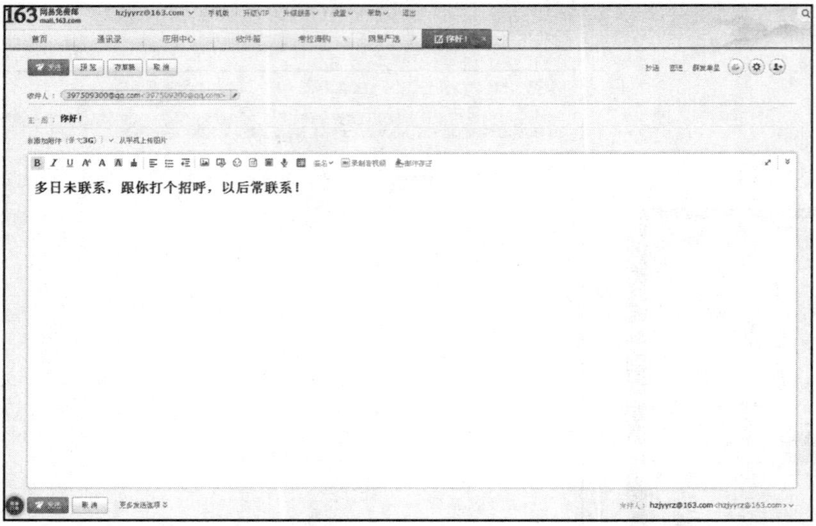

图7-15 打开写信窗口

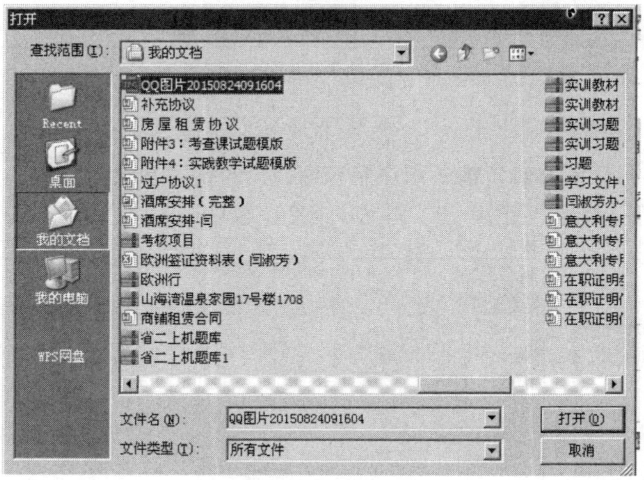

图7-16 “选择附件”界面

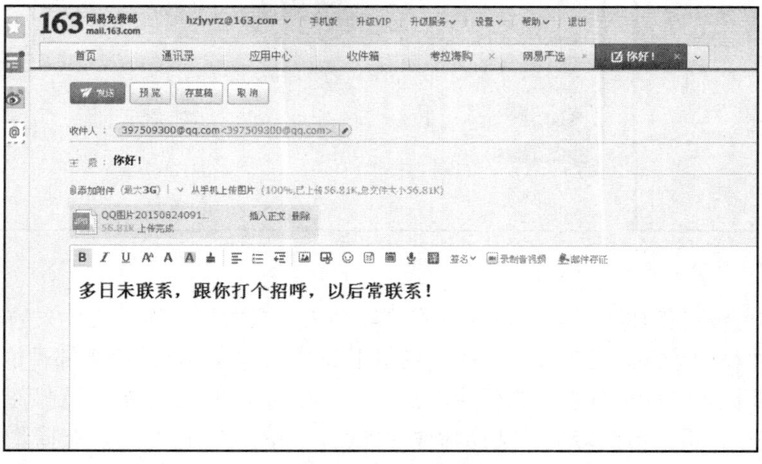

图7-17 添加“附件”后窗口

在“写信”界面中，可以看到附件中的文件，单击“删除”按钮可以对上传的文件进行删除。如要继续添加附件，可再次单击“添加附件”按钮，即可完成添加“附件”。

最后单击“发送”按钮，系统会自动把这封邮件发送到收件人的电子邮箱中。发送成功，网页上会出现文字信息，提示用户邮件已经发送成功。

④ 发送后窗口会出现图 7-18 所示的提示。

图7-18　发送成功

3. 阅读、回复、转发电子邮件

单击图 7-14 所示页面中“收信”按钮，进入“收件箱”界面，如图 7-19 所示，“收件箱”中以列表的形式显示用户收到的全部邮件，其中未阅读的邮件带有标记。

图7-19　收件箱界面

单击邮件列中相应的邮件，打开“读邮件”详细界面，该界面列出了发件人、主题、发送时间和收件人等邮件信息，下方列出了附件内容和邮件正文内容。

单击附件，可以将其下载到本地计算机中。

在阅读完来信后，可以单击“回复”按钮，在打开的界面中，直接撰写信件的内容，撰写完成，单击“发送”按钮。

可以单击“转发”按钮，将当前邮件寄给其他人，在打开的界面中，输入要转寄的收件人地址，单击“发送”按钮即可发送邮件。用户也可以对转发的邮件内容进行修改后再发送。

四、拓展训练

1. 登录 www.sina.com，申请一个电子邮箱。
2. 登录邮箱，查看邮箱中的文件内容。发送一封邮件到老师的邮箱，内容自定，发送一个图片文件作为附件。

实训三 组建小型局域网

一、实训目的与要求

1. 掌握组建小型局域网方法。
2. 组建家庭局域网。

二、实训内容

1. 组建连接小型局域网。
2. 设置软件环境实现共享资源。

三、实训步骤

1. 硬件准备

需要准备一台路由器，若干个电脑，若干根带水晶头的网线。

2. 网络构建

使用网线将所有电脑连接到路由器 LAN 接口。

3. 软件环境设置

① 依次选择“开始”→“控制面板”→“网络和 Internet”→“网络和共享中心”→“本地连接”→“属性”→“Internet 协议版本 4（TCP/IPv4）”→“属性”，如图 7-20 所示。

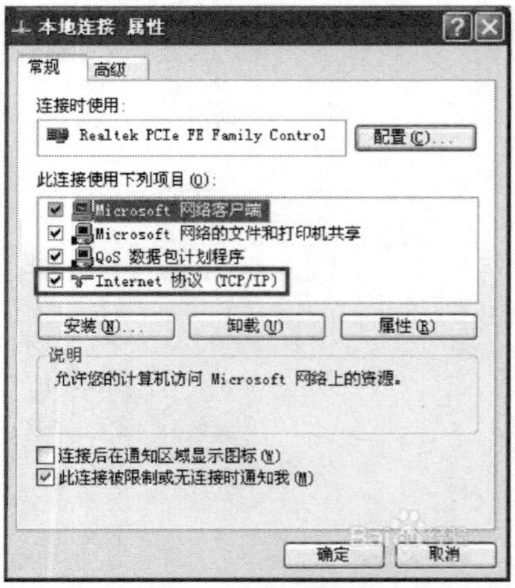

图7-20　本地连接属性窗口

② 将计算机的 IP 地址依次设为 192.168.0.2，192.168.0.3……，子网掩码均设为 255.255.255.0；默认网关均设为 192.168.0.1。DNS 服务器地址为 61.128.128.68，如图 7-21 所示。

③ 设置网络访问标识。右键单击“计算机”图标，选择“属性”，单击计算机名后面的“更改设置”按钮打开计算机名界面，单击“更改”按钮，如图 7-22 所示，输入计算机名称，其他人可以在“网络”中用这个名字访问你的机器；然后在“工作组”中选中一个工作组名，在同一

局域网中工作组的名字必须相同。

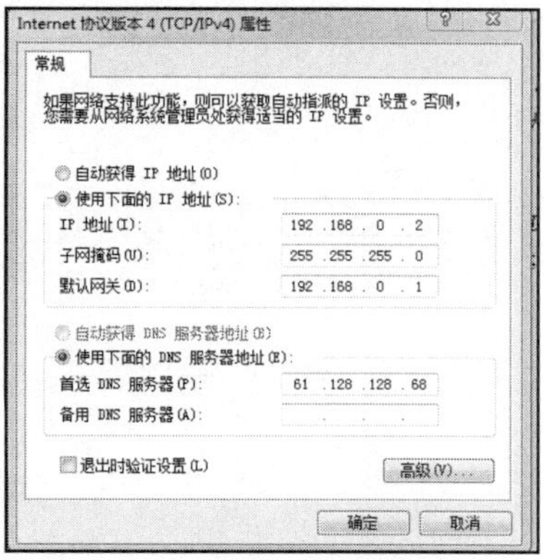

图7-21　IP地址输入窗口

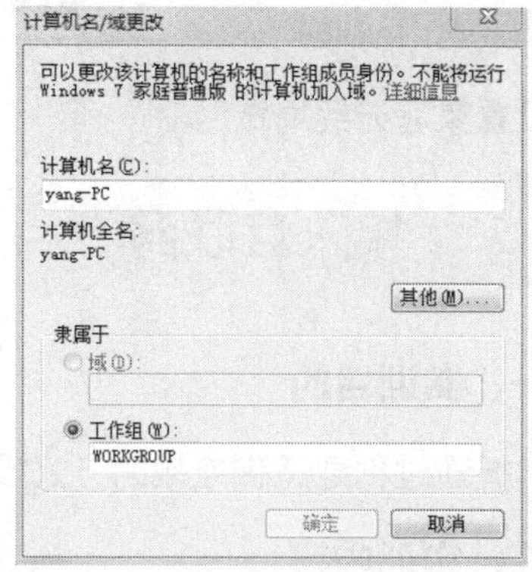

图7-22　计算机名称与工作组设置窗口

④ 选择“开始”→“运行”，输入 ping 192.168.0.1，如图 7-23 所示，单击“确定”按钮，测试网络是否联通，结果如图 7-24 所示；使用同样方式测试其他电脑是否能够连通。

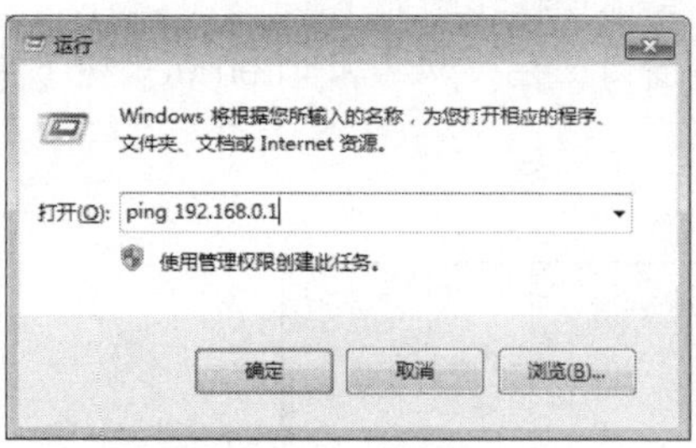

图7-23　运行窗口

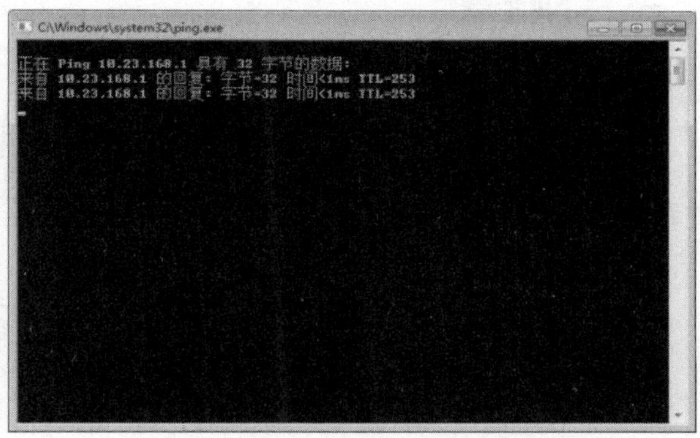

图7-24　网络联通测试（成功）

⑤ 共享设置：选择“开始”→“控制面板”→“网络和 Internet”→“网络和共享中心”→“更改高级共享设置”，选择“启用网络发现”和“启用文件和打印机共享”，如图 7-25 所示。

图7-25　更改高级共享设置

4. 使用不同的联网计算机访问其他计算机

四、拓展训练

设置家庭无线局域网。

实训四 接入互联网

一、实训目的

掌握通过创建宽带连接的方式接入互联网的方法。

二、实训内容

1. 创建宽带连接。
2. 连接到互联网。

三、实训步骤

1. 创建宽带连接

用户在进行连接网络之前，通常需要创建宽带连接。具体操作步骤如下。

① 单击“开始”→“控制面板”，打开“控制面板”窗口，在“网络和 Internet”栏下单击“查看网络状态和任务”，如图 7-26 所示。

图7-26 “控制面板”窗口

② 打开“网络和共享中心”对话框，在“更改网络设置”栏下单击“设置新的连接或网络”选项，如图 7-27 所示。

③ 打开“设置连接或网络”对话框，在“选择一个连接选项”下选择“连接到 Internet”，单击“下一步”按钮，如图 7-28 所示。

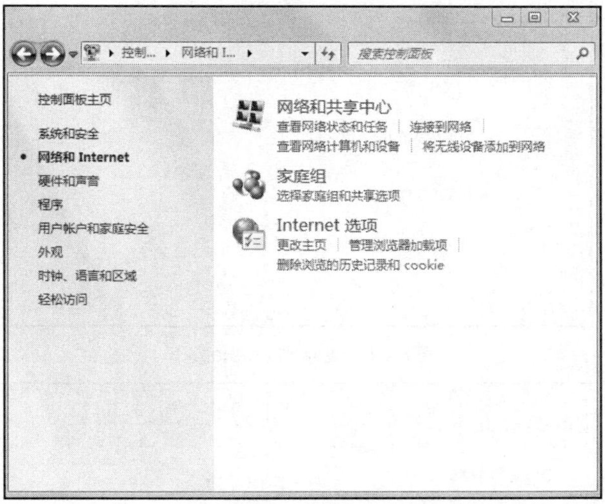

图7-27　网络和Internet

图7-28　设置连接或网络窗口

④ 如果已经连接到 Internet 网络，则会出现如下窗口，如果想创建新的连接，单击“仍要设置新连接”，如图 7-29 所示。

⑤ 打开“连接到 Internet”对话框，单击“宽带（PPPoE）(R)”，如图 7-30 所示。

⑥ 打开“键入您的 Internet 服务商（ISP）提供的信息”对话框，在“用户名”和“密码”后的文本框中输入在服务商申请的账号和密码，在“连接名称”填入名称“宽带连接”。用户还可以勾选“允许其他人使用此连接”复选框，如图 7-31 所示。

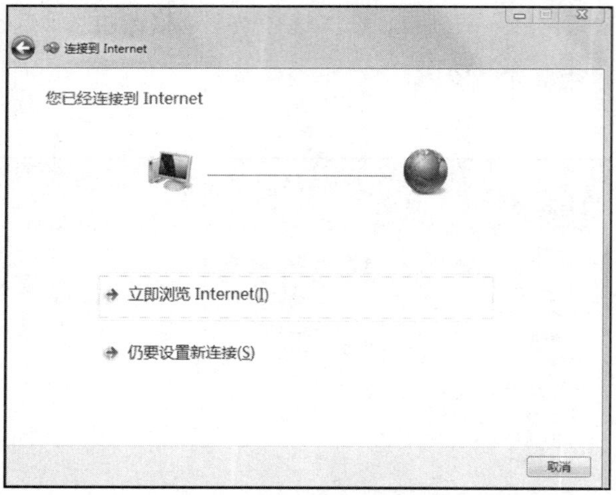

图7-29　连接到Internet窗口

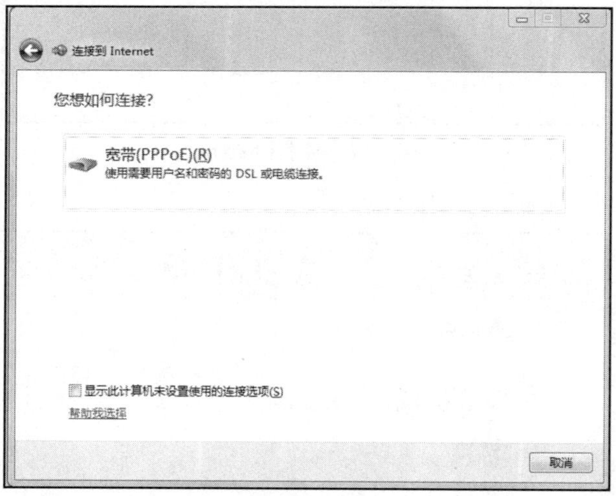

图7-30　建立新连接窗口

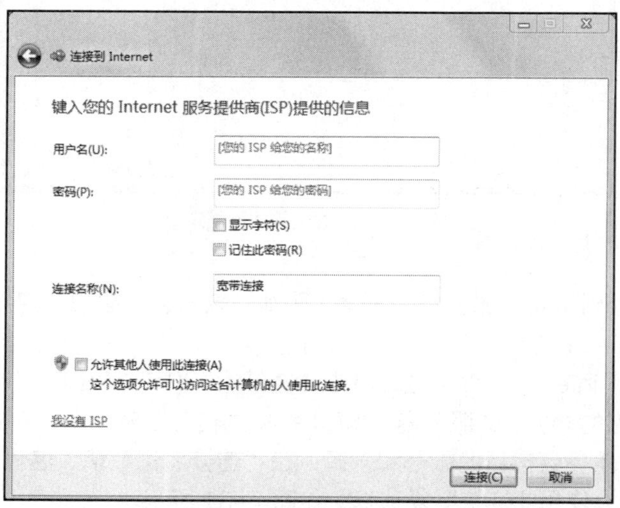

图7-31　设置连接信息窗口

⑦ 单击“连接”按钮，打开“连接到 Internet”对话框，等待连接或单击“跳过”按钮，如图 7-32 所示。

⑧ 打开“连接已经可用”对话框，单击“立即连接”按钮或“关闭”按钮。

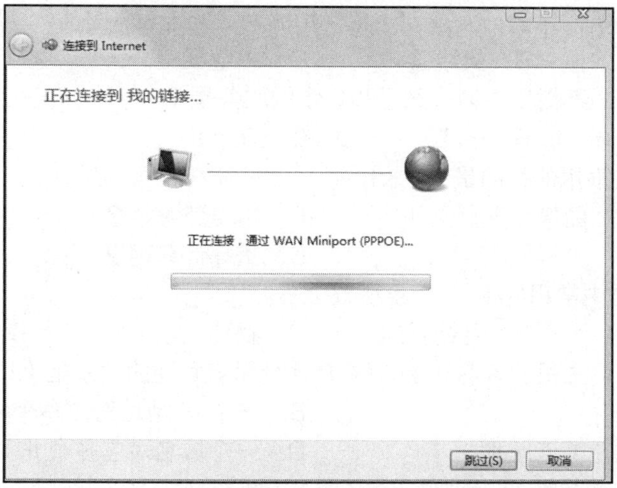

图7-32　正在连接对话框

2. 连接到网络

① 单击任务栏中的网络图标，然后单击刚创建的连接，如图 7-33 所示。

② 打开“连接 我的链接”对话框，输入用户名和密码，单击“连接”按钮，如图 7-34 所示。

③ 此时会弹出图 7-32 所示的提示框，通过后即可连网。

图7-33　选择连接

图7-34　“连接宽带”对话框

四、拓展训练

创建无线连接。

习题

一、选择题

1. 将异构的计算机网络进行互连，通常使用的网络互连设备是（　　）。

A. 网桥　　B. 集线器　　C. 中继器　　D. 路由器

2. 在 Internet 中，不需用户输入账号和口令的服务是（　　）。

A. FTP　　B. HTTP　　C. Telnet　　D. E-MAIL

3. 计算机网络最根本的目的是（　　）。

A. 传输文本、图像和声音文件　　B. 实现资源共享

C. 高速运算　　D. 提高计算精度

4. TCP 是因特网中常用的（　　）层协议之一。

A. 传输　　B. 网络互连　　C. 物理　　D. 应用

5. 在 Internet 中，主机的域名和主机的 IP 地址两者之间的关系是（　　）。

A. 一一对应　　B. 一个 IP 地址对应多个域名

C. 完全相同，毫无区别　　D. 一个域名对应多个 IP 地址

6. 调制解调器的功能是（　　）。

A. 将数字信号转换成其他信号

B. 在数字信号与模拟信号之间进行转换

C. 将模拟信号转换成数字信号

D. 将数字信号转换成模拟信号

7. TCP/IP 协议簇中最核心的协议是（　　），其他协议都是以它为基础的。

A. UDP　　B. HCCP　　C. TCP　　D. IP

8. HTML 的正式名称是（　　）。

A. 主页制作语言　　B. Internet 编程语言

C. WWW 编程语言　　D. 超文本标记语言

9. TCP/IP 网络中，任何计算机必须有一个 IP 地址，下列关于 IP 地址的说法中，错误的是（　　）。

A. IP 地址分成 A、B、C 三类

B. B 类 IP 地址的总数多于 C 类 IP 地址总数

C. IPv4 中 IP 地址的长度为 32 位

D. IP 地址是一个二进制代码

10. 下面 4 项中，合法的 IP 地址是（　　）。

A. 206.53.3.78　　B. 123，43，82，220

C. 190.220.5　　D. 206.53.312.78

11. 使用 Internet Explorer 浏览器时，如果要将感兴趣的网页地址保存起来，以便以后浏览，可以将该网页地址保存（　　）。

A. 收藏夹中　　B. 内存中

C. 剪贴板中　　D. 文件中

12. 关于光纤通信，下列叙述错误的是（　　）。

A. 光纤有很大的通信容量

B. 光纤是光导纤维的简称
C. 光纤几乎不漏光，因此保密性强
D. 由于光纤传输信号损耗很小，所以光纤通信是一种无中继通信方式

13. 电子邮件的英文缩写为（　　）。
A. WWW　　B. Telent
C. E-mail　　D. BBS

14. 目前最广泛采用的局域网技术是（　　）。
A. FDDI　　B. ARC 网　　C. 以太网　　D. 令牌环

15. 计算机网络中，英文缩写 LAN 的中文名是（　　）。
A. 无线网　　B. 广域网　　C. 局域网　　D. 城域网

16. 计算机局域网按拓扑结构进行分类，可分为环型、星型和（　　）型等。
A. TCP/IP　　B. 电路交换　　C. 总线　　D. 以太

17. 一台计算机连入计算机网络后，该计算机（　　）。
A. 运行速度会加快　　B. 运行精度会提高
C. 可以共享网络中的资源　　D. 内存容量变大

18. 因特网域名系统中，COM 用来表示属于（　　）的域名。
A. 军事部门　　B. 政府部门
C. 教育机构　　D. 商业组织

19. 下列关于电子邮件的叙述中，正确的是（　　）。
A. 发件人发来的电子邮件保存在收件人的电子邮箱中，收件人可随时接收
B. 如果收件人的计算机没有打开时，发件人发来的电子邮件将退回
C. 如果收件人的计算机没有打开时，发件人发来的电子邮件将丢失
D. 如果收件人的计算机没有打开时，当收件人的计算机打开时再重发

20. 因特网的英文表示是（　　）。
A. INTERNET　　B. CHINANET
C. CERNET　　D. INTRANET

二、填空题

1. 资源子网的主要组成单元是________和________，负责完成全网的数据处理任务与提供各种网络资源和服务。

2. 根据网络的覆盖范围进行分类，计算机网络可以分为________、________和________三种类型。

3. 计算机系统的拓扑构型主要有________、________、________和________。

4. 在完成局域网的硬件安装后，还需要选择与安装合适的________软件。

5. 打印服务既可以通过设置专门的________来完成，也可以通过________或________来完成。

6. Internet 是全球性的、最具影响力的计算机________，它使用的标准通信协议是________。

7. Internet 主要是由________、________、主机与________等部分组成。

8. Internet 中的主机既可以是信息资源及服务的________，也是信息资源及服务的________。

9. 根据所提供的服务功能不同，Internet 中的服务器可以分为以下几种类型：文件服务器、________服务器、________服务器、________服务器、________服务器与________服务器等。

10. 远程教育是以________技术、________技术为基础，以________技术为主要手段的一种

新型教育模式。

三、判断题

1. 用户要进行远程登录，必须在自己的计算机上运行一个远程登录客户程序。（ ）
2. 在网络提供的服务中，应用服务允许网络上的计算机相互间共享处理能力，协同完成用户请求的任务。（ ）
3. 电子信箱实质上是邮件服务提供机构在服务器的硬盘上为用户开辟的一个专用存储空间。（ ）
4. Internet 中的 FTP 是用于文件传输的协议。（ ）
5. 将制作好的网页上传到互联网上的过程称为上载，只有上传后的网页才能被浏览者浏览到。（ ）
6. 用户可以通过电话线、有线电视电缆、光纤、无线信道等不同的技术途径接入因特网。（ ）
7. WWW（简称万维网）和 E-Mail 是 Internet 最重要的两个流行工具。（ ）
8. 如果一个家庭只申请了一条 ADSL 线，就目前技术而言，是无法实现两台以上计算机同时上网的。（ ）
9. IP 地址 191.33.2.57 是 C 类地址。（ ）
10. 用户可利用自己的计算机通过因特网采用远程登录方式作为大型或巨型服务器的用户，使用其硬件和软件资源。（ ）

四、简答题

1. 计算机网络的发展可以划分为几个阶段？每个阶段都有什么特点？
2. 计算机网络的主要功能是什么？
3. 计算机网络有哪几种拓扑结构？
4. 简述 Internet 的概念。
5. 计算机网络的基本组成是什么？说出 3 种计算机网络的分类方法。